Statistik

Von
Professor
Henning Mittelbach

R. Oldenbourg Verlag München Wien

Die Deutsche Bibliothek - CIP-Einheitsaufnahme

Mittelbach, Henning:
Statistik / von Henning Mittelbach. - München ; Wien :
Oldenbourg, 1992
 ISBN 3-486-22322-4

© 1992 R. Oldenbourg Verlag GmbH, München

Gesamtherstellung: Grafik + Druck, München

ISBN 3-486-22322-4

Vorwort

Das nachfolgende Skriptum ist im Ausbildungsbereich Ingenieur-
wissenschaften entstanden, mit Statistik als Nebenfach in ganz
unterschiedlichen Fachrichtungen. In allerhöchstens 30 Doppel-
stunden soll ein ausreichender theoretischer Hintergrund auf-
gebaut werden; der jeweils fachbezogen praktische Bezug darf
ebenfalls nicht zu kurz kommen ... Diese schmale Gratwanderung
erfordert Beschränkung auf das Wesentliche:

Die Dreigliederung des Stoffes in Deskriptive Statistik, Einführung in die Wahrscheinlichkeitsrechnung und zuletzt einige
Ausführungen zur Testtheorie kann je nach Schwerpunkt vertieft
und mit zusätzlichen Aufgaben betont werden. – Vorgegeben ist
durch den Text nur das Grundgerüst.

Die Zielgruppe für das vorliegende Buch ist damit umrissen: Es
sind all jene Studierenden, die sich mit nur wenig Zeit Basis-
wissen aneignen möchten und für weitere Fragen dann spezielle
Fachliteratur befragen können. Zum Durcharbeiten des Stoffes
reichen die Mathematikkenntnisse des Gymnasiums aus; wirklich
komplizierte Beweise kommen nicht vor. Umgang mit einfachen
Reihen, weiterhin elementare Analysis und Grundkenntnisse zum
Integrieren: Mehr wird nicht verlangt ...

Im allgemeinen stößt Statistik auf großes Interesse; Fragen
des täglichen Lebens, Nachrichten und Ereignisse verlangen
nach Wertung und Kommentierung: Es ist daher eine wichtige
Aufgabe jeder Statistikvorlesung, Nachdenklichkeit und Kritik-
bewußtsein zu fördern. Wacher Verstand und vor allem sichere
Interpretationsfähigkeit sind gefordert. Außerdem eignet sich
dieses Teilgebiet der Mathematik hervorragend zu historischen
Anmerkungen, zu einer Einbettung in die Kulturgeschichte.

Fachliches wie gefühlsmäßiges Vorwissen sind sehr unterschiedlich ausgeprägt. – Statistik muß daher bisherige Erfahrungen
korrigieren und präzisieren. Verschiedene Vorurteile und Trug-
schlüsse sollten durch eine sichere Modellbildung zuverlässig
abgebaut bzw. verhindert werden.

Die besondere Bedeutung der Statistik als Anwendungsdisziplin
in fast allen Wissenschaften ist unverkennbar; man sagt ihr
aber auch nach, daß sie ein hinterhältiges Werkzeug von will-
fährigen Statistikern im Namen ihrer Auftraggeber sei ... Auch
dazu muß eine Vorlesung Stellung beziehen.

Da ein PC mittlerweile schon fast zum Allgemeinbesitz gehört, habe ich im Buch auf einen Tabellenteil verzichtet; die zum Lösen der Aufgaben notwendigen Zahlenwerte lassen sich mit ein paar Programmen maschinell ermitteln: Eine Diskette für DOS-Rechner enthält alle erforderlichen Programme. – Wer mit TURBO Pascal arbeitet, kann die Listings modifizieren und als Grundgerüst für umfangreichere Programme benutzen; für alle anderen Leserinnen und Leser werden die Files zudem praktischerweise compiliert geliefert, so daß man die Programme ganz einfach benutzen kann (siehe Kapitel 28) ...

Besonderer Dank bei der Bewältigung der Schreibarbeit gilt zunächst meinem Freund Hans Härtl (Holzkirchen), der im Entwurf allerhand orthografische und Schreibfehler aufgedeckt hat. Ein im Kapitel 25 als Anwendungsfall vorgestellter (exemplarisch zu verstehender) Intelligenztest wurde mit Unterstützung von Sprachkennern überarbeitet: Frau Fang Hong und weiter Familie Zhao Hong/Yü haben die Beispiele geliefert. – Einer meiner Studenten, Herr Michael Hülskötter (München), hat die Zahlenbeispiele und Aufgaben nachgerechnet und so manche Hinweise auf Fehler und Unklarheiten gegeben. – Schließlich danke ich noch dem Semester IF074W der FHM, das als Testgruppe im SS 92 die Endredaktion des Textes mit immer wieder neuen Entwürfen und Kopien ertragen mußte.

Der Oldenbourg Verlag in München hat die Idee zum Druck sofort aufgegriffen und den Text in seine umfangreiche Fachliteratur zur Statistik aufgenommen. Also wünsche und hoffe ich, daß die oben angedeutete Intention des Buches bei den Lesers ankommt; Kritik ist willkommen ...

Friedberg, an Pfingsten 1992   H. Mittelbach

Inhaltsverzeichnis

1 EINLEITUNG

Der Begriff Statistik leitet sich vom lateinischen Wort *status*
für *Zustand* ab; mit dem Aufblühen großer Staatsgebilde schon
vor über 2000 Jahren (in den Perserreichen, bei den Ägyptern
und Römern, auch in China) entstand bei den Herrschenden das
Bedürfnis, Bevölkerungszahlen, Heerscharen, Edelmetallvorräte,
Viehbestände und so weiter zahlenmäßig zu erfassen und unter
verschiedenen Gesichtspunkten zu katalogisieren. So wird beispielsweise im LUKAS-Evangelium (2, 1-5) eine Volkszählung +)
auf Veranlassung von Kaiser AUGUSTUS ausdrücklich erwähnt:

> Es begab sich aber zu der Zeit, daß ein Gebot von dem
> Kaiser Augustus ausging, daß alle Welt geschätzt würde.
> Und diese Schätzung war die allererste und geschah zur
> Zeit, da Cyrenius Landpfleger in Syrien war. Und jedermann
> ging, daß er sich schätzen ließe, ein jeglicher in seine
> Stadt. Da machte sich auf auch Joseph aus Galiläa, aus der
> Stadt Nazareth, in das jüdische Land zur Stadt Davids, die
> da heißt Bethlehem, darum, daß er von dem Hause und Ge-
> schlechte Davids war, auf daß er sich schätzen ließe mit
> Maria, seinem vertrauten Weibe, die war schwanger. - Und
> als sie daselbst waren ...

Die hierdurch ausgelöste Wanderungsbewegung zu Zwecken des
Zensus hatte einen guten Grund: Doppelzählungen sollten vermieden werden; die Bevölkerung wurde daher am jeweiligen Her-
kunftsort der Familie registriert. - LUKAS, ein aus heutiger
Sicht studierter Mann (Arzt), mag diesen Grund erkannt haben,
obwohl seine Hinweise mehr dokumentarischen Charakter im Blick
auf die für ihn wichtige Abstammung von Jesus haben.

Die Anfänge der deskriptiven Statistik liegen demnach weit
zurück: Schon in früher Zeit wurde eine Grundgesamtheit oder
Population oder nur ein Teil - eine Stichprobe - auf ein
Merkmal oder gar mehrere hin untersucht; in Listen wird dann
markiert, ob der jeweils in Frage stehende Merkmalsträger die
interessierende(n) Eigenschaft(en) hat oder nicht. Im aller-
einfachsten Fall wird nur festgestellt, wieviele Merkmalsträger existieren. - Bis in die Neuzeit hinein wurde ausschließlich auf diese Art Statistik betrieben und noch heute
sind diese Verfahren (Volkszählungen!) von grundsätzlicher

+) Provinzialzensus in Judäa, ca. 6 v.C. Es fehlt in der Bibel
nicht an Warnungen vor Zählungen als Eingriff in die Ordnung
Gottes bzw. als Versuch, dessen Absichten zu ergründen. Vgl.
2. SAMUEL, 24,2 oder 1. CHRONIK, 21,2. - Die Folge unerlaubter
Zählungen war die Pest, und die fürchtete man im Mittelalter
als Strafe Gottes besonders. Jedwelche Zählungen (außer Ver-
mögenserfassungen) waren daher kirchlicherseits verpönt.

Bedeutung beim Sammeln von Ausgangsdaten. Ein geschichtlich bedeutendes Beispiel sind die sog. Kapitularien aus der Zeit KARLs des Großen, später dann die Landbücher.

Mit Beginn der Neuzeit entstand unter dem Namen Statistik eine eher empirisch orientierte Staatslehre als beschreibende und bestenfalls aus spekulativen Überlegungen begründete Wissenschaft. Der damals gerade einsetzende weltweite Handel ging Hand in Hand mit einem neuen Staats- und Weltverständnis: Soziomorphe Erklärungsweisen der Natur und die theokratische Staatsidee gerieten immer mehr ins Abseits; der individuelle Erfahrungshorizont weitete sich aus. Kaufleute erzählten von fremden Ländern und die Naturwissenschaften erlebten eine erste Aufbruchsstimmung.

Bis zu jener Zeit gaben vor allem Theologen als die wichtigste gebildete Gruppe kompetente und verbindliche Erklärungen zu allen Erscheinungen des täglichen Lebens ab: Nunmehr zogen sie sich aus diesen Bereichen immer mehr zurück. – Auch heute noch gehört es für viele Gebildete zum guten Ton, von Naturwissenschaften und Technik wenig zu verstehen ...

Europa erlebte in der Mitte des 16. Jahrhunderts den Höhepunkt seiner Expansion. Der Handel mit Waren und Dienstleistungen wurde abstrakter: Man erfand das Brief- und Termingeld; Buchstabenrechnen und der Umgang mit mathematischen Formeln wurden eingeführt. Die *Wissenschaft von den Staatsmerkwürdigkeiten*, wie die Statistik damals hieß, entwickelte zunehmend das Bedürfnis, den politischen und sozialen Raum nicht nur beschreibend, sondern auch prognostisch zu durchdringen.

Grundsätzlich vorhandene und erkennbare Risiken sollten durch kalkulierbare Schätzverfahren tragbar werden. Es ist also kein Zufall, daß sich Christiaan HUYGENS mit einer *Theorie des Zufalls* (1657) beschäftigte, daß in England um 1696 die erste Seeversicherung LLOYD (Name eines Kaffeehausbesitzers) gegründet wurde. An der Universität Helmstedt zog 1660 die Statistik als akademische Disziplin *Notitia rerum publicarum* ein ...

Die Beschäftigung mit Glücksspielen war auslösend für die neue Wissenschaft von der Wahrscheinlichkeit: Abraham de MOIVRE (1667 – 1754) und Pierre LAPLACE (1749 – 1827) seien als Pioniere nur stellvertretend erwähnt. In jener Zeit wurde für die Statistik ein tragendes Fundament gelegt. Sozialwissenschaft, Ökonomie und Naturwissenschaft standen damals noch in enger Beziehung; der bekannte Astronom Edmont HALLEY (1656 – 1742), dem der Nachweis der perodischen Wiederkehr eines aufregenden Himmelsphänomens gelang, das wir heute nach ihm als Kometen benennen, trat auch als Versicherungsmathematiker an die Öffentlichkeit. – Frühe Vertreter der damals sog. *Politischen*

Arithmetik hatten das Bedürfnis, stets ihren Bezug zur Wirklichkeit zu betonen: So schreibt ein Mathematiker jener Tage
im Vorwort seines Buchs, daß seine Ergebnisse auf Beobachtungen beruhten, ohne die alles Nachdenken vergeblich sei ...

Verweilen wir noch ein wenig in der Geschichte: Mit dem Aufkommen der industriellen Massengesellschaft im 19. Jahrhundert
wurde erkannt, daß Grundgesamtheiten nur noch über Stichproben
zu erfassen waren. Während bisher die Sozialstatistik fast nur
mit vollständig abzählbaren Mengen operierte, stellte sich nun
die Aufgabe, aus Stichproben verläßliche Schätzungen für die
Population abzuleiten. Die neue <u>Wahrscheinlichkeitsrechnung</u>
wurde zum Fundament dieser Entwicklung:

Gestattet eine genaue Kenntnis des Ist-Zustands und der Vergangenheit Prognosen für die Zukunft? Mit welchem Risiko sind
solche Aussagen behaftet? - Diese und andere wichtige Fragen
konnten nur nach und nach geklärt werden, und teilweise wird
daran noch heute gearbeitet. - Sehr auffällig ist, daß diese
neuen Verfahren im Rahmen sozialer und ökonomischer Frage-
stellungen entwickelt worden sind, ihre Bewährungsprobe aber
in den Naturwissenschaften bestanden, so vor allem in der
Thermodynamik Ludwig BOLTZMANNs (1844 - 1906). Die Anwendung
von statistischen Methoden auf die Gesetzmäßigkeiten menschlichen Handelns und Zusammenlebens (mit sehr individuellen und
gesellschaftlichen Aspekten) erfolgte hingegen nur zögernd.

Auch heute noch stößt der Versuch, menschliches Miteinander
und persönliche Individualität zählend und messend zu durch-
forschen, auf starke emotionale Ablehnung: Der einzelne versteht sich als unersetzbare und einmalige Person ... doch ur-
plötzlich wird er zum Gegenstand einer Sozialstatistik: Wahr-
scheinlichkeitstheoretisch begründbare Vorhersagen z.B. über
Handlungsweisen, Entscheidungsverhalten, individuelle Nicht-
Eignungen werden möglich. Widerstand gegen solches erklärt
sich mindestens teilweise dadurch, daß man sich insbesondere
in der privaten Sphäre schon vorab im Besitz abschließender
Urteile wähnt.

Jedoch wird gerne vergessen, daß die eigenen Verhaltensmuster
letzlich aus Erfahrung resultieren, also aus nichts anderem
als einer Privatstatistik der Lerninhalte des eigenen Lebens.
Die Statistik kann in diesem Zusammenhang als Interpretation
oder Versuch verstanden werden, diese eher vorwissenschaft-
lichen Erfahrungen (eigenes Wissen) zu objektivieren. In diesem Sinn kann Statistik (richtig genutzt) Entscheidungen ab-
sichern, ohne jedoch den Entscheidungsträger aus seiner Verantwortung zu entlassen. Der primäre Gewinn liegt vor allem
darin, daß die moderne Statistik zugleich ein Maß für das jeweilige Risiko angeben kann.

Im täglichen Leben gebrauchen wir oft Begriffe wie 'selten',
'oft', 'zufällig', 'regelmäßig' usw. Wir interpretieren und
kommentieren dann Ereignisse vor dem Hintergrund der eigenen
Lebenserfahrung und versuchen dadurch, uns in einer zunehmend
undurchschaubaren und auch widersprüchlichen Welt zu orien-
tieren. Unsere Deutungen und Werturteile sind dabei weitgehend
durch das jeweilige soziale Umfeld bedingt, mithin also sehr
subjektiv. Im Prinzip bleibt die Situation durch Ungewißheit
sehr belastet. Als einfacher Ausweg bietet sich der Rückzug
auf 'unmittelbar einleuchtende Gewißheiten' und im Grunde un-
reflektierte und oft ideologisch verhärtete Grundüberzeugungen
an, die durch einseitige Selektion entstanden sind. Es ist
daher nicht überraschend, daß Statistik gerade in der Anwendung im Bereich aller sozialen Wissenschaften (wie Psychologie, Soziologie, Pädagogik, Politologie, aber auch Medizin)
auffällig oft dem widerspricht, was man selber als 'selbst-
verständlich' und 'natürlich', eben als Alltag erlebt.

In Fortführung der Gedanken wird verständlich, daß Statistik
in allen Bereichen menschlichen Miteinanders vielfach nicht
erwünscht ist; mit empirisch gesicherten Ergebnissen wird
nämlich das Gefühl gestört, daß man zur Gruppe jener gehört,
die 'Bescheid wissen'. Es ist allemal bequemer, sich auf
Führungspersönlichkeiten und andere Leitbilder zu verlassen
und die eigenen Vor-Urteile bestätigt zu finden, als eben
diese Überzeugungen in Frage zu stellen.

Der Mensch des 20. Jahrhunderts befindet sich hier noch un-
gebrochen in der Tradition des ausklingenden Mittelalters:
Jedwelche Versuche, vor allem emotionale Bereiche mit Zähl-
und Meßmethoden zu durchdringen, stoßen auf sehr intensive
Aversion. – Der geordnete mittelalterliche Kosmos hatte seinen
Sinn aus der Projektion göttlicher Ordnungsprinzipien in die
Sozialstruktur und in die unbelebte Natur gewonnen; aber die
Naturwissenschaften hatten mit diesen Vorstellungen radikal
aufgeräumt. Eine Sinndeutung der Welt konnten und wollten sie
nicht geben; dafür konnten sie die Natur allfällig erklären.
Je mehr sich diese Einsicht verbreitete, desto mehr zogen sich
die Allgemeingebildeten von Naturforschung zurück. Auch heute
noch ist sie vorwiegend Sache von Spezialisten, die häufig als
einseitig verbildet angesehen werden.

Von daher ist es nur konsequent, sich gegen jede quantifizie-
rende Einordnung der Persönlichkeit heftig zu wehren und insbesondere die Vorhersage menschlicher Verhaltensweisen u.ä.
abzulehnen. Von den Naturwissenschaften erwarten wir bis in
unsere Tage permanenten Fortschritt, auch wenn nunmehr Kritik
laut wird und Aufrufe zum Umdenken erfolgen. Diese Entwicklung
wurde bisher als ideologiefrei angesehen; erst jetzt beginnt
man damit, diese Sichtweise nachdrücklich zu hinterfragen. Für

die Erforschung der Gesetze sozialen Wandels galt diese Ideo-
logiefreiheit schon von Anfang an nicht.

Ein wichtiger psychologischer Aspekt muß noch angesprochen
werden:

Im persönlichen Bereich erträgt der Mensch nur ein sehr be-
schränktes Maß an Ungewißheit. Die Belastungsgrenze liegt dabei umso niedriger, je einschneidender und intimer die Ereignisse und Bedingungen sind, die er selber nicht oder nur wenig
bestimmen kann. Das betrifft zuerst alle Fragen der Gesundheit
und des Lebensglücks, des sozialen, schulischen, beruflichen
Erfolgs oder Mißerfolgs, des Einkommens usw.

Gerade weil hier Ungewißheit besonders abgewehrt werden muß,
ist die eigentliche Wahrheit unerwünscht. Eindeutige Gewißheit
ist somit am sichersten zu bewahren, wenn man irgendwelche
empirischen Bewährungsprüfungen kategorisch ablehnt oder mit
allerlei Ausreden relativiert. Vorsorgeuntersuchungen sind
eine sinnvolle Sache, aber eben nur für andere! Auch viele
Vorurteile gegen Psychologie wie Psychologen haben ihre Ur-
sache letztlich in dieser Grundhaltung. Sie übertragen sich
dann zwangsläufig auf die benutzten Methoden, denen heutzutage
meist ausgefeilte statistische Modelle zugrunde liegen.

Von Haus aus denkt der Mensch im allgemeinen kausal; Statistik
scheint diesem Ansatz zu widersprechen. In der Tat sind simple
Schlußfolgerungen nach dem Muster *wenn-dann* immer gefährlich
und zeugen von geringer Verantwortung; moderne korrelations-
statistische Verfahren gehen aber nicht von dieser primitiven
Denkweise aus: Mit ihnen wird versucht, komplexe Wirkungsgefüge mathematisch zu strukturieren und dann in gegenseitigen
Abhängigkeiten zu erklären. – Sog. Intelligenztests sind hier
exemplarisch: Intelligenz ist nicht mehr länger etwas, was der
einzelne in irgendeiner Quantität (als Intelligenzquotient IQ)
hat. Intelligenz wird vielmehr als kompliziertes Gefüge von
kooperativen Fähigkeiten und Eigenschaften verstanden, von
Faktoren also, die sich an einer einzelnen Person weitgehend
wertfrei feststellen, beschreiben und abgrenzen lassen. Auch
Begriffe wie 'Begabung', 'Eignung' usw. werden in diesem ver-
besserten Sinn neu definiert.

Statistische Methoden sollen Wissen nicht nur als mitteilbar
und prüfbar aufarbeiten, sie sollen auch den Anwendungs- und
Geltungsbereich offenlegen, also positiv zur Verbesserung der
Daseinsbedingungen beitragen, beim einzelnen wie in der Gesellschaft. – Devise: Nicht nur munter Material sammeln und
sortieren, sondern auch Sicherheitsgrenzen abstecken und den
Geltungsbereich benennen!

Dieses neue Methodenbewußtsein trägt viel zur sachlichen Aufklärung der Lebensbedingungen bei. Alle Planungsaufgaben einer
modernen Gesellschaft in Verkehr, Wirtschaft, Sozialpolitik,
Bildungswesen usw. sind ohne statistische Verfahren nicht mehr
denkbar. Analoges gilt für persönliche Entscheidungsprozesse,
gleichgültig, ob andere dabei mitwirken oder nicht.

Leider kommen Fehldeutungen und absichtliche Entstellungen
immer wieder vor. Teilweise sind dafür Gründe verantwortlich,
von denen schon weiter oben die Rede war. So ist die Redensart
von der Statistik als einem sog. 'Zahlenfriedhof' oder einer
'geistlosen Zählmaschine' oft Abschirmung vor überraschenden
und unbequemen Einsichten oder auch Eingeständnis mangelnden
(mathematischen) Verständnisses. Derselben Person oder auch
Interessengruppe kann es bei anderer Gelegenheit durchaus
willkommen sein, gerade ihre Postulate oder Forderungen mit
(sogar manipulierten) Statistiken zu untermauern. - Zum Glück
kann die statistische Lüge, im Gegensatz zu den vielfältigen
Formen der Unwahrheit im Alltag, im allgemeinen aufgedeckt
werden. - Die Formulierung, daß Statistik nur die letzte
Steigerungsform der Lüge (mit der Zwischenstufe der Notlüge)
sei, ist daher eher ironisch zu verstehen.

Ist es Zufall, daß dieser Satz gerade von jenen besonders
gerne zitiert wird, deren eigene Behauptungen und Leitsätze
(in der Regel ohne jede Beweiskraft) in Politik, Rechtswesen,
Wirtschaft und Schule und so weiter ohne nennenswerten Widerstand hingenommen werden? - Führungspersönlichkeiten wähnen
sich oft im Besitz jener Grundwahrheiten, mit denen die Ordnung auf Erden abschließend hergestellt wird. Freilich können
Traditionen, seien sie nun schlicht bequem oder auch nur ein-
gewöhnt, oft auch (zugegeben!) sinnvoll, nicht von heute auf
morgen über Bord geworfen werden, zumal dann, wenn sie der
eigenen Absicherung und vielfältigen Vorteilen dienen.

Nicht ohne Grund hat der Gesetzgeber dafür gesorgt, daß gewisse Tatbestände nur von ihm statistisch durchleuchtet werden
dürfen. Er scheut sich dabei nicht, wenig plausible Gründe für
diese Restriktionen zur Informationsgewinnung anzuführen. Beispielsweise wird eine durchsichtige Einkommensstatistik mit
dem Vorwand verhindert, daß das sog. Steuergeheimnis gewahrt
bleiben müsse. Eher mag schon der soziale Friede gestört werden: Denn der Staat (das sind immer auch einzelne Mandats-
träger mit persönlicher Vorteilsnahme) ist wenig interessiert,
selber krasse Ungereimtheiten aufzudecken. Also behält er diese Informationen für sich und operiert im Beispiel mit irgendwelchen durchschnittlichen Einkommen, die für Außenstehende
unanfechtbar sind, aber (wie jeder Statistiker weiß) nur recht
geringe Aussagekraft haben. - Auf diese Weise wird vertuscht
und beruhigt, aber nicht aufgeklärt.

Informationsquellen und Exekutive sind also in vielen Fällen und zunehmend in einer Hand; darin liegt eine nicht zu unterschätzende Gefahr moderner Datengewinnung. <u>Datenschutzgesetze</u> haben daher durchaus zwei Seiten: Während die Weitergabe eines ziemlich unbedeutenden persönlichen Datums strafwürdig sein kann, werden an anderer Stelle weithin unbemerkt viel umfangreichere und brisantere Datenpakete angesammelt, gegen die sich der einzelne, selbst wenn er davon zufällig Kenntnis erlangt oder doch entsprechendes vermutet, kaum zur Wehr setzen kann.

Das ist ein durchaus aktueller Aspekt, nicht erst seit der noch jungen Wiedervereinigung und der Aufarbeitung der Akten der Firma "VEB Horch und Guck" (so hieß die Stasi im anderen Deutschland). Das Studium statistischer Methoden hat jenseits allen Interesses an der Materie (sei es reine Neugier oder nur der Wunsch nach Anwendung) immer auch das Ziel, das Verantwortungsbewußtsein zu schärfen: Gefordert sind nicht nur Sorgfalt bei der Ermittlung und methodischen Aufbereitung der Daten, sondern auch wacher Verstand und kritische Würdigung bei der Interpretation des Materials ... Und auch die Frage darf gestellt werden, ob denn alles erfaßt werden muß ...

Statistisches Wissen zeichnet sich durch prüfbare Bewährung an der Wirklichkeit aus: Beobachtung und Erfahrung auf der einen Seite, eine gesicherte Theorie auf der Basis mathematischer Methoden auf der anderen wirken sinnvoll zusammen. Eine Sichtweise allein bliebe entweder subjektiv, uneindeutig und von ungewissen Sicherheitsgrad, oder eben nur eine Spielwiese der Wissenschaft. Die Statistik ist das Musterbeispiel einer angewandten Disziplin: Eine Vielzahl einzelner Beobachtungen wird geordnet (klassifiziert), verglichen, ausgewertet und kommentiert. Eine formalisierte Theorie verknüpft die Ergebnisse mit anderen Daten, die auf ähnliche Weise schon gewonnen worden sind. So ergeben sich ganz neue Erkenntnisse, aus denen dann Schlüsse mit sog. Wahrscheinlichkeitscharakter, also mit Angabe eines meßbaren Risikos, gezogen werden können.

Täglich sind wir vor neue Entscheidungen gestellt: Wir können eigentlich nichts besseres tun, als nach solchen wahrscheinlichsten Setzungen zu handeln. Die persönliche Freiheit wird dadurch nicht eingeengt, ja im Gegenteil: Erwartungen und Hoffnungen, Befürchtungen und Ängste werden unter Kontrolle gebracht, rationalisiert. – Die Freiheit der selbstverantwortlichen Entscheidung bleibt, sie wächst sogar ...

Ein paar wichtige Anwendungsbereiche für statistische Methoden
seien stellvertretend genannt:

In der Privatwirtschaft:

Produktionsplanung, Kostenanalyse, Absatzstrategie, Werbung
und Marktanalyse samt Rentabilität, Lagerhaltung und Vertrieb,
Abnahmekontrollen, Versicherungswesen (Prämien). Im Bereich
Produktion: Qualitäts- und Normenkontrolle, Terminplanung,
Sicherheits- und Unfallforschung, Arbeitsplatzgestaltung,
Werkstoffprüfung und Rohanalysen, Exploration und Förderung
von Rohstoffen, Recycling, Risikoberechnung und Folgelasten
bei Großprojekten.

Im öffentlichen Bereich:

Sozialversicherung und Renten, Wirtschafts- und Steuerpolitik,
Verkehrsplanung, öffentliche Dienstleistungen, auch Bildungs-
politik, Geldumlauf, Subventionen, Binnen- und Außenhandel,
Wettervorhersage, Arbeitsmedizin und anderes.

Alle zivilisierten Länder haben für diese und andere Zwecke
<u>Statistische Ämter</u> (in Schweden schon 1756) eingerichtet, Be-
hörden, die im Rahmen gegebener Gesetze diese o.g. und andere
Aufgaben unterstützen. Volkszählungen (in Deutschland ab 1742)
sind ein Vorgang, wo man sich als Normalbürger dieser Behörden
wieder erinnert.

Bei uns ist dies das <u>Statistische Bundesamt</u> in Wiesbaden, eine
eher unauffällige, aber doch recht effiziente "Datenfabrik",
die neben einer Fülle von speziellen Fachveröffentlichungen
der interessierten Öffentlichkeit regelmäßig auch ein sog.
<u>Statistisches Jahrbuch</u> anbietet. Nicht vergessen sei der
monatliche Lebenshaltungsindex, umgangssprachlich *Warenkorb*
genannt, mit dem das Amt auch Signale für die Politik setzt.
Unser Bundesamt geht in langer Tradition auf das Kaiserliche
Statistische Amt des Deutschen Reiches zurück, das im vorigen
Jahrhundert die Vielfalt der damaligen Kleinstaaten "reichs-
seitig" durch Empfehlungen zur statistischen Basisarbeit
koordinierte.

2   SKALEN und PARAMETER

Statistik, das ist die Untersuchung und Beschreibung von Gesetzmäßigkeiten bei <u>Massenerscheinungen</u>. Die Masse, bei der
solche Erscheinungen auftreten: das kann die Bevölkerung der
Bundesrepublik sein, die Menge der Studentinnen und Studenten
in einer Vorlesung, die gesamte Produktion von Glühlampen in
der Firma Primalux oder auch die Anzahl aller Legehühner im
Freistaat Bayern. Diese jeweils deutlich abgrenzbare Gesamtheit von Merkmalsträgern (Objekte) nennt man <u>Grundgesamtheit</u>
oder <u>Population</u>. Oft wird dieses Wort auch nur für den tatsächlich zu Beobachtungen verfügbaren Teil der Masse genommen.
Alle Individuen (Objekte) – bei fortgeschrittener Methoden-
kenntnis auch nur eine nach gewissen Regeln <u>repräsentativ
ausgewählte Stichprobe</u> – werden auf ein gewisses Merkmal hin
befragt, oft auch auf ein ganzes Bündel solcher Merkmale, bei
denen später allerhand Querverbindungen von Interesse sein
können. – Nahezu jede statistische Untersuchung beginnt mehr
oder weniger aufwendig mit einem solchen ersten Schritt, den
man Erstellung einer <u>Urliste</u> nennt.

Unter einem <u>Merkmal</u> versteht man dabei eine beobachtbare und
abfragbare Eigenschaft, die je nach Merkmalsträger (Proband)
in unterschiedlicher <u>Ausprägungsform</u>, Graden vorkommt. Man bezeichnet solche Merkmale mit einem Wort aus der Mathematik als
Variable. Eine Variable muß also je nach Fall unterschiedliche
Intensität aufweisen, auch wenn es oft schwierig ist, die Ausprägungsgrade gegeneinander abzugrenzen. – Bei der Anwendung
von statistischen Methoden geht man dabei von der Annahme aus,
daß der Wert im Rahmen der Bandbreite der Variablen am jeweiligen Probanden so oder anders <u>zufällig</u> vorgefunden wird.
Begriff und Bedeutung des Wortes Zufall müssen für die Theorie
nicht weiter präzisiert werden; es genügt, daß die konkrete
Feststellung einer Merkmalsausprägung für den Befrager unvor-
hersehbar ist, auch wenn sich am Probanden (später) ein kom-
plexes Wirkungsgefüge als irgendwie kausal erkennen läßt:

Ob ein auf der Straße angehaltener Passant Deutscher oder Ausländer ist, ob eine Studentin lieber schlappige Hosen als
enge Röcke trägt, ob eine eben gekaufte Glühlampe funktioniert
oder wieviele Eier die bayerische Legehenne Erna wöchentlich
legt, das ist (mehr oder weniger) zufällig, auch wenn sich im
konkreten Fall (insbesondere nach Befragung) gewisse Gründe
fallweise erkennen lassen. Vorsicht bei der Bewertung von Antworten ist immer dann geboten, wenn innere Zusammenhänge eine
Rolle spielen (können): Ein Interview etwa unter Passanten zur
Meinung über die Finanzbehörden sollte besser nicht in der unmittelbaren Umgebung eines solchen Amts durchgeführt werden;
die Ergebnisse wären – da der Befragte vielleicht gerade von
dort verärgert herkommt – sicherlich verfälscht ...

Für theoretische Überlegungen und Ableitungen greift man daher gerne auf Modelle zurück, so das Würfelmodell oder das Urnenmodell; beide werden uns noch ausführlich beschäftigen. Hier gilt, daß der einzelne Augenausfall, der einzelne Griff in die Urne vollständig dem Zufall unterliegen, also erst bei vielfacher Wiederholung eine statistische Gesetzmäßigkeit erkannt wird, die für den Einzelversuch Aussagen mit Risikocharakter zuläßt. Entsprechende Versuche haben typische Charakteristika des naturwissenschaftlichen Experiments: Vorabbeschreibung des Verfahrens, Wiederholbarkeit und damit Reproduzierbarkeit der Ergebnisse.

Mit den Methoden der beschreibenden Statistik kann nach der Sichtung des Urmaterials, also dem Sortieren der erfaßen Daten aus der Urliste, mitgeteilt werden, wie das Merkmal in der Population 'verteilt' ist: Im einfachsten Fall ist das eine Aussage darüber, wie oft die einzelnen Ausprägungsgrade der betrachteten Variablen vorkommen. So sind beispielsweise von 56 Studenten eines Semesters insgesamt 22 weiblich. Eine solche Variable nennt man dichotomisch (zweiwertig).

Wären die allermeisten der 56 Studenten Frauen, so wäre ein beliebig herausgegriffener Proband 'aller Voraussicht nach' weiblich ... Eine präzisere Formulierung ist erst mit Methoden der operativen Statistik möglich, auch wenn wir schon zu wissen glauben, was damit gemeint ist.

Die Beschaffung des Urmaterials für eine Statistik kann auf vielerlei Weise geschehen. Sieht man davon ab, daß bereits vorhandene Daten (die sog. "Primärstatistik") neu bearbeitet werden (das Ergebnis heißt dann "Sekundärstatistik"), so erfolgt die Beschaffung der Daten prinzipiell durch Registrieren am Merkmalsträger, durch direktes Befragen (Interview, Zählen, Messen), durch indirektes Befragen (Fragebogen), durch direkte oder indirekte Beobachtung (Tonband, Video, Beobachtung mit dem Teleskop oder Auswerten von Satellitenfotos) oder durch ein Experiment im engeren Sinn des Wortes, also eine Laborsituation. Dies sind die häufigsten und wichtigsten Verfahren. Zählen, Messen und Befragen sind jedermann vertraute Methoden; 'Beobachten' heißt, objektiv wahrnehmbare Eigenschaften, Verhaltensweisen und ähnliches nach festgelegten Kriterien zu erfassen, ohne zunächst irgendwie zu bewerten.

Die wichtige Frage der Objektivität müssen wir in unserem Fall nicht so genau diskutieren; die numerische Datenauswertung im naturwissenschaftlichen und technischen Bereich ist relativ problemlos: Man kann meistens unterstellen, daß die Ergebnisse ohne Beeinflussung des Probanden zustande gekommen sind, auch wenn Fälle denkbar sind, bei denen die Beobachtung selber die Daten verfälscht hat. In erster Linie achtet man auf korrekte (und sinnvolle) Messungen, also Meßfehler und dgl.

Notwendige Voraussetzung für die statistische Bearbeitung von
irgendwelchen Daten ist die Möglichkeit, das betrachtete Merkmal, also die Variable, hinsichtlich des Ausprägungsgrades
qualitativ oder besser quantitativ klassifizieren zu können.
Nach vorgegebenen Regeln wird der Ausprägung durch Zählen eine
Ordnungsnummer und damit eine Häufigkeit zugewiesen, oder aber
durch Messen eine Maßzahl ermittelt, ein Zahlenwert (Größe)
attestiert. So können von 56 Studenten 42 blondes Haar haben,
während die Körpergröße X im konkreten Fall des Kommilitonen
Niedermayer x = 188 cm beträgt.

Demnach lassen sich Merkmale zunächst grob in zwei Kategorien
einteilen, in qualitative und in quantitative. Letztere werden
mit einer metrischen Skala verglichen, mit einer Absolutskala
oder doch wenigstens Intervallskala.

Alle nicht quantitativen Merkmale sind qualitativ; hier wird
eine Unterscheidung hinsichtlich der Qualität getroffen, dies
in der Regel im Vergleich mit anderen Probanden. Die Spann-
breite der Skalen reicht hier von einer einfachen Nummernskala
(wie z.B. Hausnummern als Ordnungsprinzip) über Nominalskalen
(Klassifizierung nach Klassen ohne inneren Zusammenhang: Haar-
farbe, Einteilung nach Geschlecht) bis hin zu Ordinal- oder
Rangskalen, d.h. einer Ordnung nach Intensitätsklassen mit
graduellen Unterschieden. Bei Rangskalen verwischt sich der
Übergang zu Intervallskalen gelegentlich: Schulnoten sind
strenggenommen nur rangskaliert, werden oft aber intervall-
skaliert interpretiert und in der Folge dann sogar mit arithmetischen Mittelwerten versehen, obwohl dies eigentlich nicht
korrekt ist. Das folgende Schema nennt Beispiele.

Die Ergebnisse von nominal skalierten Variablen faßt man zu-
meist in Häufigkeitstabellen zusammen, wobei zwischen den einzelnen Klassen keine innere Beziehung bestehen muß. Leicht
erkennbar ist dann der häufigste Wert, das sog. Dichtemittel
(Modalwert), das natürlich von der Klasseneinteilung abhängt:
Bei einer Einteilung nach Haarfarben mag die häufigste Farbe
z.B. 'blond' sein; das ist das Dichtemittel, nicht etwa die
zugehörige Häufigkeit f_{blond} = 23. Der Name der Klasse steht
für das Dichtemittel! Es kommt oft vor, daß bei der gewählten
Klasseneinteilung zwei oder mehr Häufigkeiten mit größtem Wert
übereinstimmen. In solchen Fällen spricht man von einer zwei-
gipfeligen (bimodalen) bis mehrgipfeligen Verteilung, und im
Grenzfall von einer tafelförmigen Verteilung dann, wenn die
Reihenfolge der Klassenaufzählung nicht willkürlich ist, vielmehr bei höherwertiger Skalierung einem inneren Zusammenhang
(zwischen den Klassen) folgt.

Ordinalskalen lassen bereits Vergleiche wie *besser/schlechter*
oder auch *mehr/weniger* zu; neben dem Modalwert läßt sich hier
zusätzlich noch ein Zentralwert definieren: Zur Bestimmung

werden alle Daten (Meßwerte) z.B. in aufsteigender Reihenfolge
angeordnet, um dann jenen Wert zu suchen, der diese Reihe nach
Position halbiert. Sind z.B. die 17 Klausurnoten

1 1   2 2 2   3 3 3 3   4 4 4 4 4 4   5 5

aufsteigend sortiert, so ist der häufigste Wert offenbar die
Note Vier (Name der Klasse), während der Zentralwert noch Drei
auf Position 9 = (17+1)/2 ist. – Bei 18 Noten kann dessen Bestimmung auf Probleme stoßen, da wir uns z.B. bei einer zusätzlich weiteren Fünf auf Drei oder Vier einigen müßten. In
solchen Fällen wählt man, sofern möglich, dann das arithmetische Mittel aus den beiden Nachbarklassen, was hier – da Drei
und Vier ja Namen von Klassen und nicht Werte sind, allerdings
fragwürdig wäre. Dies gilt erst recht für das gerne berechnete
arithmetische Mittel bei Noten! Betont sei, daß bei Ordinalskalen die einzelnen Klassen nicht im folgenden Sinn am Beispiel der Noten verglichen werden können: *Mit der Note Zwei
ist jemand doppelt so gut wie mit einer Vier.* Der Zweier ist
lediglich besser, sonst nichts ...

Skalentyp	Mögliche Lagemaße
a) nicht-metrische Skalen	
Nummernskala (Hausnummern, KFZ-Nummern, ...)	keine
Nominalskala Geschlecht, Augenfarbe, Qualität, Familienstand ...	häufigster Wert: Mode
Ordinalskala Rangfolgen, Noten, Dienstgrade, Brinell-Härte bei Mineralien ...	Zentralwert: Median
b) metrische Skalen	Arithmet. Mittel
Intervallskala Lautstärke in dB, Temperatur in Grad Celsius, Kalenderzeit	
Absolutskala Größe, Gewicht, Kelvinskala, Kinder je Familie ...	

Übersicht : Skalierungen

Der **arithmetische Mittelwert** ist erst bei metrischen Skalen
zulässig. Die allgemein bekannte Berechnung sei einstweilen

übergangen. Die beiden unter b) genannten Skalentypen unterscheiden sich nur dadurch, daß der Nullpunkt einer Absolutskala aus einem inneren Grunde zwingend festgelegt werden muß,
während Nullpunkte bei Intervallskalen mehr oder weniger willkürlich (operational) definiert werden: Am Beispiel etwa der
Temperatur in Grad Kelvin bzw. Celsius (bei 0 Grad Celsius ge-
friert definitionsgemäß Wasser) wird der Unterschied besonders
deutlich.

Bei metrischen Skalen können Differenzen zwischen Werten aussagekräftig verwendet werden, d.h. gleiche Differenzen sind an
allen Stellen der Skala gleichwertig. Jedoch ist eine Aussage
Bei 20 Grad Celsius ist es doppelt so warm wie bei 10 Grad.
falsch, während eine entsprechende Formulierung mit Kelvin-
graden richtig wäre!

Die Übersicht der vorigen Seite bringt von oben nach unten
steigende statistische Qualität; je weiter unten ein Variab-
lentyp plaziert werden kann, desto ausgefeiltere Methoden
existieren zu seiner Untersuchung. Generell gilt dabei, daß
eine für "schlechtere" Merkmalstypen geeignete Methode auch
bei "besseren" noch zulässig ist, aber nicht umgekehrt, wie
das Beispiel des arithmetischen Mittels bei Noten zeigt.

Insbesondere metrische Skalen bzw. deren Variable können noch
nach einem anderen Gesichtspunkt unterteilt werden: Wird der
Wert durch Abzählen (u.U. bis ins Unendliche) gefunden, so
nennt man die Variable diskret. Andernfalls – meist erfolgt
dann die Bestimmung des Wertes mit einer im Prinzip beliebig
fein geteilten Meßlatte – heißt die Variable stetig. In diesem
Sinne sind Länge und Gewicht stetige Variable; hingegen ist
die Größe 'Pulsschläge pro Minute' diskret. Aber alle drei
sind metrisch, ja sogar absolut (auch rational genannt). Hingegen sind Variable mit nur endlich vielen Ausprägungsformen
stets diskret, also alle unter a) aufgeführten.

Zum Begriff des Messens ist noch eine Anmerkung erforderlich:
Das zu messende Merkmal (die empirische Gegebenheit) kann u.U.
auf ganz verschiedene Weisen numerisch abgebildet, skaliert
werden. Das hängt von der Meßvorschrift (der Zuordnung zum
numerischen Relativ) ab. Eine Mindestforderung ist aber, daß
Beziehungen zwischen den Objekten wie z.B. *kleiner/größer*,
doppelt so viel und dgl. stets durch die Meßzahlen in gleicher
Weise wiedergegeben werden müssen, diese also eine Repräsen-
tation der ursprünglichen Beziehungen darstellen. Die Meßvorschrift muß im mathematischen Sinn eine affine Abbildung sein.
Die Entdeckung und Anwendung eines physikalischen Gesetzes
sollte z.B. nicht davon abhängen, ob man die Temperatur in
Grad Celsius oder Reaumur angibt; Ausdehnungskoeffizienten
können fallweise eben umgerechnet, verschiedene Skalen durch
lineare (!) Transformationen angepaßt werden ...

Die bisher genannten Mittelwerte sind sog. <u>statistische</u>
<u>Maßzahlen</u>. Diese auch <u>Parameter</u> genannten Kenngrößen für
Verteilungen lassen sich entsprechend unterschiedlichsten
Bedürfnissen wie folgt einteilen:

Maßzahlen der Lage (Mittelwerte, Schwerpunktsmaße)
Maßzahlen der Streuung (um den Schwerpunkt)
Maßzahlen der Form (Schiefe, weiter noch Exzeß).

<u>Mittelwerte</u>: das sind Lagemaße der zentralen Tendenz, der sog.
<u>Schwerpunktslage</u>. Wie oben gesagt, gibt es bereits auf dem
niedrigen <u>Nominalniveau</u> den <u>Modalwert</u> oder Mode, d.i. der Name
der am stärksten besetzten Klasse in einer u.U. recht willkürlichen Klasseneinteilung zur Merkmalsausprägung.

Bei <u>Rangskalen</u> ist der zusätzlich definierbare <u>Zentralwert</u>
meist von höherer, weitergehender Aussagekraft. Kommt im Falle
einer metrischen Skala noch das arithmetische Mittel hinzu, so
stehen alle drei Mittelwerte in einer auffälligen inneren Beziehung zueinander, die etwas mit der "Form" der jeweiligen
Verteilung zu tun hat. Betrachten wir dazu das Beispiel einer
fiktiven Einkommensverteilung, einer Variablen, die an sich
(unabhängig von der Erfassung aus mehr praktischen Gründen)
als metrisch (zudem stetig, absolut) betrachtet werden kann:

Häufigkeit f_i

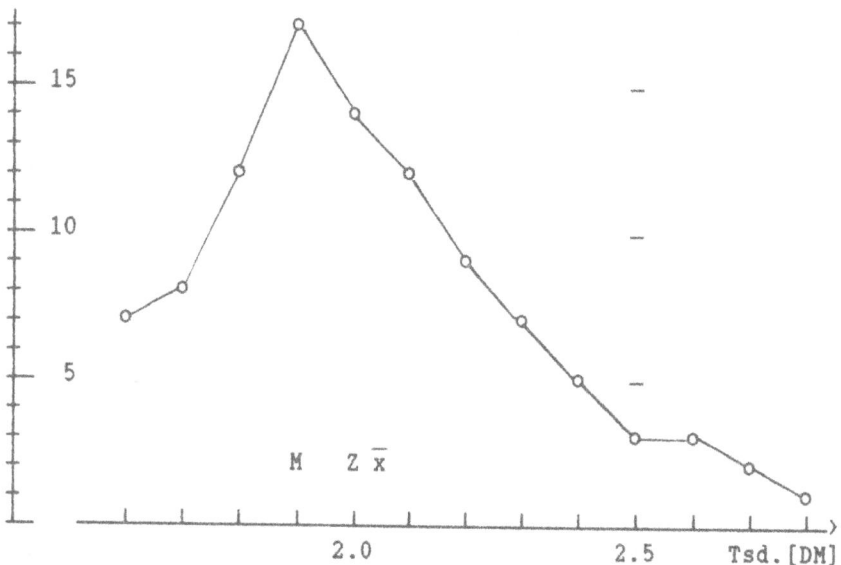

Abb.: Einkommensverteilung von n = 100 Probanden

Im Bild wird angenommen, daß insgesamt 100 ermittelte Monatseinkommen in Klassen der Breite 100 DM (gerundet) eingeteilt

worden sind. Es läßt sich zeigen, daß das arithmetische Mittel $\bar{x}$ statt an den Urwerten noch mit recht guter Näherung über die Klassen bestimmt werden kann; im obigen Beispiel findet man

$$\bar{x} = (7*1600 + 8*1700 + \dots + 1*2800) / 100 \approx 2030 \text{ [DM]}.$$

Die am stärksten besetzte Klasse von DM 1900 stellt den Modalwert M dar mit folgender Bedeutung: Die meisten der Befragten haben monatlich eben diesen Betrag zur Verfügung.

Der Zentralwert Z wird durch die Klasse 2000 DM bestimmt. Er markiert die "Mitte" der Verteilung in folgendem Sinn: Die Hälfte der Befragten hat monatlich höchstens diesen Betrag zur Verfügung, der Rest (das sind ebenfalls n/2 = 50 Probanden) mindestens. Man findet Z durch Auszählen und Suchen jener Klasse, in welcher nach Rangfolge des Einkommens geordnet der Proband n ≈ 50 fällt: 7 + 8 + 12 + 17 < 50; mit dem weiteren Summanden 14 wird diese Ordnungsnummer übertroffen. – Im vorliegenden Fall gilt offenbar

$$M < Z < \bar{x}.$$

Man nennt eine solche Verteilung augenscheinlich links-steil, oder nicht so einsichtig auch rechts-schief. Sie ist jedenfalls keineswegs symmetrisch, wie Verteilungen "der schönen Dinge" meistens. Bei einigermaßen symmetrischen Verteilungen von metrisch skalierbaren Variablen gilt angenähert $M \approx Z \approx \bar{x}$. Analog wird der Begriff rechts-steil (links-schief) definiert. Beispielsweise ist die Verteilung der Sterberate nach Altersklassen stark links-schief; wer alt ist, stirbt eher. Unser obiges Beispiel ist sehr geeignet, über den vagen Begriff "mittleres Einkommen" aus der amtlichen Publizistik nachzudenken ... Man überlege sich vor allem den Grenzfall vieler Probanden mit wenig Einkommen, denen sich ein Millionär zur "Schönung" von $\bar{x}$ hinzugesellt.

Im allgemeinen hat eine Verteilung nur einen Gipfel M. Nur dann sollte man die anderen Mittelwerte (insb. $\bar{x}$, soweit möglich) angeben. Mehrgipfelige Verteilungen weisen meistens auf ein verdecktes Kriterium hin, nach dem man zusätzlich hätte klassifizieren sollen. Beispiel:

Eine nicht geschlechtsspezifische Stichprobe zur Körpergröße wird vermutlich zwei Gipfel aufweisen, einen für Männer und einen für Frauen. Es hat wenig Sinn, von einer durchschnittlichen Körpergröße aller Bundesbürger zu reden: Normalerweise will man wissen, wie groß (im Mittel) Frauen und Männer für sich sind. Immerhin ist denkbar (und anderswo in der Biologie auch offensichtlich), daß diese beiden Werte stark voneinander abweichen.

Der Form nach gleiche Verteilungen können offenbar sehr unterschiedliche Lagemaße haben. Sind x_i Meßwerte mit dem Mittelwert $\bar{x}$, so hat die Verteilung X mit den Meßwerten $x_i + c$ den Mittelwert $\bar{x} + c$, ist also bei gleicher Form um c verschoben, was oft zur vereinfachenden Berechnung von Mittelwerten ausgenutzt wird. Dies gilt auch für Z und M.

Umgekehrt können Verteilungen mit gleichem Mittelwert (den man unpräzise auch oft "Durchschnitt" nennt) ganz unterschiedliche Form aufweisen, breit oder schmal sein, symmetrisch oder nicht usw. Neben Maßzahlen der Lage dienen daher weiter <u>Maßzahlen der Streuung</u> (Dispersionsmaße oder Variabilitätsmaße) einer differenzierteren Betrachtung:

Die <u>Spannweite</u> (Variationsbreite, Range)

$$R = x_{max} - x_{min}$$

kann schon bei Rangskalierungen eingesetzt werden. Allerdings ist deren Aussagekraft meist gering, sofern die Probanden nicht nahe beieinander liegen: Noten, Weiten im Springen auf einer Olympiade als Grenzfälle. Im ersten Fall kommen meistens alle Noten vor, während auf einer Meisterschaft nur die Besten gegeneinander kämpfen.

Die <u>mittlere Abweichung</u>

$$D = \frac{1}{n} \left(\sum_{i=1}^{n} |x_i - \bar{x}| \right)$$

ist ebenfalls leicht zu berechnen; sie wird meistens auf das arithmetische Mittel $\bar{x}$ bezogen, aber auch auf andere Mittelwerte. Verwendet man z.B. den Modalwert M anstelle von $\bar{x}$, wie es in Warenzeitschriften (z.B. Test) meist gemacht wird, so ergibt sich jene Abweichung vom häufigsten Wert, mit welcher der Käufer in einem beliebigen Geschäft rechnen kann.

Bei metrischen Skalen, so vor allem im technisch-wirtschaftlichen Bereich, ist die sog. <u>empirische Standardabweichung</u> s das gebräuchlichste Maß:

$$s := \sqrt{\frac{1}{n} \left(\sum_{i=1}^{n} (x_i - \bar{x})^2 \right)} \ .$$

s wird stets auf das arithmetische Mittel $\bar{x}$ bezogen:

$$\bar{x} := \frac{1}{n} \sum_{i=1}^{n} x_i \ .$$

In der Formel für s erkennt man, daß die Standardabweichung vor allem durch die von $\bar{x}$ weit entfernten Werte beeinflußt wird: s wird groß, wenn wenn die x_i stark streuen.

s^2 heißt <u>Varianz</u>; $V := 100 \cdot s/\bar{x}$ wird <u>Variationskoeffizient</u> (in Prozent) genannt; bei kleinem $\bar{x}$, das durch negative x_i erzeugt worden sein kann, ist bei V Vorsicht geboten: Große Werte von V (gar über 50 %) weisen auf schlechte Klassifizierung bei der Auswertung hin. – Generell sollten $\bar{x}$ wie s nur bei größerem n berechnet werden.

Der Vollständigkeit halber seien noch zwei andere Mittelwerte genannt:

$$GM := \sqrt[n]{x_1 * \ldots * x_n} \qquad (alle\ x_i > 0)$$

heißt <u>geometrisches Mittel</u>. Es wird bei multiplikativ verknüpften Merkmalsdaten (jährlichen Wachstumsraten, Zinssätze u. dgl.) benutzt, um dort sinnvolle Mittelwerte anzugeben.

Für sehr spezielle Sachzusammenhänge gibt es ein <u>harmonisches Mittel</u>:

$$HM := \frac{n}{1/x_1 + 1/x_2 + \ldots + 1/x_n} \qquad (alle\ x_i > 0)\ .$$

Mit dieser Formel (oder durch <u>Gewichtung</u> beim arithmetischen Mittel!) kann z.B. folgende Aufgabe gelöst werden:

Jemand kauft an einem Tag für 10 DM Orangen, das Stück zu 50 Pfennig, am anderen Tag ebenfalls für 10 DM, das Stück zu 40 Pfennigen. Was kostete eine Orange durchschnittlich? (Antwort: DM 0.44).

Mit Blick auf die Abb. von Seite 20 wird vorerst als einfaches <u>Schiefemaß</u>

$$sk := \frac{\bar{x} - M}{s}$$

definiert; man erkennt direkt, daß sk > 0 für linkssteile Verteilungen zutrifft. Bei leidlich symmetrischen Verteilungen (sk ≈ 0) kann man auf Formparameter verzichten; dann reichen zur Beschreibung Maße der Lage und Streuung aus. Diese und andere Maßzahlen <u>verdichten</u> die Informationen der Urliste im statistischen Sinne, machen (neben grafischen Möglichkeiten) Mitteilungen prägnanter und einfacher ...

Die vorne definierte Spannweite R ist meistens ohne große Aussagekraft; wenn nur ein einziger Proband nach oben oder unten
stark abweicht, ändert sich R spürbar, ohne daß die Verteilung
wesentlich anders aussieht.

Zum Median Z paßt als Streuungsmaß besser der sog. mittlere
Quartilabstand MQA. Als erstes Quartil bezeichnet man jenen
Beobachtungswert, unterhalb welchem 25 Prozent aller Werte
liegen. Das zweite Quartil ist der Median selbst. Die 75-
Prozent-Grenze heißt analog drittes Quartil. Als MQA wird
nunmehr die Hälfte der Differenz zwischen dem ersten und dem
dritten Quartil erklärt.

Dieses Streuungsmaß ist gegen einzelne starke Abweichungen
ziemlich "stabil", wie man sich leicht an Beispielen deutlich
machen kann: Ist bei einem Sportwettbewerb der Sieger extrem
gut, der Verlierer dazu auffällig schlecht, so kann das übrige
Feld gleichwohl dicht beieinander liegen, also die Streuung im
Sinne des MQA klein sein.

Über den Begriff Quartil hinaus kann bei Intervallskalen noch
der sog. Prozentwert (Perzentil) eingeführt werden. Er beschreibt die Position eines Meßwerts im Vergleich zu den rest-
lichen in folgender Weise: Unter dem Perzentil P versteht man
denjenigen Punkt auf der Skala, unterhalb dem p Prozent der in
der Verteilung vorkommenden Meßwerte liegen.

Das Perzentil 25 (im Konkreten dann durch einen Meßwert auf
der Skala definiert, z.B. 170 cm), ist also das erste Quartil.
Zur Bestimmung beliebiger Perzentile zieht man die (geordnete)
Häufigkeitstabelle der Verteilung mit Aufwärtskumulation heran
(nächstes Kapitel).

Interessant ist auch manchmal die umgekehrte Fragestellung:
Gegeben ist irgendein Skalenwert und wir wollen wissen, wie-
viel Prozent der Meßwerte unterhalb dieses Werts liegen. Diese
Zahlenangabe nennt man Prozentrang des Meßwerts. Prozentränge
sind schon auf Ordinalniveau der Variablen erklärbar.

Die näherungsweise Bestimmung aus Häufigkeitstabellen ist nur
Zähl- und Rechenaufwand. Bei Bedarf findet man in der Literatur exakte Formeln zur schnellen Bestimmung.

3   ELEMENTARE METHODEN

Am Anfang jeder statistischen Untersuchung steht eine Auf-
listung aller Daten in jener Reihenfolge, wie sie angefallen
sind, die sog. Urliste:

x_1 , x_2 , x_3 , ..., x_n .

Sind diese Daten in einer ersten Bearbeitung der Größe nach
geordnet, so spricht man von der primären Verteilungstafel
(Beispiel S. 18 oben).

Solche Urlisten können natürlich auch mit Paaren, Tripeln usw.
von Ausgangsdaten auftreten, etwa bei einer Untersuchung des
Zusammenhangs von Körpergröße X und Gewicht M

$(x_1$, m_1), $(x_2$, m_2), ...

In diesem Fall von Wertepaaren je Proband betrachtet man eine
bivariable Verteilung.

Bleiben wir aber zunächst bei einer monovariablen Verteilung.
Gewisse Daten können mehrfach vorkommen, was man durch Häufigkeiten f_1 in der Tabelle andeutet, die anstelle der Urliste
sogleich als Strichliste entstanden sein könnte, insbesondere
bei Nominaldaten:

Werte X		f_1
a_1		0
a_2	////	4
a_3	/////	5
a_4	///	3
...	...	...
a_n		0

Abb.: Häufigkeitstabelle

Unterstellen wir aber z.B. metrische Werte x_1, so bedeuten die
a_1 bereits eine Einteilung nach Klassen, und sie sind daher
von den tatsächlich auftretenden x_1 genau zu unterscheiden!
Ein konkreter Wert x_k fällt dann in jene Klasse a_1, für die

$a_1 - b/2 < x_k \leq a_1 + b/2$.

gilt. Die Differenz $a_{1+1} - a_1$ heißt Klassenbreite b; der
Klassenbezeichner a_1 ist die sog. Klassenmitte; vorteilhaft
ist dabei (wenn möglich) die Wahl einer ganzen Zahl. Außerdem
sollten alle Klassen gleich breit sein.

Zu vermeiden sind nach Möglichkeit <u>offene Klassen</u>, die am Rand
der Verteilung auftreten können, wenn z.B. alle Daten $x \leq a_0$
zu einer einzigen Klasse zusammengefaßt werden sollen. – Für
offene Klassen sind nämlich Klassenmitte sowie Klassenbreite
offenbar nicht definiert.

"In der Mitte" einer Verteilung sollten keine leeren Klassen
vorkommen; dies kann u.U. von der Kategorisierung des Merkmals
abhängen.

Gibt es k verschiedene Klassen mit den Häufigkeiten f_i, so
gilt für das arithmetische Mittel $\bar{x}$ angenähert

$$\bar{x} = \frac{1}{n} \sum_{i=1}^{k} a_i * f_i \qquad \text{mit } n = \sum_{i=1}^{k} f_i \ ,$$

wobei insgesamt n Probanden erfaßt worden sind. – Der exakte
Wert entsprechend der Formel von Seite 22 unten wird sich bei
guter Klasseneinteilung nur wenig von diesem Näherungswert
unterscheiden.

Es gilt die Regel, daß eine Zusammenfassung nach etwa sieben
bis 10 Klassen günstig ist, wenn nicht besondere Gründe da-
gegen sprechen. Bei einer Untersuchung zur Körpergröße wird
man beispielsweise die Klassenbreite 1 cm zugrunde legen und
damit zwangsläufig mehr Klassen in Kauf nehmen.

Diese Ausführungen gelten sinngemäß für <u>multivariable</u> Verteilungen; am Beispiel von Körpergröße/Gewicht würde man die
Daten tabellarisch in einer <u>Kontingenztafel</u> zusammenstellen:

Größe [cm]	Gewicht [kg]					
	...	50	51	52	53	...
...						...
160		1				...
161			2			...
162		1		1	1	...
...						...
	...	...	...	...	...	...	n

Abb: Verteilungstafel einer bivariablen Verteilung

Die Summe aller Spaltensummen oder Zeilensummen ist dann die
Anzahl n aller erfaßten Datenpaare. Berechnet man $\bar{x}$ und $\bar{y}$, so
wird das Paar $(\bar{x}, \bar{y})$ der <u>Schwerpunkt</u> der Verteilung (X,Y). Im
Beispiel wäre dies eine fiktive Person mit Durchschnittsgröße
und Durchschnittsgewicht der erfaßten Population.

Zur grafischen Veranschaulichung von Verteilungen dienen, ob direkt als Abbilder von primären Tabellen oder bereits verdichtet, z.B. Säulendiagramme oder Stabdiagramme:

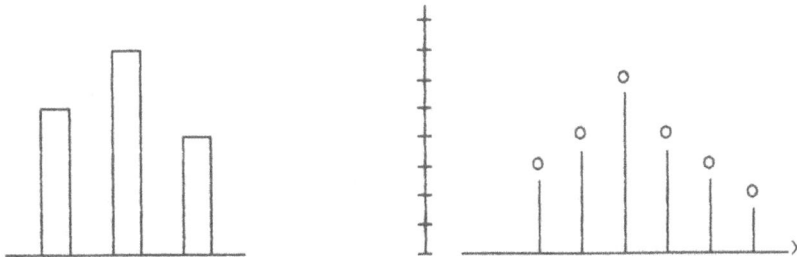

Abb.: Säulendiagramm bzw. Stabdiagramm

Der linke Fall ist besonders für nominale Variable geeignet; die Höhe der Säulen entspricht Absolut- oder Prozentwerten; die Rechtsachse kann dann entfallen. Im rechten Fall wäre die Rechtsachse mit steigenden Werten (metrisch oder Rangplätze) beschriftet; die Höhen entsprechen wieder den Häufigkeiten.

Sonderfälle sind Flächendiagramme und Kreisdiagramme, die vor allem bei prozentualen Darstellungen sehr anschaulich sind. In Tageszeitungen findet man solche Bilder häufig.

Für metrische Variable sind sog. Histogramme zur Darstellung quantitativer Zusammenhänge gut geeignet, etwa für die o.g. Körpergröße X. Wir gehen vereinfachend von einer fiktiven Tabelle mit der Klassenbreite 3 cm aus:

Klasse	f_i	$f_{i,cum}$	Abwärtskumulation
151	0	0	28
154	1	1	28
157	0	1	27
160	2	3	27
163	3	6	25
166	5	11	22
169	4	15	17
172	6	21	13
175	4	25	7
178	2	27	3
181	1	28	1
184	0	28	0

$\overline{x} = 169.2$ [cm]   n = 28

In der grafischen Umsetzung ist nach oben wieder die Häufigkeit (hier absolut, oft auch relativ/prozentual) aufgetragen:

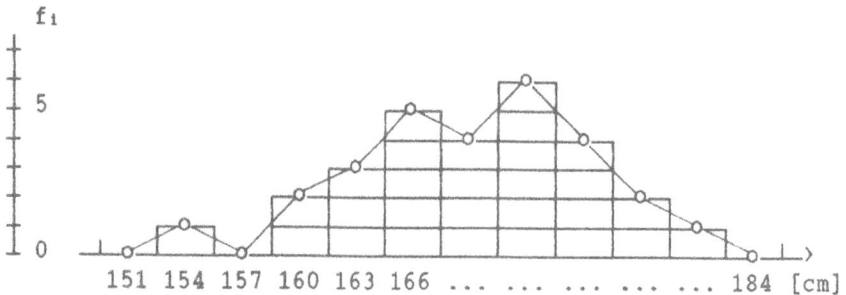

Abb.: Histogramm zur Größenverteilung der Tabelle

In diesem Histogramm kann ein <u>Polygonzug</u> derart eingetragen
werden, daß die Flächensumme unter allen Säulen gleich bleibt.
Bei Säulen der Höhe Null muß die Rechtsachse berührt werden!
Die Form des Polygonzugs hängt von der Klasseneinteilung ab;
in unserem Fall ist fast eine bimodale Verteilung entstanden,
die bei anderer Klasseneinteilung durchaus verschwinden kann!
Bei feiner Klasseneinteilung wird im Polygonzug schließlich
der stetige Charakter von X sichtbar. Wie in der Tabelle kann
die kumulative Verteilung auch grafisch dargestellt werden,
auf der Seite gegenüber die <u>Aufwärtskumulation</u>.

Die entsprechende Summenkurve heißt "Ogive"; das zugehörige
Summenhistogramm haben wir nicht gezeichnet. Wie schon aus der
Tabelle läßt sich erkennen, wieviele Probanden z.B. höchstens
172 cm groß sind, nämlich 21 von insgesamt 28. Analoge Fragen
werden mit der Abwärtskumulation behandelt.

Angenähert ergibt sich aus der Tabelle $\bar{x} = 169.2$ [cm]; stellt
man sich alle Probanden der Größe nach angeordnet vor, so erkennt man aus der Aufwärtskumulation, daß dies einem Probanden
mit Ordnungsnummer > 15 entspricht, bei Abwärtsanordnung < 17.
Das Dichtemittel (Mode) M liegt bei 172 cm; demnach ist die
Verteilung rechtssteil. Der Zentralwert Z liegt dazwischen,
etwa dort, wo sich die Polygonzüge der Aufwärts- und Abwärtskumulation schneiden. Zu genauerer Betrachtung wären mehr Probanden und eine feinere Klasseneinteilung notwendig.

Weitere Darstellungsformen mit grafischen Hilfsmitteln sind
Kartogramme, Kartodiagramme und Spiegeldiagramme.

Das bekannteste Beispiel zum letztgenannten Fall ist die sog.
<u>Alterspyramide</u>, mit der der Altersaufbau einer Bevölkerung
getrennt nach Jahrgang und Geschlecht einprägsam dargestellt
werden kann.

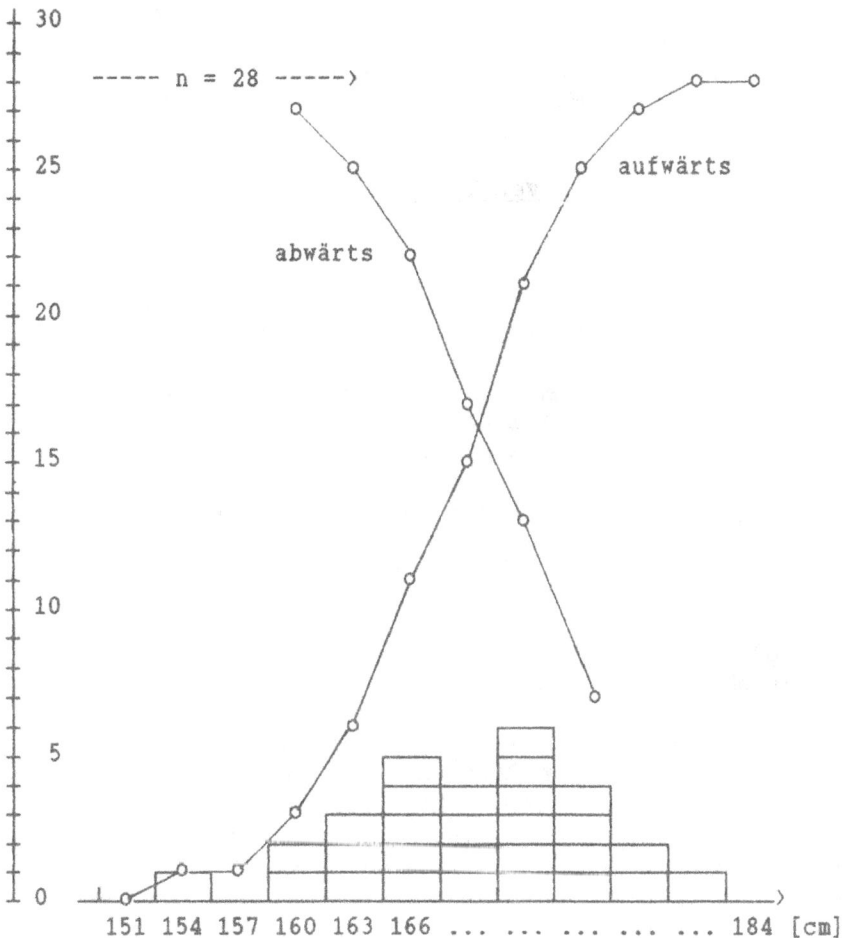

Abb.: Summenkurve bei Aufwärtskumulation
(Abwärtskumulation angedeutet)

Mehr noch als Grafiken verbreiten <u>Tabellen</u> eine sachliche und
objektive Atmosphäre. Sie dienen im wesentlichen drei Zwecken:

<u>Bestandsaufnahme:</u>
Darstellung von Erhebungsmaterial unter verschiedenen
Gliederungsgesichtspunkten

<u>Zustandsbeschreibung:</u>
Wertungsfreie Erläuterung von Sachaussagen zur Information

<u>Kommentierung:</u>
Hintergrundmaterial für Meinungsbildung und Entscheidung

Meistens werden Tabellen mit erläuterndem Text zur Abgrenzung
und Klärung der verwendeten Begriffe, zum Erhebungsmodus usw.

eingeleitet. Ansonsten sollten Tabellen ohne weiteren Kontext
lesbar und verständlich sein. *Studieren Sie erst die Tabelle
und bilden Sie sich vorläufig eine eigene Meinung, ehe Sie die
Kommentare lesen. Nur so erkennen Sie mögliche Absichten des
Autors und übernehmen nicht unkritisch dessen Meinung.*

Die wichtigsten Arten von Tabellen sind:

Quellentabellen, mit denen eine möglichst vollständige
Darstellung des Zahlenmaterials zu einem engen Spezial-
thema beabsichtigt wird. Man findet sie z.B. in allen Statistischen Jahrbüchern und Erstveröffentlichungen.

Aussagetabellen, als nicht ins Detail gehende Übersichten
für den Alltag. Man findet sie häufig als Stapeltabellen
bei Bilanzen und anderen Auflistungen.

Gliederungstabellen, in einfacher oder doppelter Gliederung
zur Aufgliederung von Gesamtmassen nach sachbezogenen oder
auch mehr willkürlichen Gesichtspunkten, dies vor allem bei
Nominalvariablen.

Stufentabellen, zur Aufgliederung von Gesamtmassen in
gleichabständigen Stufen.

Bei Gliederungstabellen wird eine vollständige Summenzahl mit
der Einleitung *davon* aufgegliedert; die Summe der Einzelposten
muß dann die Gesamtsumme ergeben. Bei einer Aufgliederung mit
darunter werden aus gewissen Gründen nur Teilsummen einzeln
ausgewiesen. Eine Einleitung *und zwar* zeigt an, daß übergeordnete Gliederungsgesichtspunkte keine Rolle spielen.

Für die Gestaltung übersichtlicher Tabellen gibt es verbindliche Regeln. Amtliche Veröffentlichungen halten sich daran.
Grundsätzlich:

Eine Tabelle soll ohne umfangreichen Begleittext verständlich
sein; die Hauptüberschrift nennt den Zweck, in Tabellenkopf
und Vorspalte werden die Gliederungsgesichtspunkte deutlich.
Notwendige Hinweise werden eventuell in Fußnoten gegeben.

Die Genauigkeit der Tabelle richtet sich nach dem voraussicht-
lichen Interesse des Benutzers. Dezimalzahlen mit vielen Nachkommastellen sollen vermieden werden.

Reine Prozentübersichten sind meist wertlos; irgendwo muß die
Größe der Grundgesamtheit genannt sein. Größere Zahlen werden
der besseren Lesbarkeit wegen gebündelt geschrieben: 12 340,
nicht 12340. Tabellen sollen keine leeren Fächer enthalten;
notfalls sind dafür vereinbarte Symbole zu verwenden. Größere
Tabellen gliedert man mit Durchschuß (Leerzeilen).

Tabellen ohne <u>Quellenangabe</u> sind immer fragwürdig; der Leser muß erfahren, woher die Zahlen stammen: *aus ...* bedeutet unveränderte Übernahme, *nach ...* signalisiert eigene Bearbeitung (Auswahl, Umrechnung) der angegebenen Quelle.

Tab. n   HAUPTÜBERSCHRIFT
           Untertitel

<--- Tabellenkopf --->

Kopf-zeile					
1	2	3	4	...	Zeilensummen in Summenspalte
Vorspalte		Fach		Zeilen	
		Spalten	+		
	Summenzeile (Spaltensummen)				

1) Fußnote(n) zum unmittelbaren Verständnis
Quellenangabe

Abb.: Übliches Tabellenschema

In einem Fach (Feld) bedeuten

-	Angabe ...	sachlich nicht möglich
x		logisch nicht möglich
.		steht nicht zur Verfügung, aber feststellbar
...		noch nicht bekannt, wird später erfaßt
0		in der Einheit des Kopfs nicht ausdrückbar
?		ungesichert, fragwürdig
p		vorläufig (präliminar)
r		gegenüber früher berichtigt (rektifiziert)
s		(zuverlässige) Schätzung, oft *kursiv* gesetzt

Ein Eintrag 0 würde z.B. erfolgen, wenn im Kopf als Einheit Mio. Tonnen genannt sind, es um die Förderung von Metallen geht und im konkreten Fall Gold gemeint ist. Ein x wäre z.B. in einer Tabelle von Krankheiten erforderlich in einem Feld, in dem eine ausschließliche Frauenkrankheit klassifiert wird, ein - für den Fall, daß eine gewisse Kinderkrankheit bei Erwachsenen (praktisch) nicht vorkommt.

<u>Prozentangaben</u> sind sehr beliebt; sie sind einprägsam, aber doch häufig nichtssagend, ja irreführend:

> **Im laufenden Jahr konnten wir unseren Absatz an PKWs im Vergleich zum Vorjahr auf 450 % steigern, während der größte Konkurrent nur einen Zuwachs von 4 % erzielte.**

Die Firma hatte im Vorjahr gerade 100 PKWs verkaufen können, nunmehr trotz intensiver Werbung 450, während der Marktführer auf dem längst gesättigten Markt 100 000, dann 104 000 Autos absetzen konnte.

Keine Prozentangaben bei sehr kleinen Absolutzahlen: Wenn bei einem Experiment 3 von insgesamt nur 5 Versuchen erfolgreich waren, spricht man nicht von 60 Prozent!

Die Nachkommastellen sollen bei Prozentsätzen der Größe der Gesamtpopulation angepaßt sein: 18 von 56 sind rund 30 % und nicht 32,1 %. 68 von 118 sind 58 %, nicht 57,62 % usw. Mehr als eine Nachkommastelle ist in der Regel überflüssig.

Die Anzahl der bei häuslichen Unfällen tödlich Verunglückten stieg von 1 406 auf 1 676, also *um* 270 oder 19,2 % *auf* 119,2 % (des Vorjahres). Basis der Berechnung ist hier die Zahl 1 406. Im Vorjahr gab es demnach 270 Unfälle weniger, d.h. *um* 16,1 % weniger als im Jahr darauf, das jetzt Basis der Berechnung ist. – Daher Vorsicht:

Eine Anzahl stieg in einem Jahr von 400 auf 440, also um 10 %. Im folgenden Jahr fiel sie wieder um 10 %, also um 44 auf nunmehr 396, und nicht 400! (Zeitreihe mit variablem Index, d.h. mit verschiedenen Bezugsgrößen). – Falsch ist daher folgender Schluß: Eine Anzahl stieg zuerst um 8 %, dann um weitere 14 %. Der Gesamtanstieg beträgt dann (über zwei Jahreswechsel) nicht 22 %, sondern, bezogen auf das erste Jahr als Basisjahr, sogar mehr als 23 % (1.08 * 1.14 = 1.23).

Besondere Vorsicht mit Mittelwerten aus Prozenten: Bei einer Reihenuntersuchung zeigten 10 % der Röntgenbilder von Männern und 15 % bei Frauen einen Befund. Damit mußten in 12,5 % aller Fälle weitere Maßnahmen eingeleitet werden? Hier muß fallweise mit dem gewichteten Mittel gerechnet werden, das eine Kenntnis der (wenigstens prozentualen) Anteile von Männern und Frauen in der Untersuchung voraussetzt.

Grobe Fehler wie *Eine Menge hat sich verdoppelt, sie hat sich um 200 % vergrößert.* sollen nicht näher beschrieben werden. – Bei großen Prozentsätzen nennt man besser den Multiplikationsfaktor. – Beispiel: Es gibt rund dreieinhalbmal so viele Ärzte wie Zahnärzte. Daß deren Zahl um 250 % größer ist, kann man sich schlecht vorstellen ...

Zuletzt soll ausführlich ein Beispiel für statistische Manipulation besprochen werden, dem Zahlen aus Bayern (1977) zugrunde liegen:

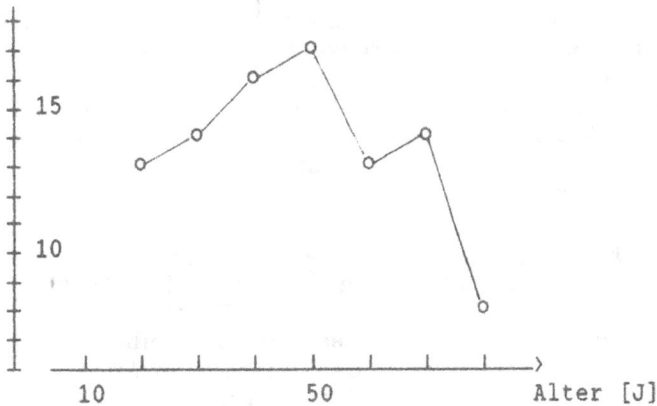

Abb.: Von 100 Suiziden entfielen auf die jeweilige Altersklasse ...

Diese Grafik ist von "jugendlich-optimistischer" Sichtweise;
deutlich ist die sog. "Midlife-Crisis" ausgeprägt, wonach im
mittleren Lebensalter die Selbstmorde einen Gipfel erreichen:
Über 60 % alle erfaßten Suizide (1 501 von 2 413) entfallen
auf Lebensalter von ca. 25 bis 55 Jahren. Diese Darstellung
nutzt gezielt aus, daß die Altersklassen sehr unterschiedlich
besetzt sind: Je jünger, desto mehr. Eine eventuelle Zunahme
der Suizide mit dem Alter wird dadurch geschickt vertuscht.

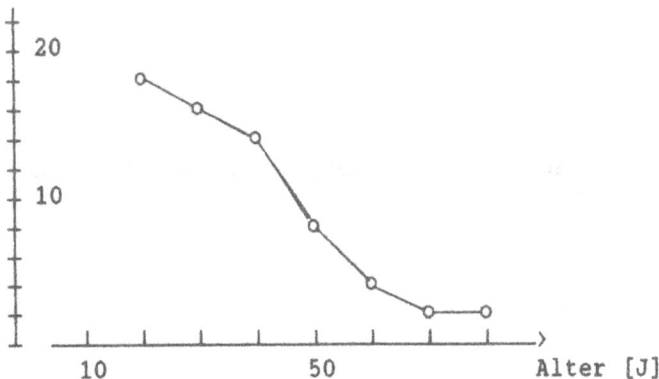

Abb.: Von 100 Todesfällen in einer Altersklasse waren
Suizide ...

Diese Grafik vom "sonnigen Alter" suggeriert, daß die Bereitschaft zum Selbstmord mit dem Lebensalter eindeutig ab-

nimmt. - Fast 63 % aller Selbstmörder sind keine 55 Jahre alt:
1 517 von 2 413. Daher lohnt es (so eine Versicherung mit dem
Slogan *Im Alter wirst Du glücklicher!*), auf eben diese Zeit zu
sparen. - Hier wird ausgenutzt, daß Todesfälle mit dem Alter
stark zunehmen, folglich Selbstmorde anteilig abnehmen. Denn
in der Altersklasse der jungen Leute sind Selbstmorde und Ver-
kehrsunfälle die häufigsten Todesursachen. Beides zusammen
macht in der Altersgruppe um 20 nämlich gut drei Viertel aller
Todesfälle aus. - Obwohl die Zahlen an sich korrekt sind, mani-
puliert diese zweite Version fast noch stärker als die erste
durch falsche Bezugsgrößen.

Statistisch korrekt ist nur eine Interpretation: Man muß die
Suizide auf die in der Altersklasse tatsächlich Lebenden beziehen und damit in der Grafik alle anderen Todesursachen aus-
schalten. Dann zeigt sich die harte Realität: Die Selbstmord-
rate nimmt mit dem Alter stetig zu und ist bei den Siebzig-
jährigen fast doppelt so hoch wie bei den Zwanzigjährigen:

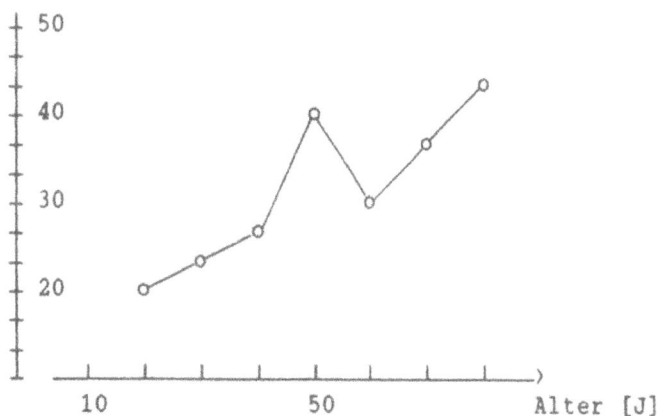

Abb.: Suizide pro 100 000 Lebende einer Altersklasse ...

Die Grafik zeigt freilich nebenher auch, daß in der Mitte des
Lebens die Bereitschaft zum Selbstmord hoch ausgeprägt ist.

Die letzte Abbildung demonstriert einen in Tageszeitungen und
sonstwo beliebten Fehler (aus Schlamperei oder Absicht): Die
Hochachse beginnt nicht bei Null, so daß bei nachlässigem Hin-
sehen hier auch folgende falsche Behauptung abgeleitet werden
könnte: Bei den Fünfzigjährigen ist die Selbstmordbereitschaft
dreimal größer als bei den Zwanzigjährigen!

Die drei Beispiele zeigen, daß korrektes Zahlenmaterial (hier
aus der amtlichen Statistik) durch "geschickte" (also sach-
fremde, nicht themengerechte) Wahl von Bezugsgrößen oftmals
ganz nach Belieben interpretiert werden kann.

Sog. "Auftragsarbeiten" werden gerne nach diesem Muster ausgeführt und werden damit dem Auftraggeber gerecht, der vorab
gewünschte Thesen mit nachprüfbaren Zahlen untermauert sehen
will. So wird Statistik zum Instrument für Manipulation ...

Als Leser bzw. Betrachter einer Statistik sollte man sich daher immer wieder ein paar Fragen stellen:

- Wer hat die Statistik veröffentlicht?
  Eine Behörde, ein Forschungsinstitut, ein Verband, eine
  Partei, Interessengruppe, anonym?

- Wer ist der Autor?
  Eine amtliche Behörde, ein anerkannter Fachmann, ein
  Meinungsforschungsinstitut, irgendein anonymes Team?

- Gibt es einen Auftraggeber?
  Gesetzliche Vorschrift, Behörde, Partei, Berufsverband?

- Sind Grunddaten angegeben?
  Wieviele Probanden? Wann, wie, wo erhoben? Methoden-
  beschreibung? Kann man Zusatzinformationen anfordern?
  Sind die Quellen allgemein zugänglich oder ominös?

- Sind nur Prozentsätze angegeben?
  Sachliche Gründe? Verschleierung? Verdächtig genaue
  Angaben?

- Kann man die Übersichten ohne Kommentar verstehen?
  Sind in der Zahlenauswahl Tendenzen, Vorurteile erkennbar? Paßt die Interpretation zu den Zahlen? Fehlen
  offensichtlich mögliche Angaben und warum wohl?

- Gibt es Vergleichsmaterial anderer Herkunft?
  Sind auffällige Abweichungen erkennbar? Gründe dafür?
  Haben andere aus ähnlichem Material ganz andere Schlüsse
  gezogen? Ist das Thema selten bearbeitet?

- Welche Auswirkungen kann die Statistik haben?
  Soll etwas "bewiesen" oder "widerlegt" werden? Sollen
  Forderungen oder Thesen untermauert werden? Sind wirt-
  schaftliche oder soziale Folgen denkbar? Wem schadet die
  Statistik?

Äußerungen von Verbänden und anderen Interessengruppen, von
Ministerien, Politikern usw. halten keineswegs immer diesen
Grundregeln stand:

Viele solche Zahlenangaben dienen bekanntlich oftmals vorder-
gründigen Eigeninteressen, selbst wenn sie irgendwie amtlich
erscheinen. - Man muß genau hinhören und zusehen, woher die

Äußerung kommt. Eine politische Äußerung ist noch keineswegs
zwingend eine amtliche Verlautbarung, insbesondere bei gleich
mitgeliefertem Kommentar: Die Presseerklärung eines ranghohen
Politikers z.B. ist deutlich zu unterscheiden von einer Ver-
öffentlichung des Stat. Bundesamtes (das sich aus gutem Grund
mit wertenden Kommentaren zurückhält).

Daß beispielsweise Ausländer besonders kriminell sind, läßt
sich leicht dadurch "beweisen", daß man ihren Anteil an genau
jenen Straftaten ausrechnet, die typischerweise "ausländer-
spezifisch" sind: Unerlaubter Grenzübertritt, Paßfälschungen,
Schmuggelei usw. Es ist nur weisungsgebundene Fleißarbeit am
Schreibtisch, genau diese Delikte gezielt zu sammeln und zu
kommentieren ...

In der *Süddeutschen Zeitung* wurde 1979 bzw. 1992 im Wirt-
schaftsteil (Quelle: Deutsches Inst. für Wirtschaftsforschung
und Inst. für angewandte Wirtschaftsforschung) zum monatlich
verfügbaren Haushaltseinkommen (Summe aller Nettoeinkommen
samt Sozialleistungen aller Haushaltsangehörigen) folgendes
veröffentlicht:

Gruppe	n	1978	1990/91	
Selbständige	3.7	7605	14 790	3 360
Landwirte	3.9	4430	6 180	2 830
Angestellte	2.9	3075	⎤	
Beamte	2.9	3065	⎦ 4 830	2 960
Arbeiter	3.1	2645	3 900	2 590
Pensionäre	1.8	2240	⎤	
Rentner	1.8	1650	⎦ 2 890	1 310
Arbeitslose	o.A.		2 230	1 530

n bedeutet dabei für 1978 die Personenzahl im jeweiligen Haushalt. – Für 1990/91 sind die Zahlen getrennt nach West und Ost
angegeben. Kommentiert wird dann der Unterschied West-Ost, wonach sich im Westen das Monatseinkommen im Mittel auf 4380 DM,
im Osten auf nur 2297 DM beläuft.

Weit interessanter sind die deutlich erkennbaren Einkommens-
verschiebungen im Zeitraum von 12 Jahren: Man kann sich z.B.
Gedanken darüber machen, warum 1990/91 insb. die Rentner und
Pensionäre nicht mehr einzeln ausgewiesen sind. (Hinweis: Die
Einkommen der Pensionäre steigen proportional mit denen der
Beamten; damit wird ein zu geringer Anstieg bei den Renten
vertuscht.) 1979 kommentierte die SZ das schon damals recht
hohe Einkommen der Selbständigen mit der Bemerkung, daß diese
Gruppe die größten Familien habe und außerdem für die Alters-
vorsorge meist selber aufkommen müsse ...

4   REGRESSION

Augenscheinlich besteht zwischen Körpergröße X und Gewicht Y
einer Person ein Zusammenhang, den man umgangssprachlich mit
dem Satz umschreibt, daß Y im allgemeinen mit X zunimmt: Je
größer, desto schwerer. Ausnahmen bestätigen diese Regel. Man
sagt, die beiden Größen korrelieren miteinander, stehen in
einer gewissen Beziehung. Gefühlsmäßig neigen wir dazu, die
eine Variable als die unabhängige (ursächliche), die andere
als die abhängige zu betrachten. Im Beispiel geben wir X als
Prädiktor den Vorzug und halten das Kriterum Y für abhängig:

$$Y = Y(X).$$

Kennen wir von einer Person die Körpergröße x, so wäre das mit
einer solchen Formel berechnete $y = Y(x)$ natürlich kaum deren
exaktes Gewicht, aber eine "beste" Schätzung: y soll nahe beim
Mittelwert aller Gewichte jener Personen liegen, die sämtlich
die Körpergröße x aufweisen. Mehr können wir kaum erwarten!
Ein solcher Zusammenhang wird stochastisch (griechisch: das
Ziel treffen, erraten, vermuten) genannt.

Rechnerisch besteht die Aufgabe darin, zu einer Menge von Meß-
wertpaaren (x_i, y_i) eine Funktion so zu bestimmen, daß die
"Punktwolke" möglichst gut "überdeckt" wird:

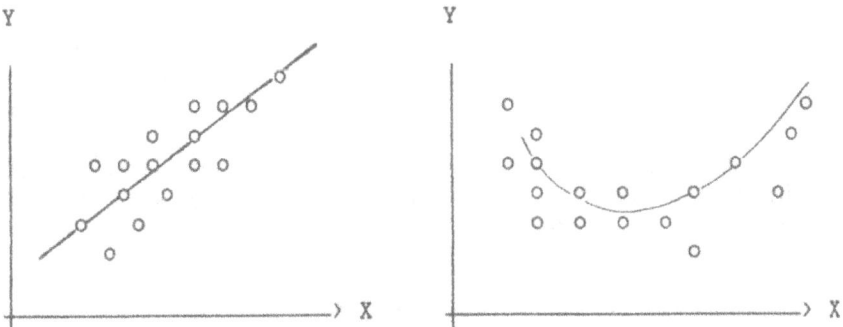

Abb.: Punktwolken ("Schwarm") mit Ausgleichsfunktionen

In der linken Abbildung liegt es nahe, eine lineare Funktion
zu suchen; im Fall rechts könnte z.B. eine Parabel geeignet
erscheinen, oder in ähnlichen Fällen eine Exponentialfunktion.
Stets wird man versuchen, problembezogen eine möglichst einfache mathematische Beziehung ausfindig zu machen.

Die links abgebildete Situation ist die weitaus wichtigste;
sie trifft auf das o.g. Beispiel Körpergröße/Gewicht ganz gut
zu und wird jetzt ausführlich behandelt. Der stochastische Zusammenhang wird als lineare Beziehung angesetzt:

$$Y = m * X + a \ .$$

Die Koeffizienten m und a müssen durch Nebenbedingungen eindeutig festgelegt werden. Anschaulich kann man die gesuchte
Ausgleichsgerade mit einem Lineal vorläufig so einzeichnen,
daß die meisten Punkte (x_1, y_1) möglichst nahe an dieser
Geraden liegen.

Das Problem tritt in verschiedensten Anwendungen auf und ist
daher schon frühzeitig untersucht worden. Carl Friedrich GAUSS
(1777 – 1855) hat im Zusammenhang mit Überlegungen zur Theorie
der Meßfehler (bei astronomischen und terrestrischen Versuchs-
reihen) den Vorschlag gemacht, die Gerade so zu legen, daß
eine gewisse Summe minimal wird:

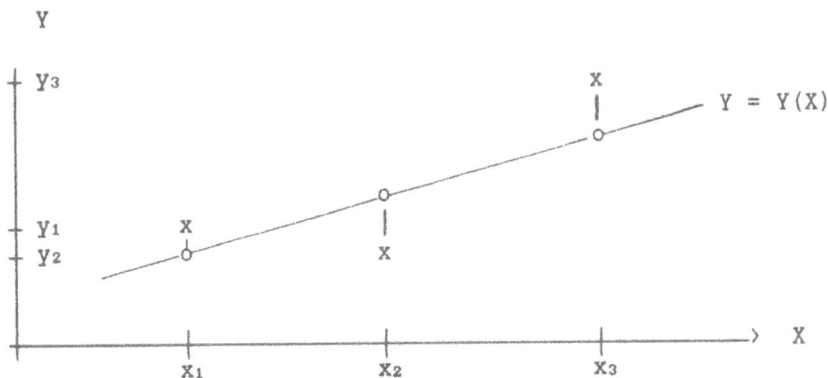

Abb.: Ausgleichsgerade zu drei Punkten (x_1, y_1)

In der Abbildung sind drei Punkte (sog. "Rohwerte") (x) einge-
zeichnet; die Ausgleichs- oder Regressionsgerade wird so
gezogen, daß die Summe

$$S := \sum_{i=1}^{n} (\ y_1 - Y(x_1)\ )^2 \qquad (n \geq 2)$$

minimal wird: (x_1, y_1) sind die Meßwertpaare aus der Untersuchung, als x gezeichnet, $Y(x_1)$ ist der auf der intendierten
Ausgleichsgeraden über oder unter x_1 liegende Punkt o . S besteht also aus den Quadraten der vertikalen Abstände zwischen
Roh- und Schätzwerten.

Nicht genommen werden die orthogonalen Abstände: Solches wäre
rechnerisch schwerer zu fassen und in gewissen Fällen auch uneindeutig. Außerdem drückt die GAUSS-Methode aus, daß der Zusammenhang Y = Y(X) mit dem Prädiktor X gerichtet unterstellt
wird. Die Forderung nach minimalem S wird nun in der Form

$$S = S(m, a) := \sum_{i=1}^{n} (y_i - (m * x_i + a))^2$$

mit der eingesetzten (beabsichtigten) linearen Beziehung mit Methoden der Differentialrechnung untersucht, um die Werte m und a zu gewinnen. Eine notwendige (und hier hinreichende) Bedingung für ein Minimum von S ist, daß die aus der Differentialrechnung bekannten Beziehungen

$$\delta S/\delta m = 0; \quad \delta S/\delta a = 0$$

erfüllt sind: Wir setzen die partiellen Ableitungen von S nach m bzw. a auf Null. Man findet nach einfacher Rechnung mit ein paar Umformungen bei den Summen – n ist die Anzahl aller Paare (x_i, y_i) – ohne Mühe die beiden Gleichungen

$$a * n + m * \Sigma x_i = \Sigma y_i$$

$$a * \Sigma x_i + m * \Sigma x_i^2 = \Sigma x_i * y_i,$$

die Normalgleichungen genannt werden. Aus ihnen bestimmt man durch Auflösen die gesuchten Koeffizienten a und m. Dazu rechnet man aus der ersten Gleichung a aus

$$a = (\Sigma y_i - m * \Sigma x_i) / n = \overline{y} - m * \overline{x},$$

und setzt dies in die zweite Gleichung ein. Dann folgt

$$m = \frac{\Sigma x_i * y_i - \overline{y} \Sigma x_i}{\Sigma x_i^2 - \overline{x} \Sigma x_i},$$

die immer wieder auftretenden Summen jeweils über alle n Meßwertpaare genommen. m läßt sich auch noch anders darstellen:

$$m = \frac{\Sigma (x_i - \overline{x}) * (y_i - \overline{y})}{\Sigma (x_i - \overline{x})^2} = \frac{n * \Sigma x_i * y_i - \Sigma x_i \Sigma y_i}{n * \Sigma x_i^2 - (\Sigma x_i)^2}.$$

In allen Fällen erkennt man am Nenner sehr deutlich die Bevorzugung von X, d.h. die Richtung Y = Y(X). Die Zähler hingegen sind symmetrisch in X und Y .

Hat man m gefunden, so kann über die erste Normalengleichung $a = \overline{y} - m * \overline{x}$ der gesuchte stochastische Zusammenhang leicht angeben werden:

$$Y = Y(X) = m * X + \overline{y} - m * \overline{x} = \overline{y} + m * (X - \overline{x}).$$

Diese Gerade geht offenbar durch den Schwerpunkt $(\overline{x}, \overline{y})$ der

bivariablen Verteilung. Einsetzen eines bekannten Wertes x von
X liefert jetzt den besten Schätzwert y für Y.

Die Beziehung ist gerichtet: Zu konkreten Werten von x können
Schätzungen für y abgegeben werden. Sie darf nicht benutzt
werden, aus einem y einen Schätzwert für x zu berechnen, also
den Zusammenhang Y = Y(X) einfach nach X aufzulösen: X = X(Y).

Werden nämlich Prädiktor und Kriterium vertauscht, so wird die
Minimalbedingung (Abb. Seite 38) in horizontaler Richtung angewandt: In den vorstehenden Formeln für m ändert sich zwar
der Nenner in charakterischer Weise, nicht jedoch der Zähler!
Die andere Ausgleichsgerade X = X(Y) ist neu zu bestimmen und
wird i.a. jener nicht gleich sein, die ursprünglich berechnet
worden ist. Im ersten Fall ist das Gewicht der Mittelwert von
vielen Personen gleicher Größe, im zweiten Fall die Körpergröße aber der Mittelwert vieler Personen übereinstimmenden
Gewichts: Das sind nicht dieselben Probanden:

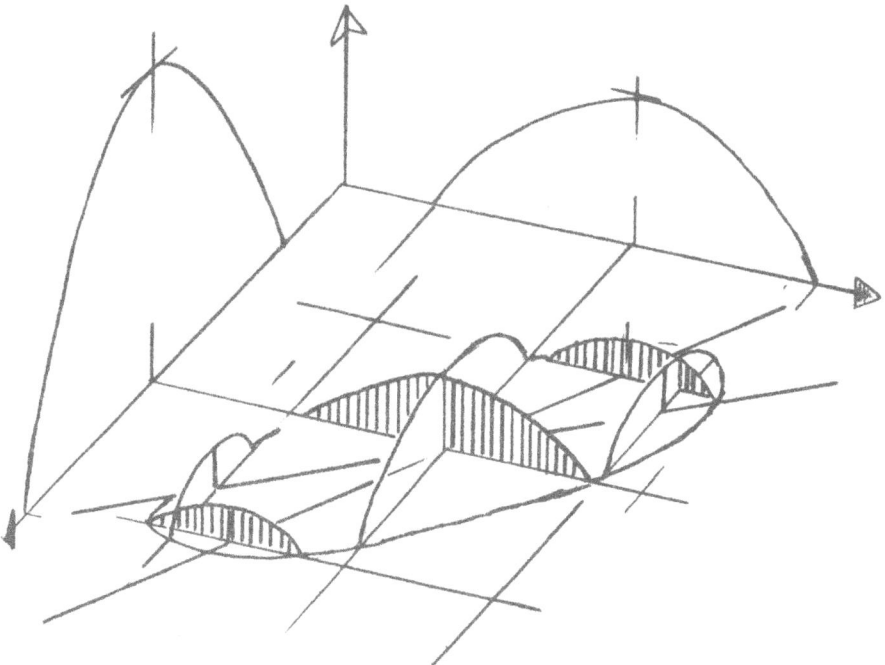

Abb.: Regressionsgeraden Y = Y(X) bzw. X = X(Y)

Es gibt allerdings eine Ausnahme: Ist der Zusammenhang nicht
nur stochastisch, sondern explizit funktional (hier linear),
so fallen die beiden Geraden zusammen: Dann liegt ein strenges
Gesetz vor: Ausgleichsgeraden werden in diesem Fall z.B. in

der Physik dazu hergenommen, diesen vorab vermuteten linearen
Zusammenhang durch Messungen zu erhärten, die Koeffizienten
der Beziehung experimentell möglichst genau zu bestimmen.

Zur Illustration der Zusammenhänge werde nun das folgende
Zahlenmaterial untersucht, das bei einer Befragung im Fachbereich Sozialwesen der FHM am 18.10.1979 vom Autor erhoben
worden ist. n = 56 Studentinnen wurden gebeten, Körpergröße X
in cm und Gewicht Y in kg jeweils gerundet anzugeben. Dabei
ergab sich nach Einordnung die nachfolgende Übersicht. In ihr
kommen natürlich Wertepaare vor, die in einer oder gar beiden
Belegungen übereinstimmen.

Die erforderlichen Rechnungen seien zum Verständnis wenigstens
einmal direkt vorgeführt, auch wenn Programme (ja sogar schon
Taschenrechner) die Ergebnisse direkt aus der Liste der Wertepaare bestimmen können.

Zu diesem Zweck ist die folgende Tabelle als Schema erweitert.
Zur Berechnung wird die dritte Formel für m herangezogen. Die
benötigten Terme sind in der Kopfzeile der Tabelle benannt,
die Werte ganz unten zu finden.

X	Y	$x_i * y_i$	x_i^2	y_i^2
176	58	10 208	30 976	3 364
175	60	10 500	30 625	3 600
174	65	11 310	30 276	4 225
...	..	......	......	.....

(173, 62)	(172, 56)	(172, 59)	(170, 50)	(170, 58)
(170, 59)	(170, 65)	(169, 64)	(168, 55)	(168, 56)
(168, 56)	(168, 59)	(168, 59)	(168, 60)	(168, 62)
(167, 54)	(167, 55)	(167, 57)	(167, 58)	(167, 62)
(166, 53)	(165, 49)	(165, 52)	(165, 54)	(165, 54)
(165, 57)	(165, 59)	(165, 61)	(164, 48)	(164, 58)
(164, 62)	(163, 50)	(163, 55)	(163, 63)	(163, 67)
(162, 55)	(162, 58)	(160, 49)	(160, 50)	(160, 53)
(160, 54)	(160, 55)	(160, 56)	(160, 57)	(160, 58)
(158, 51)	(158, 53)	(158, 55)	(157, 59)	(156, 54)

...	..	.....	......	.....
155	50	7 750	24 025	2 500
153	53	8 109	23 409	2 809
150	49	7 350	22 500	2 401

9 216	3 160	520 707	1 518 342	179 440

n = 56

Abb.: Meßwerte der Untersuchung und Arbeitstabelle

Mit den Formeln von Seite 39 wird

$$m = \frac{56 * 520\ 707 - 9\ 216 * 3\ 160}{56 * 1\ 518\ 342 - 9\ 216 * 9\ 216} = \frac{37\ 032}{92\ 496} = 0.40036...$$

und folglich wegen $\overline{x}$ = 164.57 bzw. $\overline{y}$ = 56.43 gerundet

Y = 0.40 * X - 9.46   (X in cm, Y in kg) .

Diese Regressionsgerade enthält den Schwerpunkt $(\overline{x}, \overline{y})$ der Verteilung; sie kann bei gegebenem x [cm] für eine Schätzung von y [kg] benutzt werden. – Die Beziehung linearisiert in Näherung stochastisch den Zusammenhang Y = Y(X), mit X als Prädiktor. Zu beachten ist der Gültigkeitsbereich, etwa von 150 cm bis 180 cm. Bei einer Körpergröße um 50 cm ergäbe sich als Säuglingsgewicht ca. 10 kg, und das ist unsinnig. Ferner trifft (traf?) diese "Formel" nur für junge Frauen (ca. 20/25 Jahre) zu, denn dies war ein offensichtliches Charakteristikum der seinerzeitigen Stichprobe im Herbst 1979 ...

Ist hingegen Y Prädiktor, der für eine Schätzung von X herhalten soll, so müssen wir (mit Benutzung der letzten Kolonne der Tabelle) die entsprechende Regression X = X(Y) ermitteln: Aus Symmetriegründen bleibt der Zähler von m gleich, aber der neue Nenner ist jetzt 56 ' 179 440 – 3 160 ' 3 160 = 63 040, bezogen auf die y . Damit wird

$$m = \frac{37\ 032}{63\ 040} = 0.5874\ ..$$

Aus (sinngemäß) X = X (Y) = m * Y + $\overline{x}$ - m * $\overline{y}$ (S. 39, unten) folgt dann gerundet

X = 0.59 * Y + 131.43   (Y in kg, X in cm)

mit der Größe Y als Prädiktor. Auch diese Gerade geht durch den Schwerpunkt der Verteilung (X, Y). – Wiederum ist der Gültigkeitsbereich zu beachten.

Löst man die Beziehung ganz oben nach X auf, so ergibt sich eine abweichende Gleichung, nämlich X = 2.5 ' Y + 23.65. Der stochastische Zusammenhang Y ---> X wird durch sie nicht beschrieben!

Die in der Tabelle vorkommenden Summen können auch zur Berechnung der Standardabweichung von X bzw. Y benutzt werden; die Formel von Seite 22 unten verwendet Differenzen, deren Berechnung mühselig ist. Wir rechnen den Radikanden daher um:

$$(\Sigma (x_i - \overline{x})^2) / n =$$

$$= (\Sigma x_i^2 - 2 * \overline{x} * \Sigma x_i + \Sigma \overline{x}^2) / n =$$

$$= (\Sigma x_i^2) / n - 2 * \overline{x} * n * \overline{x} / n + n * x^2 / n =$$

$$= (\Sigma x_i^2) / n - \overline{x}^2 .$$

Die benötigten Werte kann man nun der Tabelle entnehmen. Dann ist nur noch die Wurzel zu ziehen ...

Damit ergibt sich für die Population der 56 Studentinnen zusammenfassend und gerundet

$$\overline{x} = 164,6 \ [cm] \quad \text{mit} \quad s_x = 4,4 \ [cm]$$

$$\overline{y} = 56,4 \ [kg] \quad \text{mit} \quad s_y = 4,8 \ [kg].$$

Diese Werte werden wir später öfters in Beispielen verwenden.

Der Aufbau unserer Tabelle im Blick auf die Formeln läßt erkennen, wie Programme bei der Berechnung von Mittelwerten, Standardabweichungen und der Regressionsgeraden vorgehen: Die Meßwertpaare werden fortlaufend eingegeben und die insgesamt fünf verschiedenen Summen schrittweise in Speichern gebildet. Mit Endesignal ist n bekannt und die Formeln für $\overline{x}$, $\overline{y}$, s usw. können nun angewandt werden. – Ein entsprechendes Programm (und andere) finden Sie im Kapitel 28 ...

Vergleichsdaten sind im SS 1992 mit einer sehr kleinen Stichprobe n = 10 in einem vierten Semester erhoben worden. Dabei haben sich die beiden Regressionsgeraden

$$Y = 0.89 * X - 91.96$$
$$X = 0.81 * Y + 120.79$$

ergeben, mit den Mittelwerten $\overline{x} = 167.1$ und $\overline{y} = 57.7$. Diese sind wesentlich steiler. Trägt man in der ersten Gleichung den Mittelwert $\overline{x} = 164.6$ [cm] von 1979 ein, so ergibt sich für $\overline{y}$ der gegenüber 1979 deutlich kleinere Wert 54.5 [kg]. Wäre n bei etwa gleichen Ergebnissen etwas größer, so ließe sich die erkennbare Veränderung wie folgt interpretieren:

Im Zeitraum der letzten zehn Jahre sind junge Frauen etwas größer und zugleich schlanker geworden, "körperbewußter".

Die folgende Seite zeigt die Daten der bivariablen Verteilung (X, Y) von Seite 41 in Form einer Grafik, die gleichzeitig als Häufigkeitsverteilung gelesen werden kann. Die meisten Punkte sind, wenn überhaupt, mit einer Eins belegt, nur einige wenige mit einer Zwei. Der Schwerpunkt S liegt bei (165, 56):

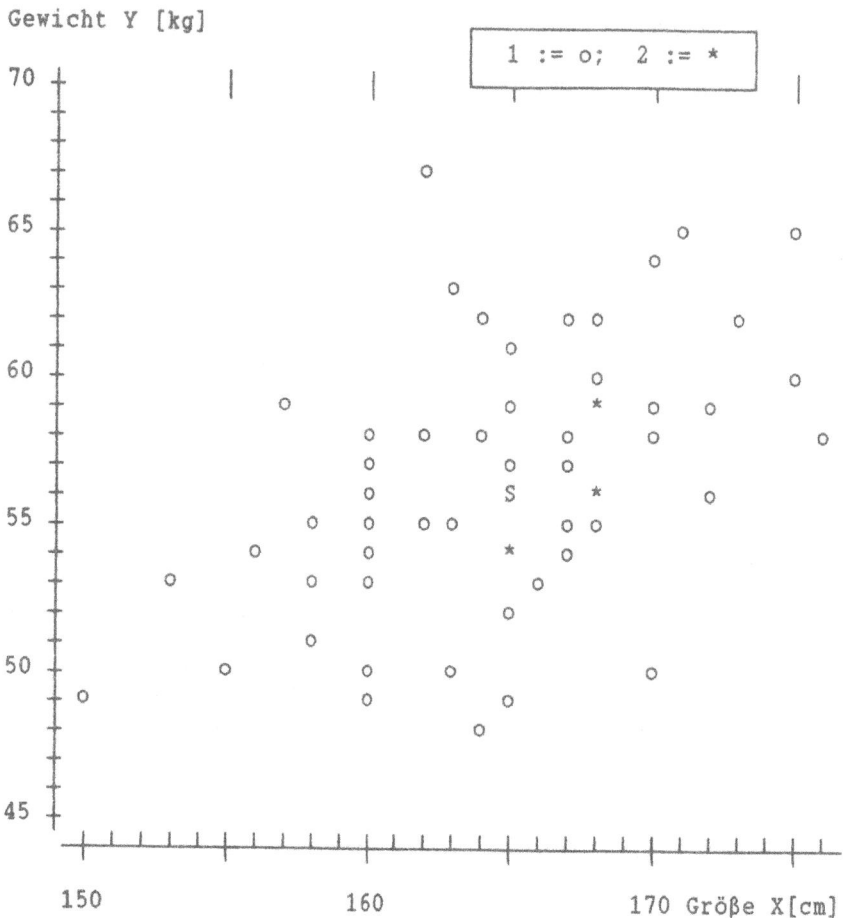

Abb.: Punktediagramm der bivariablen Verteilung (X, Y)

In jeder Hinsicht journalistisch gelungen ist die nachfolgende Zeitungsmeldung ...

<u>Durchschnittsfrau wird größer ...   Bönnigheim (ddp)</u>
Die Durchschnittsfrau in der Bundesrepublik wird immer größer. Dies ergab eine Untersuchung des Forschungsinstituts Hohenstein in Bönnigheim, das alle zehn Jahre mitteilt, ob sich die Figuren der Damen verändert haben. Danach hat jede zweite Bundesbürgerin das Normalmaß von 164 Zentimetern; bei 31 Prozent der Frauen wurde eine Länge von 1,56 Metern gemessen; etwa 22 Prozent sind sogar 172 Zentimeter groß.   – Im Vergleich zu den Ergebnissen von 1960 ging der Anteil bei den 26- bis 45jährigen Frauen zurück, die mit 156 Zentimetern als klein gelten; damals waren dies 37 Prozent. *(Zeitungsnotiz aus der SZ 1980)*

5   KORRELATIONEN

Im letzten Kapitel interessierte die Frage nach der Art des
stochastischen Zusammenhangs zweier Größen X und Y . Die entsprechende Untersuchung wird <u>Regressionsanalyse</u> genannt. Im
Beispiel wurde näherungsweise von einem linearen Modell ausgegangen. Noch fehlt uns aber eine Antwort auf die Frage, wie
<u>stark</u> dieser Zusammenhang ist, wie hoch X und Y miteinander
<u>korrelieren</u>.

Die beiden angegebenen Ausgleichsgeraden Y = Y(X) und X = X(Y)
wichen ziemlich stark voneinander ab, während für den Fall
eines linearen Gesetzes Übereinstimmung bestehen müßte, denn
dann kann die eine Gerade direkt durch "Auflösen" der anderen
gefunden werden.

Zeichnet man gegenüber die beiden Regressionsgeraden ein, so
sähe das etwa so aus:

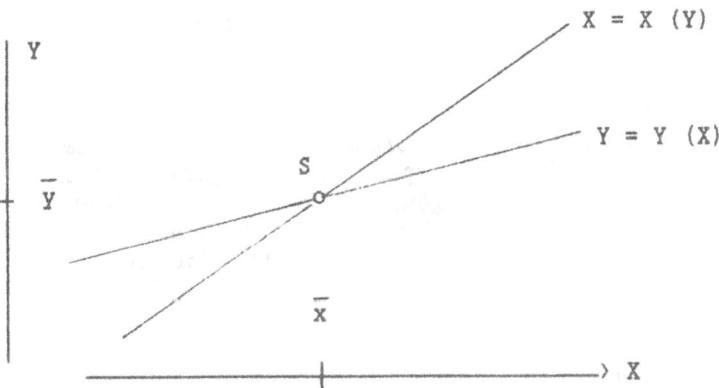

Abb.: Stochastischer Zusammenhang X --> Y bzw. Y --> X

Je mehr im Punktediagramm (scatter diagram) die Punktewolke
auseinanderfällt, desto mehr werden die beiden Geraden voneinander abweichen. Im Beispiel spricht man von einer ganz guten
positiven Korrelation, während der folgend abgebildete Fall

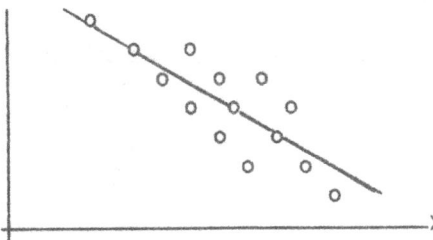

Abb.: Stark negative Korrelation bei linearem Zusammenhang

als negativ korrelierend bezeichnet werden würde. Auch hier
ist der Zusammenhang als näherungsweise linear zu betrachten,
wie im bisherigen Beispiel. Ein weiter unten zu entwickelndes
Korrelationsmaß kann daher auf Fälle wie in der Abbildung
Seite 37 rechts nicht angewendet werden. Bei nicht-linearen
Zusammenhängen muß anders vorgegangen werden. Weiterhin setzen
unsere Überlegungen (wie schon das ausgeführte Beispiel zeigt)
für X und Y Intervallskalierungen voraus ...

Fallen die beiden Ausgleichsgeraden zusammen, so gilt für die
Steigungsfaktoren $m_x = 1/m_y$. Man könnte daher z.B. deren
Produkt als Maß für die Stärke heranziehen. Tatsächlich nimmt
man aber die Wurzel aus dem Produkt der beiden Faktoren:

$$ r = \frac{\Sigma\ (x_i - x)\ *\ (y_i - y)}{\sqrt{\Sigma\ (x_i - \overline{x})^2}\ *\ \sqrt{\Sigma\ (y_i - \overline{y})^2}} $$

heißt Korrelationskoeffizient r nach BRAVAIS-PEARSON; er ist
nach Konstruktion vorzeichenbehaftet.

Der Nenner von r ist offenbar das Produkt $n \cdot s_x \cdot s_y$, bewirkt
demnach eine Normierung der vorzeichenbehafteten Zählersumme.
Für den Fall, daß alle Meßwertpaare (x_i, y_i) genau auf einer
Geraden liegen, läßt sich zeigen, daß je nach deren Steigung m
genau gilt $r = \pm 1$. Sind die Meßpunkte jedoch willkürlich im
Punktediagramm verteilt, so wird $r \approx 0$. Also ist stets

   $ - 1 \leq r \leq + 1. $

Für positive Werte von r (etwa ab 0.4) spricht man von positiver, entsprechend für negative Werte von negativer Korrelation. - Bei betragsmäßig kleinen Werten von r ist ein Zusammenhang mindestens fraglich. Dazu sei bemerkt, daß rein
rechnerisch natürlich beliebige X und Y "zusammengebracht"
werden können und u.U. eine Korrelation "nachweisbar" wird,
die der Sache nach nicht existiert. Es muß also außerhalb der
Mathematik immer noch geprüft werden, ob diese Korrelations-
analyse sinnvoll ist und nicht eine sog. *Nonsense Correlation*
darstellt. Beispiele solchen Unsinns sind in Fülle bekannt, in
etlichen Fällen aber schwer aufdeckbar. Z.B. wurde in Tageszeitungen wiederholt berichtet, daß der Aktienindex mit der
Länge von Damenröcken korreliere, also ein Zusammenhang zwischen Mode (Stoffknappheit?) und der Börse bestehe. - In den
frühen Zwanzigern hat ein humorvoller Statistiker in Nord-
deutschland "nachgewiesen", daß zwischen der Häufigkeit von
Störchenflügen und Geburten in der Umgebung Bremens eine
Korrelation besteht, das alte Kindermärchen demnach mit der
Statistik abgesichert werden könne ...

Für praktische Zwecke kann die vorstehende Formel mit etwas
Mühe umgeformt werden:

$$r = \frac{n * \Sigma\, x_i * y_i \; - \; (\,\Sigma\, x_i\,) * (\,\Sigma\, y_i\,)}{\sqrt{n\, \Sigma\, x_i{}^2 \; - \; (\,\Sigma\, x_i\,)^2} \; * \; \sqrt{n * \Sigma\, y_i{}^2 \; - \; (\,\Sigma\, y_i\,)^2}} \; .$$

Damit können unmittelbar die Werte aus der Tabelle Seite 41
benutzt werden, um den Korrelationskoeffizienten in unserem
Beispiel zu berechen. Man findet durch Einsetzen den Wert

$$r = \frac{56 * 520\,707 \; - \; 9\,216 * 3\,160}{\sqrt{(56 * 1\,518\,342 - 9\,216^2)} \; * \sqrt{(56 * 179\,440 - 3\,160^2)}} =$$

$$= 0.48 \ldots$$

Er drückt aus, daß zwischen Körpergröße und Gewicht ein deutlich erkennbarer Zusammenhang besteht, etwa mit $r \approx 0.5$. (In
Wahrheit sind die für die Anwendung des Verfahrens notwendigen
Voraussetzungen nicht sehr gut erfüllt, d.h. die vermutete
lineare Beziehung trifft nur näherungsweise zu: Das Volumen
einer Kugel wächst bekanntlich mit der dritten Potenz des
Durchmessers, wenn dieser Vergleich erlaubt ist ...)

Auf der vorigen Seite hatten wir einen Zusammenhang zwischen r
und den empirischen Standardabweichungen s_x bzw. s_y erwähnt.
Definiert man daher

$$s_{xy} := \frac{\Sigma\, (x_i - \overline{x}) * (y_i - \overline{y})}{n}$$

als sog. <u>Kovarianz</u> von X und Y (analog zur Varianz s^2), so
wird

$$r = \frac{s_{xy}}{s_x * s_y}$$

ein in X und Y völlig symmetrischer Ausdruck, der im wesentlichen über den Zähler den stochastischen Zusammenhang von X
und Y mißt.

Kehren wir noch einmal generell zur Frage stochastischer Zusammenhänge zurück: Rechnerisch können die möglichen Fälle

$$X \longrightarrow Y \qquad\qquad Y \longrightarrow X \qquad\qquad X \longleftrightarrow Y$$

nicht ohne weiteres unterschieden werden. – Wir hatten uns
primär für den ersten Fall entschieden, also die Größe als Ur-
sache des Gewichts angenommen. – Ein Beispiel für den letzten
Fall kann man in der Psychologie finden:

Enge Kontakte X zwischen zwei Personen bewirken Sympathie Y
und umgekehrt. – Es sind aber noch ganz andere Mechanismen
denkbar:

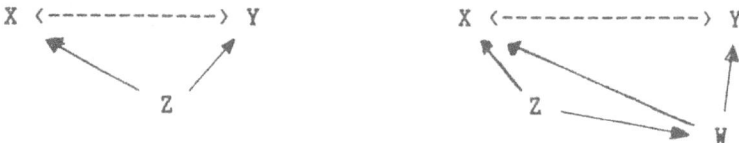

```
   X <------------> Y              X <--------------> Y
      ↖        ↗                      ↖↖         ↑
        Z                              Z ↘          |
                                          ↘ → W
```

Eine dritte Variable Z steuert <u>verdeckt</u> X und Y. Ist diese
verdeckte Variable die Zeit, so spricht man i.a. nicht von
einer Korrelation, sondern von einem <u>Trend</u>. Beispielsweise
haben in den letzten Jahren die Krankheitskosten K zugenommen,
es gibt aber auch immer mehr Studenten S. – Eine Korrelation
zwischen K und S wäre rechnerisch leicht nachzuweisen, aber
die Mehrzahl bei Studenten hat offenbar nichts mit den Krankheitskosten zu tun, sondern die beiden Variablen hängen unabhängig voneinander von der Zeit ab! Die oben genannten Beispiele (Börse, Geburtenhäufigkeit) könnten "gutwillig" noch in
diesem Sinne interpretiert werden.

Die rechte Skizze deutet einen viel komplizierteren Fall an:
Eine Vielzahl von Faktoren steuert X und Y, wobei diese Faktoren noch unter sich korrelieren können. Mit statistischen
Methoden können diese Faktoren zwar nicht direkt gefunden
werden (dies ist Sache des jeweiligen Anwendungsgebiets), wohl
aber kann man bei gewissen Vermutungen Korrelationen zwischen
diesen Faktoren (und X, Y) austesten. Diese Faktoren lassen
sich dann ausschließen oder mit Gewichten versehen. Es gibt
viele Beispiele, wo man für ein X solche Faktoren kennt, aber
auch weiß, daß die Liste unvollständig ist. – Das Aufdecken
solcher Zusammenhänge ist Gegenstand der sog. <u>Faktorenanalyse</u>,
sehr aufwendiger statistischer Verfahren. Stichworte sind z.B.
multilineare Regression und dgl.

In unserem Beispiel hatten wir mit X und Y zwei intervallskalierte Variable regressiv und korrelativ untersucht; selbst-
verständlich gibt es analoge Verfahren für die meisten anderen
Skalierungen, auch wenn X und Y mit verschiedenen Skalentypen
gemessen werden. – Im folgenden Beispiel seien rangskalierte
Variable miteinander verknüpft:

Bei einem Sportwettbewerb habe sich in der Doppeldisziplin
Weitspringen mit Kurzstreckenlauf folgende Rangliste ergeben,

die als bivariable Verteilung dargestellt wird (wir sehen davon ab, daß die jeweils beiden Ergebnisse an einem Probanden
realiter metrisch in m bzw. Sek. bestimmt werden):

Rangziffer Laufen

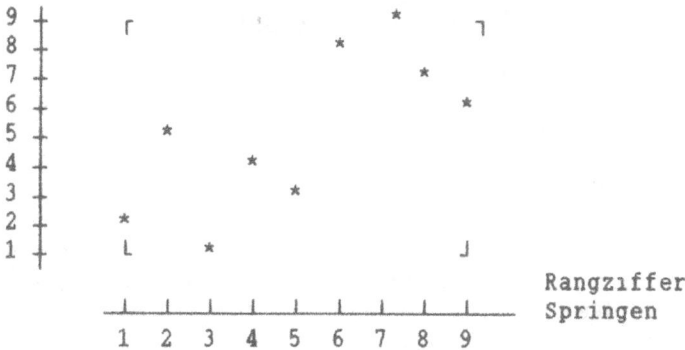

Abb.: **Rangziffern in einem Doppelwettbewerb**

Die besonders leistungsstarken Teilnehmer sind links unten,
die schlechten rechts oben angesiedelt; offenbar besteht ein
positiver Zusammenhang in dem Sinne, daß gute Springer auch
gute Läufer sind. (Da gute Laufleistung vermutlich Voraussetzung für ansehnlichen Weitsprung ist, würde man vielleicht
besser in der anderen Richtung formulieren, aber für die folgenden Überlegungen ist das gleichgültig.)

Um diese Korrelation grafisch einprägsamer darzustellen, kann
man das Diagramm nun in eine <u>Doppelleiter</u> der Ränge umsetzen:

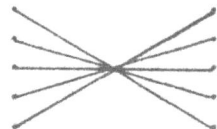

Teil- nehmer	Rangplatz ... Laufen	Weitspringen
A	2	1
B	5	2
C	1	3
D	4	4
E	3	5
F	8	6
G	9	7
H	7	8
I	6	9

Abb.: **Hohe positive bzw. (rechts) extrem negative
          Korrelation**

Die eingezeichneten Linien würden im Falle hoher positiver Korrelation zu einer Parallelenschar tendieren.

In der kleinen Skizze daneben ist ein Fall stark negativer Korrelation ($R \approx -1$) angedeutet.

Für unser Beispiel zum Vergleich zweier ordinalskalierter Variablen wird der <u>Rangkorrelationskoeffizient</u> R

$$R := 1 - \frac{6 * \Sigma\, d_i^2}{n * (n^2 - 1)}$$

nach SPEARMAN [+]) herangezogen.

Dabei sollte n im Bereich $5 < n < 25$ liegen (mehr Probanden können ehrlicherweise nicht mehr in eine einigermaßen eindeutige Reihenfolge gebracht werden!). – Die d_i sind die Differenzen zwischen den Rangplätzen je Proband.

Im Beispiel haben die Quadrate der d_i der Reihe nach die Werte

1 9 4 0 4 4 4 1 9,

so daß sich mit n = 9 für R ergibt:

$$R = 1 - \frac{6 * 36}{9 * 80} = 1 - 0.3 = 0.7 \text{ , ein recht guter Wert.}$$

Soll eine rangskalierte Variable mit einer intervallskalierten verglichen werden, könnte man die intervallskalierte durch eine Ordinalskala "abwerten" und dieses Verfahren hilfsweise benutzen.

Eine Anmerkung: Es könnte sein, daß zwei Teilnehmer an diesem Wettbewerb in einer oder sogar in beiden Disziplinen gleiche Leistungen erzielt haben. In einem solchen Fall wird beiden der mittlere Rangplatz zugewiesen:

1   2   3   <u>**4.5**</u>   <u>**4.5**</u>   6   7 ...

Es werden also nicht die Plätze 4 = 5 irgendwie vergeben, sondern nur der Mittelplatz 4.5, entsprechend bei drei Übereinstimmungen 4 = 5 = 6 der Platz fünf dreimal und dergl.

[+]) Charles SPEARMAN (1863 – 1945); u.a. Psychologieprofessor in Oxford, gilt als Mitbegründer der Faktorenanalyse.

6 TRENDANALYSE

Ein Sonderfall der Berechnung von Ausgleichsgeraden liegt vor,
wenn die gegebenen Wertepaare (t_i, y_i) Zeitwerte einer Größe Y
zu verschiedenen Zeitpunkten t_i sind. In T übereinstimmende
Paare können dann also nicht vorkommen. Bei der Beobachtung
des betrieblichen Geschehens sind solche <u>Längsschnittanalysen</u>
für unternehmerische Entscheidungen oft noch wichtiger als
sog. <u>Querschnittsanalysen</u>, Zustandsbilder zu einem bestimmten
Zeitpunkt.

Unter einer <u>Zeitreihe</u> versteht man die Entwicklung eines Merkmals (oder einer Merkmalsgruppe), dessen Werte zu bestimmten
Zeitpunkten oder für bestimmte Zeitabschnitte im Zeitablauf
erfaßt und dargestellt werden. Das Merkmal Y kann also als
Funktion der Zeit T beschrieben werden:

$$Y = Y \; (T), \quad y_i = Y \; (t_i), \quad i := 1, \; 2, \; \ldots, \; n.$$

Die jeweils festgestellten Werte y_i einer solchen Zeitreihe
resultieren i.a. aus vielen Einflußgrößen (Komponenten). Die
dann längerfristig erkennbare Entwicklungsrichtung (Tendenz)
nennt man <u>Trend</u>. So kann z.B. der Umsatztrend steigend (Wachs-
tum) oder fallend (Schrumpfung) sein, oder der Umsatz bleibt
konstant. In der Gesamtentwicklung werden dabei mittelfristige
Einflüsse (zyklische, konjunkturelle Komponenten) sichtbar,
oder auch jahreszeitliche (saisonale), wenn die Zeitwerte eng
genug angesetzt werden. Denken Sie bei der folgenden Abbildung
vielleicht an ein Sportgeschäft oder Reisebüro:

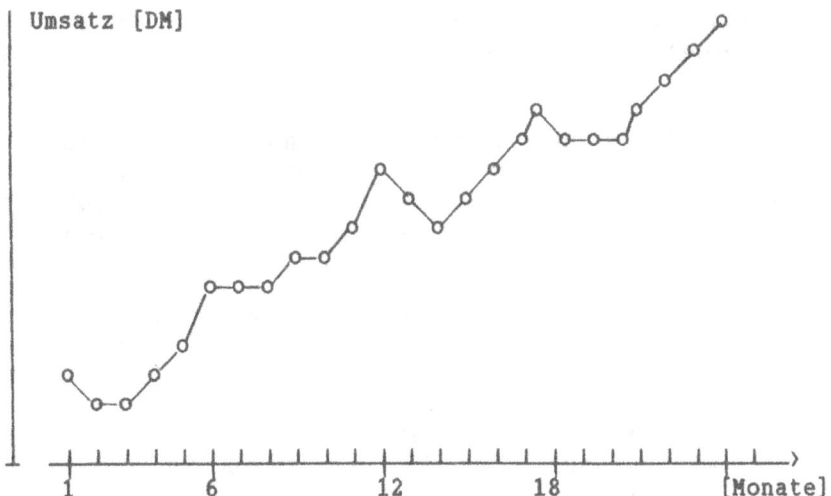

Abb.: steigender Gesamttrend mit saisonalen Schwankungen

In der Betriebsstatistik werden diese Einflüsse eingehend
untersucht; man versucht, die einzelnen Komponenten zu extra-
hieren und additiv oder multiplikativ zu verknüpfen. - Wir
wollen hier nur die Grundzüge der Trendrechnung darstellen.

Wie in Kapitel 4 sind zwei grundsätzliche Formen zu unterscheiden, ein eher linearer Trend (meist stark vereinfachend)
und im Gegensatz dazu irgendein nicht-linearer Trend, den wir
zu Ende des Kapitels an einem Beispiel vorführen.

Zum angenähert linearen Trend sei ein historisches Beispiel
aus alten Statistischen Jahrbüchern zusammengestellt:

Jahr	Preis [DM]	Zeit T	$t_i{}^2$	$y_i * t_i$	G.D.
1974	1.95	− 3	9	− 5.85	
					−
1975	2.09	− 2	4	− 4.18	2.08
1976	2.21	− 1	1	− 2.21	2.19
1977	2.26	0	0	0	2.25
1978	2.28	+ 1	1	+ 2.28	2.28
1979	2.31	+ 2	4	4.62	2.32
					−
1980	2.37	+ 3	9	7.11	
Σ : 15.47		0	28	1.77	

Abb.: Entwicklung des Butterpreises (250 g) in Bayern

Zu einer groben Ermittlung und ersten Übersicht genügt wieder
die "Freihandmethode", d.h. das Einzeichnen einer Ausgleichsgeraden in einer entsprechenden Zeit-Preis-Grafik. Sie könnten
dies in einer entsprechenden Grafik zur Tabelle versuchsweise
tun: Die Gerade heißt jetzt <u>Trendgerade</u>.

Klarer tritt der Trend jedoch hervor, wenn nach der Methode
der sog. <u>gleitenden Durchschnitte</u> eine jeweils aufeinander-
folgende ungerade Anzahl von Zeitwerten zusammengefaßt wird;
in der Tabelle ist diese Vorgehensweise mit sog. Dreierdurch-
schnitten in der letzten Spalte vorgeführt:

(1.95 + 2.09 + 2.21)/3 = 2.08 auf zweiten Zeitwert usf.

Trägt man diese Werte bei den t_i ein, so wird der Trend in
jedem Fall <u>geglättet</u>, er tritt klarer hervor. Bei längeren
Zeitreihen als im Beispiel wird man vielleicht Fünferdurch-
schnitte wählen; dann fallen für die ersten beiden und die
letzten beiden Zeitwerte Angaben aus. Diese Ausgleichsmethode
ist sehr einfach, macht kaum Arbeit, liefert aber doch schon
gute Einblicke; sie ist nicht beschränkt auf lineare Trends!

Um die Ausgleichsgerade (jetzt Trendgerade) exakt zu berechnen
(lineare Näherung als ausreichend betrachtet!), greift man auf
die bekannten Normalgleichungen nach GAUSS (Kapitel 4) zurück:
Normalerweise sind (wie in unserem Beispiel) die Zeitwerte
gleichabständig (Jahre, Monate, Wochen, ...). Dann läßt sich
eine <u>Zeitachsentransformation</u> derart angeben, daß die Normalgleichungen von Seite 39 sehr einfach werden und wie folgt
aussehen, wobei noch das Ersetzen der x_i durch die t_i zu
beachten ist:

$$a * n \qquad = \Sigma\ y_i$$

$$m * \Sigma\ t_i{}^2 = \Sigma\ t_i * y_i\ .$$

Die Zeitachsentransformation wird dabei so durchgeführt, daß
der bereits unterdrückte Summand $m \cdot \Sigma\ t_i$ in der ersten Zeile
Null wird. Dann verschwindet aber auch der erste Summand in
der zweiten Zeile der Normalgleichungen. Man vergleiche dazu
die neue "mittige" Zeitachse T in der Tabelle. — Mit

$$a = (\Sigma\ y_i)\ /\ n \qquad (\text{also } a = \overline{y})$$

$$m = (\Sigma\ t_i * y_i)\ /\ (\Sigma\ t_i{}^2)$$

kann die Trendgerade jetzt sofort angegeben werden. In unserem
Fall (mit den Werten aus der Unterzeile der Tabelle) kommt

$$Y = Y(T) = 2.21 + 0.06 * T\ .$$

Dies transformiert man praktischerweise zurück zu

$$Y = Y(T) = 2.21 + 0.06 * (\text{Jahr} - 1977),$$

denn 1977 ist das Jahr der "neuen Zeitrechnung". Die Konstante
2.21 hat die Bedeutung des mittleren Butterpreises (je 250 g)
im Beobachtungszeitraum 1974/80. Der Steigungsfaktor 0.06 bedeutet den mittleren Preisanstieg für 250 g Butter je Jahr des
Zeitraums. Es macht nun keine Mühe, den ermittelten Trend in
einem Diagramm einzuzeichnen.

Ist die Anzahl der gegebenen Zeitwerte gerade (und wiederum
gleichabständig), so geht man bei der Zeitachsentransformation
so vor:

JAN	FEB	MAR	APR	MAI	JUN
- 5	- 3	- 1	+ 1	+ 3	+ 5

Die weitere Rechnung wird später in einem Beispiel vorgeführt.

Spätestens beim Zeichnen des Diagramms zur Tabelle von Seite
52 fällt auf, daß der Preistrend bei Butter seinerzeit nicht

gerade linear war, sondern der "Anstieg" fallende Tendenz
hatte, wie ein gewiefter Politiker einen steigenden Preis
verharmlosen würde. Es ist daher nicht erlaubt, aus der
Trendgeraden Preise bis in ferne Zukunft zu extrapolieren,
d.h. näherungsweise abzuschätzen.

Vergleichen Sie den heutigen Butterpreis mit dem vor mehr als
zwölf Jahren! – Rechnerisch würde sich etwa 3.10 DM/250 g ergeben, ein viel zu hoher Wert. Generell gilt, daß Vorhersagen
auf diese doch einfache Weise mindestens dann sehr fragwürdig
sind, wenn der zugrunde gelegte Beobachtungszeitraum kurz ist,
dort weiter deutliche Instabilitäten erkennbar sind und der
Zeitvorgriff groß sein soll. Bekannt ist der Preisverfall bei
allen technischen Produkten, die sich in ständiger, schneller
Entwicklung befinden und gleichzeitig großer Kundenakzeptanz
erfreuen (wie z.B. Video).

Das Lebensmittel Butter ist ebenfalls ein Sonderfall, da hier
der Preis auf ziemlich undurchsichtige Weise durch allerhand
Subventionen gestützt wird, also tatsächlich nicht einfach den
Marktgesetzen unterliegt. Dies gilt für viele Grundnahrungs-
mittel, nicht nur Milchprodukte: Zucker und Eier kosten heute
kaum mehr als zu unmittelbaren Nachkriegszeiten ... Der End-
preis ist vom Steuerzahler bereits gedrückt ...

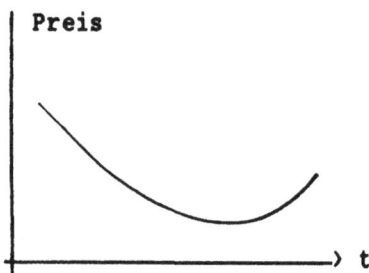

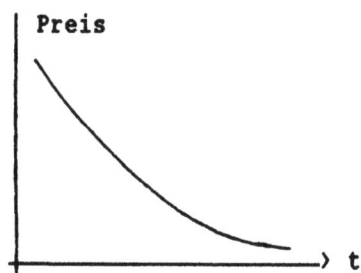

Abb.: umkehrend   degressiv exponentiell
    (z.B. S-8-Schmalfilm)   (bzw. Videokassetten)

Nichtlineare Trends nähert man bequemerweise durch Parabeln
(links) oder Exponentialfunktionen (rechts) an. Ein progressiv
exponentieller Trend galt beispielsweise in der Vergangenheit
für die Bevölkerungsentwicklung (s. unten), ja gilt in sog.
Drittländern teils noch heute.

Wird für eine nicht-lineare Entwicklung ein Trend vermutet
oder ist das Gesetz explizit bekannt, so kann man fallweise
linearisieren:

Für den radioaktiven Zerfall gilt bekanntlich

$$A(t) = A_0 * e^{-k*t} \text{ , oder } \ln A(t) = \ln A_0 - k * t .$$

In der logarithmierten Form ist das eine lineare Beziehung.
Aus einigen Meßwerten der Aktivität A(t) kann daher die Zer-
fallskonstante k hinreichend genau bestimmt werden. Es gibt
für solche Zwecke eigene Funktionspapiere, hier sog. halb-
logarithmisches Papier: Die Rechtsachse ist linear, die Hochachse logarithmisch unterteilt.

Seien vereinfacht drei Meßwertpaare gegeben:

Zeit	0	100	200	Sek.
Aktivität	200	121	74	

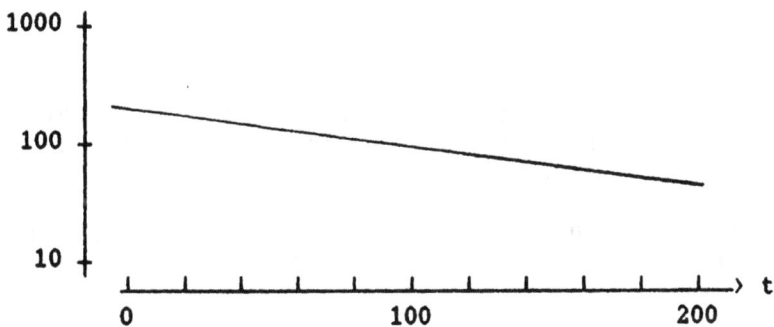

Die entsprechende Gerade hat die Steigung

$$- (\ln (200) - \ln (74)) / 200 = - \ln(200/74) / 200,$$

und das ist der Absolutwert von $k \approx 0.005$ [sec^{-1}] .

Hier ist die Tabelle zu einer Bevölkerungsentwicklung:

Zeit T	P[Mio.]	ln P	t	t²	t*ln P
0	50	3.91	− 5	25	− 19.56
1	52	3.95	− 3	9	− 11.85
2	55	4.01	− 1	1	− 4.01
3	58	4.06	+ 1	1	+ 4.06
4	61	4.11	+ 3	9	+ 12.33
5	65	4.17	+ 5	25	+ 20.87
Σ		24.21	(0)	70	+ 1.84

Abb.: Bevölkerungsentwicklung P(T) während fünf Jahren

Gegeben sind in der Arbeitstabelle anfangs die beiden Kolonnen links. Wir gehen von einer exponentiellen Entwicklung in der Zeit T aus: Zunächst werden die Werte ln P eingetragen; nach der Zeittransformation T ---> t nehmen wir eine lineare Beziehung zwischen t und ln P an. Wir verfahren daher wie im Beispiel des Butterpreises und finden so die Trendgerade

$$a = 24.21/6 \approx 4.04 \qquad m = 1.84/70 \approx 0.0263 .$$

Damit ist

$$\ln P = 4.04 + 0.0263 * t$$

in t linearisiert. Wegen t = 2 ' (T - 2.5) ist

$$\ln P = 4.04 - 0.1315 + 0.0526 * T = 3.91 + 0.0526 * T ,$$

also zurückgerechnet auf eine exponentielle Entwicklung

$$P = e^{3.91} * e^{0.0526 * T} = 49.9 * e^{0.0526 * T} .$$

Für T = 9 liefert das nach zehn Jahren (ab T = 0) als Prognosewert gut 80 Millionen, bei einer jährlichen Steigerungsrate von ca. 5 Prozent.

Eine zum Korrelationskoeffizienten r analoge Maßzahl existiert für die exponentielle Darstellung nicht; man könnte aber den linearisierten Zusammenhang entsprechend bewerten.

Es sei noch darauf hingewiesen, daß es für die wichtigsten Fälle nichtlinearer Zusammenhänge (wie z.B. noch quadratische Funktionen) jeweils geeignete Funktionspapiere gibt ...

Getrunken	Liter pro Kopf	Ausgaben in Mrd. DM	
Kaffee	190.0	6.8	
Bier	143.1	19.63	
Sprudel	85.0	7.40	
Mineralwasser	85.0	4.89	
Milch	79.9	9.95	
Fruchtsaft	39.6	5.44	
Tee	25.0	0.80	
Wein	21.0	7.82	Getränkemarkt in
Kaffeemittel	8.7	0.13	Deutschland 1990
Spirituosen	6.2	7.79	(West)
Sekt	5.1	2.14	
	688.4	ca. 73 Mrd.	*(SZ, 1991)*

7   KONZENTRATION

Zur Beschreibung von Verteilungen im wirtschaftlichen Bereich
wird noch ein weiteres Verfahren benutzt, das am besten an
einem Beispiel dargestellt wird. Gegeben sei folgende Lohn-
und Gehaltsstruktur in einem Betrieb (dabei ist DM 1500 die
Einkommmensklasse 1400 ... 1599 usw.) mit 50 Beschäftigten:

DM/Monat	f_i	f_{cum} [%]		Lohnsumme	kum. %
1 500	5	10	7 500	7 500	6.7
1 700	3	16	5 100	12 600	11.2
1 900	3	22	5 700	18 300	16.3
2 100	8	38	16 800	35 100	31.2
2 300	12	62	27 600	62 700	55.8
2 500	11	84	27 500	90 200	80.2
2 700	6	96	16 200	106 400	94.7
2 900	1	98	2 900	109 300	97.2
3 100	1	100	3 100	112 400	100.0

Abb.: Gehaltstabelle eines Betriebs

Näherungsweise liegt der mittlere Lohn $\overline{x}$ bei ca. 2 250 DM in
der häufigsten Lohnklasse; man erkennt über die Kumulation der
Beschäftigten, daß 62 % aller Mitarbeiter bis zu max. 2 400 DM
verdienen, ansonsten aber sind die möglichen Aussagen mit den
bisherigen Methoden erschöpft. Nun lassen sich aber auch die
Lohnsummen nach aufsteigenden Klassen kumulieren: Mit der entsprechenden Spalte der Prozentwerte ganz rechts ist nun die
folgende Aussage möglich:

Ca. 62 Prozent aller Lohnempfänger sind am Gesamtaufkommen der
Löhne mit knapp 56 % beteiligt. Eine entsprechende grafische
Darstellung wird <u>Konzentrationskurve</u> genannt:

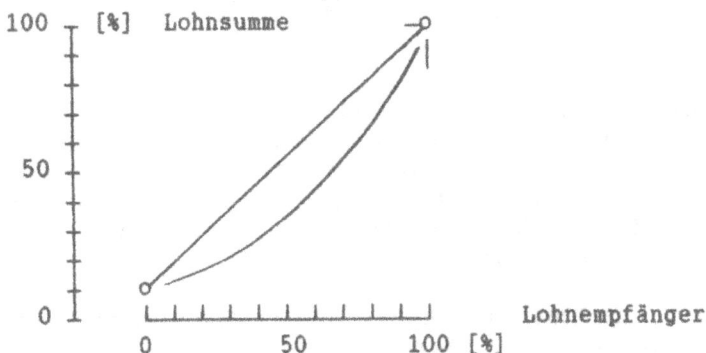

Abb.: LORENZ-Kurve

Auf der Rechtsachse werden die Lohnempfänger (nach steigendem
Lohn geordnet!) in Prozent aller aufgetragen, nach oben deren
kumulierte Lohnsumme, in Prozent der Gesamtlohnsumme.

Im Beispiel ergibt sich die nach dem Statistiker M.O. LORENZ
skizzierte Kurve, die unter der Gleichverteilungsgeraden verläuft. Je mehr nun diese Kurve "durchhängt", umso mehr konzen-
trieren sich die Löhne auf die Niedriglohngruppen. Im Beispiel
ist die Struktur ausgeglichen, die Konzentration gering. Diese
Untersuchungsmethode gibt in vielen Fällen Hinweise auf notwendige Strukturmaßnahmen: Anpassung von Gebühren und Prämien
(bei Bagatellschäden steht der Verwaltungsaufwand oftmals in
keinem Verhältnis zum Schaden); oder: Lagerhaltung (viel Kram
verursacht bei geringem Warenwert hohe Kosten).

Um Maßstabsproblemen aus dem Weg zu gehen, werden auf beiden
Achsen stets relative (prozentuale) Maßstäbe verwendet. Im
Beispiel wurden zwei metrische Merkmale aus verschiedenen
Grundgesamtheiten (Lohnempfänger, Lohnsumme) miteinander ver-
glichen; man kann aber ebenso ein gemeinsames Merkmal an zwei
ganz verschiedenen Grundgesamtheiten vergleichen:

Eine alte Transport-Statistik (aus dem Stat. Jahrbuch 1981, S.
275/285) zeigt für die Bundesrepublik folgende Zahlen:

Entfernungs- klassen [km]	Beförderte Güter in 10^6 t	
	per Bahn	per LKW
bis 100	176	19
101 - 200	52	50
201 - 300	46	37
301 - 400	29	27
401 - 500	14	19
501 - 700	22	23
701 und m.	14	12
Σ	353	187

Trägt man die per Bahn transportierten Güter kumuliert in Prozent der Gesamtsumme (353) auf der Rechtsachse gegen die entsprechenden Werte des LKW-Transports auf der Hochachse auf, so
wird das mittlerweile wohl noch brisantere Problem des Massen-
transports deutlich: Die Bahn ist für die kurzen, der LKW für
die langen Entfernungen "zuständig".

Freilich bedarf das Problem etwas genauerer Analyse, denn beispielsweise geht aus obiger Übersicht nicht hervor, was
transportiert wird. - Und: Nicht jede Firma hat einen Bahnhof
vor der Türe ...

Im Blick auf Anwendungen aus der Wirtschaft seien noch einige
elementare Begriffe ergänzt: Mittelwerte, Streuungsmaße usw.
charakterisieren die Struktur einer Verteilung; zur Beschreibung von Eigentümlichkeiten <u>innerhalb</u> von Grundgesamtheiten
oder zum Vergleich von Teilmassen verschiedener Populationen
benutzt man andere Maßzahlen:

<u>Verhältniszahlen</u> vergleichen Teilmassen mit der übergeordneten
Gesamtmasse, i.a. als Prozentanteil:

$$\underline{\text{Gliederungszahl}} = \frac{\text{Teilmasse}}{\text{Gesamtmasse}} * 100 \ [\%].$$

Beispielsweise beträgt der Absatz einer Warenart A rund a Prozent am Gesamtumsatz der Firma. <u>Beziehungszahlen</u> hingegen vergleichen unterschiedliche Massen, um innere Zusammenhänge zu
ergründen oder Entsprechungen zu vergleichen:

$$\frac{\text{Wert der Produktion}}{\text{Wert der Rohstoffe}} \qquad \frac{\text{zugelassene PKW}}{\text{Bevölkerung}}$$

Im ersten Fall ist das eine Art "Veredelungsfaktor", rechts
die sog. KFZ-Dichte zum Vergleich mit anderen Ländern.

<u>Meßzahlen</u> vergleichen stets *gleichartige* Grundgesamtheiten,
also solche, die sich sinnvoll zu einem Ganzen zusammenfügen
lassen. Das Verhältnis Arbeiter : Angestellte in einem Betrieb
beträgt 120:10 = 12. Zusammen sind das 130 *Arbeitnehmer*. Meßzahlen werden bei der Analyse von Zeitreihenentwicklungen benutzt, sollten aber nicht mit den noch zu erklärenden Indexzahlen (s.u.) verwechselt werden.

Jahr	Produktion	Meßzahl	Wachstumsrate
1989	2 400 [t]	100	– [%]
1990	2 800	117	17
1991	3 000	125	7

Abb.: Meßzahlen der Produktion

Dabei ist das Jahr 1989 <u>Basisjahr</u> (Produktion = 100). Insgesamt wurde die Produktion um 25 Prozent gesteigert. Nimmt
man 1991 als Basisjahr, so betrug die Produktionssteigerung
gegenüber 1989 nur 20 %, denn das Jahr 1989 hat 80 % der Produktion 1991 ergeben. – Klar ist, daß man als Basisjahr keines
wählt, das aus irgendeinem Grunde aus dem Rahmen fällt.

Die in der Tabelle auch angegebene Wachstumsrate ist keine
Meßzahl im engeren Sinn des Wortes, weil bei ihr jeweils das
Vorjahr als Basisjahr genommen wird (sog. gleitende Basis).
Ein typisches Beispiel für Meßzahlen ist aus der Kalkulations-
kontrolle jedoch der sog. "Selbstkostenindex":

Selbstkosten	vor/nach Produktionsumstellung	
Material I	230	180
Material II	40	50
Löhne etc.	130	110
Energie etc.	30	20
Σ	430	360 [DM]

Abb.: Gefallener Selbstkostenindex

Wegen 360/430 = 0.84 sind die Kosten um 16 % gesunken, die Umstellung war also sinnvoll. Indexzahlen sind i.a. aussagekräf-
tiger als Meßzahlen. – Im Gegensatz zu jenen betreffen Indexzahlen stets Zusammenfassungen: Die Entwicklung eines einzelnen Lohns (Chemiefacharbeiter) wird mit einer Meßzahl, die
einer ganzen Lohngruppe ("Chemie") hingegen mit einem Lohn-
index beschrieben, das ist stets eine typische Kombination aus
verschiedenen Einzellöhnen bzw. Gehältern.

Es gibt z.B. Preisindizes (für Preisbewegungen bei konstanten
Mengen), oder Mengenindizes (zum Import, Export, ohne Preis-
vergleiche), oder Wertindizes (hier gehen beide Variable mit
möglichen Änderungen ein).

Beispielsweise ergibt sich aus der Übersicht

Preise von vier Artikeln [DM]

Jahr 1988	4.20	4.70	3.80	5.20	Mittel: 4.48
1990	4.30	4.80	3.30	5.90	4.58

durch Vergleich 4.58 / 4.48 · 100 = 102.2, daß der ungewogene
Preisindex um gut zwei Prozent gestiegen ist.

Problematisch ist bei dieser Rechnung jedoch der Bezug auf
Mittelwerte ohne Rücksicht auf den Bedarf; und stillschweigend
wird auch gleiche Qualität vorausgesetzt. Man sollte also die
Merkmalswerte mit einem sinnvollen Faktor gewichten, z.B. nach
dem prozentualen Bedarf bei einer Produktion, oder nach Ver-
brauchsanteilen im Haushalt usw.

Der weitaus bekannteste Fall ist der sog. <u>Warenkorb</u>, bei dem mit einem gewogenen Preisindex etwa nach der Formel

$$LI = \frac{\Sigma \; g_i * neu_i \; / \; alt_i}{\Sigma \; g_i} * 100$$

gerechnet wird; eingesetzt werden neue und alte Preise von ausgewählten Gütern des Alltags (Lebensmittel, kulturelle Bedürfnisse, Wohnkosten, ...) mit genauer Qualitätsbeschreibung und passenden Gewichtungen g_i, die auch eine Änderung von Verbrauchergewohnheiten mit der Zeit beinhalten.

Diese sehr komplexe Materie wird immer wieder überprüft und angepaßt: Während der amtliche Warenkorb 1934 z.B. nur 116 Positionen umfaßte, war er 1980 schon auf rund 800 Waren und Dienstleistungen angewachsen: Spielten seinerzeit Brennholz, Kernseife und Kaffee-Ersatz eine Rolle, so müssen heute Geschirrspüler, Fernseher, Auto usw. (jeweils mit durchschnittlichen Nutzungszeiten) in den Korb eingebracht werden ...

Beispielsweise kostete ein "ortsübliches" Roggenbrot (1 kg) im Warenkorb des Jahres 1980 nach der Statistik 2.58 DM und zehn deutsche Eier (Güte/Gewichtsklasse A/3) waren für 2.53 DM eingerechnet ... Aber auch Unterhosen (Baumwolle, Markenqualität) oder einmal Haareschneiden für Herren sowie das Abonnement der örtlichen Tageszeitung sind aufgenommen ...

In der amtlichen Statistik heißt der Warenkorb übrigens <u>Preisindex für die Lebenshaltung</u>; in den Statistischen Jahrbüchern wird er für private Haushalte sehr differenziert dargestellt, d.h. für verschiedene Typen von Haushalten. Jeden Monat wird dieser Preisindex auch über die Medien verlautbart, stets im Vergleich zum Vormonat und zum Monat des Vorjahres. - Unter Abzug leicht erkennbarer jahreszeitlicher Schwankungen (z.B. wegen saisonaler Preise von Heizöl, Gemüse u.a.) ist dieser Preisindex daher ein allseits beachtetes Signal für mögliche inflationäre Entwicklungen, Wirtschaftsstabilität usw.

8   ÜBUNGEN 2-7

/1/ Gegeben seien n reelle Zahlen r_i. Beweisen Sie: Wird für
ein m die Summe $\Sigma\,(m - r_i)^2$ minimal, so ist m das arithmetische Mittel $\bar{r}$ aus den r_i.

/2/ Betrachtet man die Körpergröße X in einer Population nach
Geschlecht getrennt: X_m bzw. X_w, so erhält man zwei Mittelwerte $\bar{x}_m$ bzw. $\bar{x}_w$. Der Anteil der Männer sei $0 < p < 1$, jener
der Frauen $1 - p$. Wie groß ist x in der Gesamtpopulation? Nun
werde angenommen, daß X in beiden Teilpopulationen etwa symmetrisch verteilt und von gleicher Streuung sei: Überlegen sie
sich anhand kleiner Skizzen, unter welchen Nebenbedingungen
die Gesamtpopulation bimodal erscheint! Kann sie sich auch
tafelförmig darstellen? Untersuchen Sie die letzte Frage noch
im Fall, wo zwei Verteilungen überlagert werden, von denen die
eine linkssteil, die andere rechtssteil ist. - Was für Konse-
quenzen ergeben sich aus diesen Überlegungen, wenn bei einer
tatsächlich durchgeführten Untersuchung bimodale oder auch
tafelförmige Verteilungen auftreten?

/3/ In der SPEARMANschen Formel (S. 50) ist der nie negative
Subtrahend offenbar so konstruiert, daß er stets zwischen 0
und 2 liegt. Er wird am kleinsten, wenn alle d_i Null sind. Im
Gegenfalle (Subtrahend = 2) gilt

$$\Sigma\,d_i{}^2 = \frac{n * (n^2 - 1)}{6}$$

für die (links!) Summe der Quadrate von $n-1$, $n-3$, ..., 0. Beweisen Sie diese Formel durch vollständige Induktion!

/4/ Besteht zwischen zwei Merkmalen X und Y kein (linearer)
stochastischer Zusammenhang, so ist nach Seite 46 der Maß-
koeffizient $r \approx 0$. Leiten Sie hieraus über die Formeln für m
(Seite 39) ab, daß dann die beiden "Ausgleichsgeraden" aufein-
ander senkrecht stehen (wie verlaufen sie?). - Betrachten Sie
dazu anschaulich den Sonderfall der vier Meßwertpaare (0, 0),
(1, 0), (1, 1) und (0, 1) im Koordinatengitter: Das GAUSS-Ver-
fahren der vertikalen "Differenzquadrate" liefert immer eine
eindeutige Ausgleichsgerade. Nähme man hingegen die Quadrate
der tatsächlichen (senkrechten) Punktabstände von der Geraden,
so wäre die Lösung nicht eindeutig, wie man anschaulich im
Beispiel erkennen kann. Wie liegt für diese Annahme die "Aus-
gleichsgerade(n)" im speziellen Beispiel?

/5/ Auf einem Flughafen werden einige Tage lang alle Fluggäste gewogen, um einen Mittelwert g des Körpergewichts zu erhalten. Es sei z.B. $\overline{g}$ = 78 [kg] mit s_g = 3.5 [kg]. Ein Flieger starte nun mit n = 400 Fluggästen. Welche Aussage läßt sich über das Gesamtgewicht aller Passagiere machen, und was ist zur Genauigkeit dieser Angabe zu vermuten? (Hinweis: Die Stichprobe könnten gerade die Passagiere eben dieses Flugzeugs sein.)

/6/ In einem Labor werden an 18 äußerlich gleichartigen Stahlstäben der C-Gehalt X (in Prozent) und die Zugfestigkeit σ (in kp/mm²) gemessen. Es ergeben sich folgende Wertepaare:

X	0.10	0.15	0.15	0.20	0.20	0.25	0.25	0.30	0.30
σ	35.8	38.7	40.0	43.3	44.5	47.3	50.1	55.1	56.8
X	0.40	0.40	0.50	0.55	0.55	0.60	0.60	0.65	0.70
σ	62.5	65.5	72.1	75.8	78.3	80.0	84.9	86.0	92.3

Offenbar steigt die Zugfestigkeit mit dem C-Gehalt an.

Zeichnen Sie ein gut gestrecktes Streudiagramm! Ein linearer Zusammenhang darf vermutet werden: Berechnen Sie daher die Korrelationsgerade σ = σ (X) und weiter den Korrelationskoeffizienten r! Entscheiden Sie, ob der gefundene (zunächst) stochastische Zusammenhang nicht gar ein funktionaler ist und sehen Sie in der Literatur nach!

/7/ Der Bierausstoß einer (kleinen) Brauerei entwickelte sich wie folgt:

Jahr	1986	1987	1988	1989	1990	1991
hl	7200	7500	7900	8100	8600	8900

Berechnen Sie per Trendfunktion eine Prognose für die Jahre 1992/93!

/8/ Nach dem jeweiligen Gebietsstand (der sich nur um 1920 und noch einmal 1945 wesentlich veränderte) entwickelte sich die Bevölkerung (in Mio.) Bayerns wie folgt:

1830	1852	1871	1890	1910	1933	1950	1970	1990
4.13	4.56	4.86	5.59	6.89	7.68	9.18	10.56	11.00

Tragen Sie diese auf Volkszählungen bzw. Fortschreibungen
beruhenden Zahlen aus dem Stat. Jahrbuch für Bayern (Ausgabe
1987) in ein Diagramm ein und versuchen Sie, einen plausiblen
Wert für die Jahrhundertwende um 1900 zu schätzen! Nun denke
man sich die Zahlen prognostisch ins nächste Jahrhundert (mit
einem Grenzwert fürs Jahr 2000; t = 0) fortgesetzt: Suchen Sie
eine einigermaßen einfache mathematische Funktion (ohne explizite Angabe von deren Koeffizienten, nur allgemein), mit
der diese Entwicklung (extrapolierend) beschrieben werden
könnte!

/9/ Etwas Bevölkerungspolitik:

Überlegen Sie sich am Beispiel der beiden Grenzfälle einer
sog. jungen bzw. überalterten Bevölkerung zweier typischer
Länder, wie die Konzentrationskurve nach LORENZ zum Vergleich
aussieht: Die folgende Tabelle (Stand ca. 1990, nach PC-GLOBE)
zeigt den Prozentanteil (einzeln und kumuliert) der Altersklassen an der Gesamtbevölkerung in Deutschland bzw. China:

Altersklasse	BRD		VR China	
0 - 9	10.5	10.5	20.5	20.5
10 - 19	13.3	23.8	25.6	46.1
20 - 29	16.3	40.1	16.6	62.7
30 - 39	13.5	53.6	12.6	75.3
40 - 49	14.6	68.2	9.6	84.9
50 - 59	11.9	80.1	7.4	92.3
60 - 69	8.8	88.9	4.9	97.2
70 u.m.	11.1	100	2.8	100
absolut Σ ...	77.5 Mio.		1.12 Mlrd.	

Abb.: Altersstruktur in Deutschland und China

Tragen Sie nach rechts die VRC, nach oben die Bundesrepublik
ab! Für die VRC kann die Alterspyramide als im klassischen
Sinne (noch) normal gelten, d.h. mit breiter Basis, nicht da-
gegen für die BRD. Skizzieren Sie die Pyramide grob, links
Deutschland, rechts China ...

Was würde es anschaulich bedeuten, wenn sich als Lorenzkurve
eine Gerade ergäbe? Versuchen Sie in erster Näherung, aus der
Tabelle das Durchschnittsalter eines Deutschen bzw. Chinesen
anzugeben!

Übrigens: Die Lebenserwartung in der BRD beträgt derzeit
männlich/weiblich 72/78, in der VRC hingegen nur etwa 68/70
Jahre ...

(Lösungen der Aufgaben ab Seite 209)

9   WAHRSCHEINLICHKEIT

Im täglichen Leben gebrauchen wir ständig Formulierungen, die den Grad des subjektiven Überzeugtseins vom Eintreten gewisser Sachverhalte ausdrücken: *Vermutlich* wird es morgen schön; ich bin *ziemlich sicher*, daß dann Susi mit zum Baden geht, aller *Voraussicht* nach mit ihrem neuen Bikini ... — Die Einführung eines mathematischen Wahrscheinlichkeitsbegriffs hat zum Ziel, eine objektive Maßzahl für den Grad der Unbestimmtheit zu gewinnen, diese Unsicherheit quantitativ zu erfassen und bequem zu beschreiben.

Der heutige Ausbau der Wahrscheinlichkeitsrechnung, die sich als axiomatisch aufgebaute Teildisziplin der Mathematik versteht, ist das Ergebnis einer langen Entwicklung: Wir erwähnten bereits MOIVRE und LAPLACE; aber auch PASCAL, GAUSS und die gesamte Dynastie der BERNOULLIs wären zu nennen. Selbst noch in jüngerer Zeit haben bedeutende Mathematiker wie Pafnuti TSCHEBYSCHOW (1821 - 1894) oder auch Andrei KOLMOGOROW (1903 - 1987) und andere wichtige Beiträge geleistet. Erst auf dieser Grundlage konnte die Operative Statistik weiter vorangetrieben werden, in diesem Jahrhundert etwa von Ronald FISHER (1890 - 1962) und Egon PEARSON (1895 - 1980).

Grundsätzlich werden nur Ereignisse betrachtet, die zufallsgesteuert eintreten *können*, aber nicht müssen. Ob es solche Ereignisse wirklich gibt, ist hier nicht zu untersuchen; wir postulieren einfach deren Existenz. +) Die Erfahrung lehrt, daß solche Erscheinungen in der Masse, nicht im Einzelfall, gewissen Gesetzen gehorchen, die wir stochastische nennen. Eine solche Grunderfahrung ist im Würfelmodell abgebildet, einem geradezu klassischen Zufallsexperiment. — Der Ausgang eines einzelnen Versuchs ist vorab unbekannt, aber wir wissen, daß bei einer längeren Versuchskette das Merkmal "Augenzahl" (von Eins bis Sechs) ungefähr gleich oft auftritt.

Allgemein definiert man als (vorerst endlichen) Ergebnisraum eines Zufallsexperiments

$$\Omega := \{w_1, w_2, \ldots, w_n\} \text{ mit ord } (\Omega) = n,$$

wobei jedem Versuchausgang (höchstens) ein Element $w_i \in \Omega$ zugeordnet ist. In unserem Fall des Würfels wird dies

$$\Omega = \{\text{Eins, Zwei, Drei, } \ldots, \text{ Sechs}\}$$

+) Das Geschlecht eines Kindes ist in diesem Sinn zufällig mit den Anteilen $h_m = 0.51$ bzw. $h_w = 0.49$ (in Mitteleuropa) verteilt. Die zur Festlegung des Geschlechts führende Kausalkette ist übrigens weitgehend bekannt, aber kaum "nutzbar".

sein, die Menge der Namen der sechs Seiten des Würfels. Jede
Teilmenge dieser Ergebnis- oder Ausgangsmenge heißt Ereignis.

E = {Zwei, Vier, Sechs}

z.B. ist das Ereignis "gerade Augenzahl". - Ein E tritt also
ein, wenn sich ein Versuchsergebnis w einstellt, das in E enthalten ist. Faßt man alle möglichen Ereignisse zusammen, so
ergibt sich die Menge aller Teilmengen von Ω, die sog. Potenzmenge $\mathcal{P}(\Omega)$ von Ω. Diese Potenzmenge enthält auch die leere
Menge $\emptyset$, ferner Ω selbst, und besteht aus 2^n Elementen. In
unserem Fall ist die Potenzmenge

$$\mathcal{P}(\Omega) := \{ \emptyset , \{Eins\}, \ldots, \{Eins, Zwei\}, \ldots, \Omega \}.$$

Man nennt $\mathcal{P}(\Omega)$ den Ereignisraum des Experiments.

Dessen einelementige Ereignisse heißen Elementarereignisse,
eben die konkreten Ergebnisse w_i des Versuchs, die wir in Ω
aufgezählt haben. Für sie ist charakteristisch, daß sie einander
ausschließen: Ein Ereignis E wird im Versuch durch genau ein
dann eintretendes w_i realisiert (aber es kommen vorab mehrere
in Frage). Jedes Ereignis ist eindeutig als Vereinigung solcher Elementarereignisse darstellbar:

E = $\bigcup w_i$ mit $w_i \cap w_k = \emptyset$.

Sind alle Elementarereignisse w_i gleichwahrscheinlich , so
spricht man von einem LAPLACE-Experiment. - Tritt dann ein gewisses Ereignis E bei n Versuchen genau k-mal ein, so heißt

$h_n(E) = k / n$

die relative Häufigkeit von E (unter n Versuchen). Man sagt
auch, man habe die für das Eintreten günstigen Ereignisse relativ zu den insgesamt möglichen betrachtet.

Eine auf $\mathcal{P}(\Omega)$ definierte reellwertige Funktion P

P : E ----> P(E)

heißt Wahrscheinlichkeitsverteilung über dem Ergebnisraum Ω,
wenn die folgenden Eigenschaften erfüllt sind:

Für jedes Elementarereignis w ϵ Ω gilt $0 \leq P(w) \leq 1$.
Die Summe aller P(w), w ϵ Ω, ist Eins.
Für jedes E mit E = $\bigcup w_i$ gilt $P(E) = \Sigma P(w_i)$; E ist als
Summe von Elementarereignissen dargestellt.

Das Paar (Ω, P) heißt Wahrscheinlichkeitsraum des Zufallsexperiments.

Im idealen Würfelmodell läßt sich durch spekulatives Nachdenken herausfinden, daß die Werte P(Eins) bis P(Sechs)
sinnvollerweise mit je 1/6 angesetzt werden sollten, wobei
stillschweigend vorausgesetzt wird, daß alle Augenzahlen wᵢ
gleichwahrscheinlich sind. Analoges trifft auf die LAPLACE-
Münze mit den beiden Ausfällen 'Adler' und 'Zahl' zu.

Dies "wissen" wir intuitiv vorab, *a priori*. Der Zufallsprozeß
kann durch erfahrungsgestütztes Nachdenken analysiert werden,
wir sind logisch vorgegangen.

Ganz anders stellt sich folgendes Experiment dar: Eine Reiß-
zwecke werde geworfen und ihr Liegenbleiben untersucht. Durch
Nachdenken kann dieses Problem offenbar nicht gelöst werden.
Hier gehen wir experimentell vor und
versuchen, aus einer langen Versuchsreihe (deren Einzelergebnisse jedenfalls stochastisch unabhängig sind)
relative Häufigkeiten zu bestimmen.

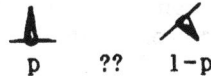

p   ??   1-p

Man kann zwar der Überzeugung sein, daß irgendeine Instanz den
theoretischen Wert kennt (daß es ihn überhaupt gibt), gleichwohl ist man auf Schätzungen im Nachhinein *a posteriori* angewiesen. In der Theorie (und in der Geschichte) der Statistik
entstanden aus diesen verschiedenen Denkansätzen nicht nur die
sog. Paradoxa der Wahrscheinlichkeitsrechnung, sondern auch
unterschiedliche "Schulen". Der soeben dargestellte empirische
Ansatz ist vor allem von Richard v. MISES (1883 – 1953) ver-
treten worden.

Allerhand Schwierigkeiten bei der klassischen Definition geht
man aus dem Wege, wenn mit KOLMOGOROW (1933) eine <u>axiomatische</u>
<u>Begründung</u> der Wahrscheinlichkeitsfunktion P

R   I : P(E) $\geq$ 0
R II : P(Ω) = 1
R III : Aus A $\cap$ B = $\emptyset$ folgt P(A$\cup$B) = P(A) + P(B)

gegeben wird. A und B sind Ereignisse. Die bisher aufgeführten
Eigenschaften und andere lassen sich dann ableiten. Axiom R II
drückt aus, daß bei einem Versuch Ω immer eintritt. Man nennt
dieses Ereignis daher auch gerne S, das <u>sichere Ereignis</u>. Umgekehrt gilt P($\emptyset$) = 0; $\emptyset$ ist das sog. <u>unmögliche Ereignis</u>, das
(praktisch) nie eintritt.

Es sei nun ein Wahrscheinlichkeitsraum (Ω, P) zu endlichem Ω
gegeben. Eine Funktion X, die den Ergebnisraum Ω in die Menge
R der reellen Zahlen abbildet

X : Ω ----> R,

heißt <u>Zufallsgröße</u> auf Ω.

Im Beispiel des Würfels ist die Abbildung Eins -> 1, Zwei -> 2
usf. naheliegend, d.h. der Zufallsgröße werden die Augenzahlen
als Zahlenwerte zugeteilt. – Der Würfel könnte aber auch mit
Bildchen bedruckt sein, gleichwohl wäre die soeben definierte
Zufallsgröße X für die Beschreibung zweckmäßig.

Die Funktion

$$W : X \longrightarrow P(X = x)$$

heißt <u>Wahrscheinlichkeitsfunktion</u> der Zufallsgröße X. Man sagt
oft kurz, *X sei nach W verteilt*. – Im Gegensatz dazu ist P auf
$\mathcal{P}(\Omega)$ definiert.

Im Fall des Würfels hat W(X) für alle Werte x = 1, 2, ..., 6
von X den Wert P(X = x) = p = 1/6. Sei nun eine Zufallsgröße X
mit der Wertemenge x_1, x_2, ..., x_n und den Wahrscheinlichkeiten $W(x_i) = P(X = x_i)$ gegeben:

$$\mu = \mathcal{E} X := \sum_{i=1}^{n} x_i * W(x_i) = \sum_{i=1}^{n} x_i * P(X = x_i)$$

heißt <u>Erwartungswert</u> der Zufallsgröße X.

Schon das Beispiel des Würfels zeigt, daß μ = 3.5 nicht zum
Wertevorrat von X gehören muß. Während die Wahrscheinlichkeiten immanente Eigenschaften des Versuchs sind, hängt μ von
den (relativ willkürlichen) Zuordnungen unter X ab. – Wird bei
der Münze X = 0, 1 gesetzt, so ist μ = 0.5, aber mit X = ± 1
wird μ = 0.

Ein solches Experiment mit nur zwei Ausgängen wird <u>BERNOULLI-
Experiment</u> genannt. Sein theoretischer Wert liegt darin, daß
viele Zufallsentscheidungen des Alltags mit Ja/Nein-Charakter
auf eben diese Weise modelliert werden können.

Seiner Bedeutung nach entspricht μ offenbar dem Mittelwert $\bar{x}$
aus der Deskriptiven Statistik. – Analog zu dort definiert man

$$F : x \in X \longrightarrow P(X \leq x)$$

als <u>kumulative Verteilungsfunktion</u> der Zufallsgröße X. Sie hat
offenbar folgende Eigenschaften:

   $\lim F(x) = 0$ für $x \to -\infty$, $\lim F(x) = 1$ für $x \to +\infty$.
   F ist monoton wachsend und rechtsseitig stetig.
   Es gilt $P(a < X \leq b) = F(b) - F(a)$.

Für den Würfel entsteht eine nach rechts ansteigende Treppenfunktion mit sechs Stufen.

Eine Zufallsgröße X habe den Erwartungswert μ. Dann heißt

$$\text{VAR } X := \mathcal{E}[(X - \mu)^2] = \mathcal{E}[(X - \mathcal{E}X)^2]$$

die <u>Varianz</u> von X, auch Dispersion. Die Varianz ist also der Erwartungswert der Quadrate der Abweichungen vom Mittel μ. Für endliche Ergebnisräume Ω wie bisher ist

$$\text{VAR } X = \sum_{i=1}^{n} (x_i - \mu)^2 * P(X = x_i) \ .$$

Nach Konstruktion ist stets VAR X > 0. Die positive Wurzel aus VAR X bezeichnet man als <u>Standardabweichung</u> σ.

Für das Würfelexperiment ergibt sich VAR X = 35/12.

Die Formeln für μ und VAR X sind Sonderfälle sog. Momente von Zufallsgrößen bzw. deren Verteilungen. Man definiert nämlich weiter

$$\text{sk}(X) := \mathcal{E} \frac{(X - \mu)^3}{\sigma^3} \qquad \text{(skewness, engl. skew: abschüssig)}$$

als <u>Schiefe</u> einer Verteilung, und noch

$$\text{vt}(X) := \mathcal{E} \frac{(X - \mu)^4}{\sigma^4} - 3 \qquad \text{(vault : Wölbung)}$$

als <u>Exzeß</u> (vgl. auch S. 138). Die Formparameter Schiefe und Exzeß beschreiben Steilheit bzw. Wölbung einer Verteilung.

Man sieht sofort, daß die Schiefe der Würfelverteilung Null ist. Denn es gilt allgemein: Die Schiefe einer Verteilung wird Null, wenn diese Verteilung symmetrisch ist. Dazu definiert man anschaulich:

Eine Verteilung X heißt <u>symmetrisch</u> zu $x_0 \ \epsilon$ R, wenn

$$P(X \geq x_0 + t) = P(X \leq x_0 - t)$$

gilt für alle $t \ \epsilon$ R. Für die kumulative Verteilung F bedeutet das

$$F(x_0 + t) - P(X = x_0 + t) = 1 - F(x_0 - t)$$

für alle $t \ \epsilon$ R . Ist eine Zufallsgröße X zu x_0 symmetrisch verteilt, so ist $\mathcal{E}(X) = x_0$ leicht zu erkennen. (Würfel!)

Wird ein Versuch mehrfach hintereinander ausgeführt, so nennt man das Zufallsexperiment <u>mehrstufig</u>. Nehmen wir an, es werde zweimal mit einem Würfel gewürfelt und es sei die Augensumme von Interesse. In einem W-Baum stellt sich dieser zweistufige Versuch wie folgt dar:

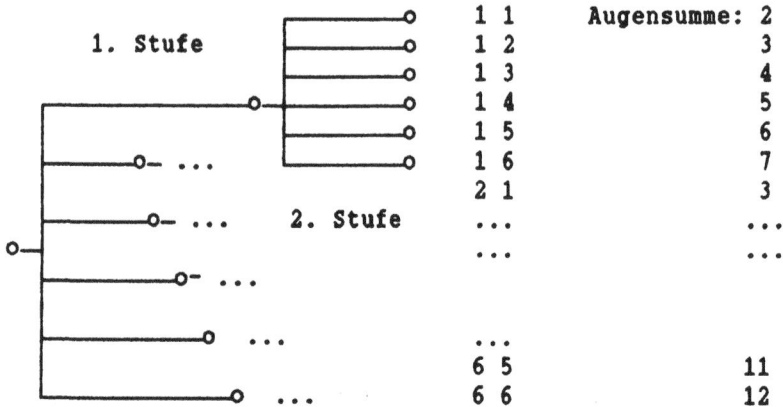

```
                              ───────────○   1 1    Augensumme: 2
    1. Stufe             ───────────○   1 2              3
                        ───────────○   1 3              4
           ──────────○  ───────────○   1 4              5
                        ───────────○   1 5              6
         ──────○─ ...   ───────────○   1 6              7
                                       2 1              3
       ───────○─ ...    2. Stufe       ...             ...
    ○──                                ...             ...
       ─────────○─ ...
           ──────────○   ...
         ──────────────○   ...         6 5              11
                                       6 6              12
```

Abb.: Zweistufiges Zufallsexperiment

Im oberen Teil des Baums sind beide Stufen voll ausgeführt; beim ersten Schritt wurde eine Eins gewürfelt, beim zweiten Schritt sind dann die Fälle Eins bis Sechs systematisch aufgelistet. Man erkennt, daß es insgesamt 36 Fälle gibt, unter denen "zweimal Sechs" genau einmal auftritt.

Von den Augensummen 2 und 12 abgesehen, gibt es aber für alle Werte dazwischen mehr oder weniger Realisationen, denn z.B. die Augensumme 7 (der häufigste Fall) kann mit 1+6, 2+5, 3+4, 4+3, 5+2 und 6+1 eintreten. Unter 36 Fällen sind 6 "günstig", also $P(\text{Summe} = 7) = 6/36$.

Am Baum gelten nun die folgenden sog. <u>Pfad-Regeln</u>:

- Die Summe der Wahrscheinlichkeiten auf allen Ästen, die von einem Knoten ausgehen, ist stets Eins.

- Die Wahrscheinlichkeit eines Elementarereignisses in einem mehrstufigen Zufallsexperiment ist gleich dem Produkt der Wahrscheinlichkeiten auf jenem Pfad, der zum Ereignis führt.

- Die Wahrscheinlichkeit eines Ereignisses ist gleich der Summe der Wahrscheinlichkeiten der Pfade, die dieses Ereignis ausmachen.

Ist die Wahrscheinlichkeitsverteilung auf einer (und folglich jeder Stufe) bekannt, so kann sie für den u.U. sehr unübersichtlichen Ergebnisraum des zusammengesetzten Experiments somit auf einfache Weise gewonnen werden.

Da im vorstehenden Baum alle Teilpfade mit 1/6 bewertet sind, ergibt sich die Wahrscheinlichkeit für das Ergebnis 1+2 (in dieser Reihenfolge) zu 1/36. Das Ereignis "Augensumme = 3" besteht aus den Ergebnissen 1+2 und 2+1, und hat also die Wahrscheinlichkeit 2 · 1/36 = 1/18 usw.

Anhand des vollständig ausgeführten Baums (oder eines Summenschemas) sind weitere Fragen leicht zu beantworten: Wie groß ist die Wahrscheinlichkeit, eine Augensumme ≥ 10 zu würfeln? (Antwort: 1/6.) Wie groß ist die Wahrscheinlichkeit für eine gerade Augensumme? (1/2) ...

Eine grundsätzliche Bemerkung zum Versuch: Es ist gleichgültig, ob die Augensumme durch einmaliges Würfeln mit zwei Würfeln oder aber durch zweimaliges Würfeln hintereinander mit einem Würfel erzielt wird. Obwohl dies zwei ganz unterschiedliche Experimente sind, können die aufgeworfenen Fragen stets am obigen Baum untersucht werden (Isomorphie).

Interessiert z.B. nur, ob Sechsen oder nicht gewürfelt werden, so kann der Baum vereinfacht werden; man faßt den einzelnen Schritt dann als BERNOULLI-Experiment auf, d.h. als Versuch zu einem Ergebnisraum, der nur zwei Versuchsausgänge hat:

$\Omega = \{0, 1\}$ mit $P(0) = p$ und $P(1) = 1 - p = q$.

Im folgenden Baum wäre dann $p = 1/6$ zu setzen, und $q = 5/6$. In diesem Experiment nennt man p <u>Trefferwahrscheinlichkeit</u>. Ein solches mehrstufiges Experiment heißt <u>BERNOULLI-Kette</u>:

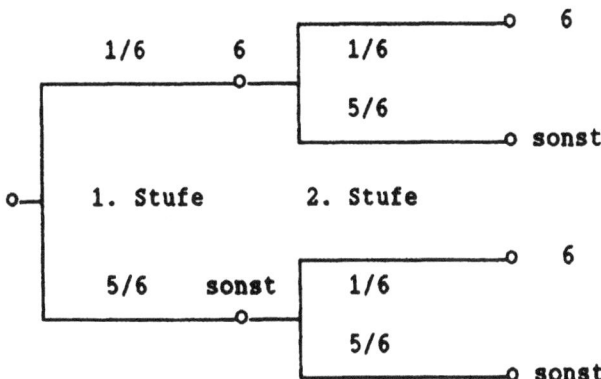

Abb: Zweistufiges BERNOULLI-Experiment mit p = 1/6

Nach diesem Baum ist die Wahrscheinlichkeit, bei zweistufigem Versuch keine einzige Sechs zu erzielen, offenbar 25/36, beim ersten Mal eine Sechs, beim zweiten Schritt dann jedoch keine, 5/36 usf. Es kommt gegebenenfalls auf die Reihenfolge an. Wir werden dieses sehr wichtige Zufallsexperiment noch ausführlich mit n Stufen untersuchen.

In vielen, zunächst reichlich kompliziert erscheinenden Aufgabenstellungen kann ein solcher Baum nützliche Hinweise zum Lösen geben:

Zwei Spieler A und B mögen solange abwechselnd gegeneinander spielen, bis einer der beiden gewinnt (also z.B. eine Sechs würfelt). Wie groß ist die Wahrscheinlichkeit dafür, daß der beginnende Spieler A diese Sequenz für sich entscheidet? Dabei sei angenommen, daß die Gewinnwahrscheinlichkeit bei einem Zug p sei. Der Baum sieht für diese Aufgabe so aus:

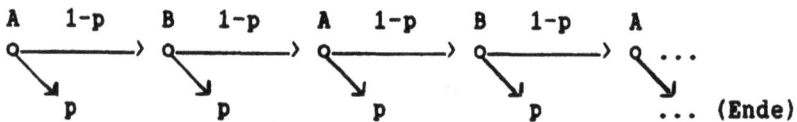

Abb.: Zweipersonenspiel, das nur auf einem Pfad nach unten enden kann.

Klar ist, daß dieses Spiel (theoretisch) bis in alle Ewigkeit dauern kann. Für die Wahrscheinlichkeit P(A), daß A gewinnt, gilt aber

$$P(A) = p + (1 - p)^2 * p + (1 - p)^4 * p + \ldots$$

$$= p * \frac{1}{1 - (1 - p)^2} = \frac{1}{2 - p} .$$

Zum Beweis setzt man $a := (1 - p)^2$ und wendet die Formel

$$1 + a + a^2 + a^3 + \ldots = 1/(1-a)$$

zur geometrischen Reihe an. Ist demnach p bei einem bestimmten Spiel ziemlich klein, so haben beide Spieler A und B fast die gleiche Chance, ansonsten jedoch ist der anziehende Spieler A deutlich im Vorteil, schon bei p = 1/2. Wie lange ein solches Spiel im Mittel wohl dauert?

Zu diesem Zweck sei X = 1, 2, ... die neue Zufallsvariable "Anzahl der Züge bis zum Gewinn". – Die Wahrscheinlichkeit, daß das Spiel genau n Züge dauert, ist

$(1 - p)^{n-1} * p$.

Man beachte, daß in unserem Beispiel Ω nicht endlich ist! Eine Zufallsgröße X mit den möglichen Werten k = 1, 2, 3, ... und der Verteilung

$$P(X = k) = p * (1 - p)^{k-1}$$

heißt <u>geometrisch</u> verteilt. Auf ganz ähnliche Weise wie eben läßt sich für die geometrische Verteilung

$$\mathcal{E}X = \mu = p * \sum_{k=1}^{\infty} k * (1 - p)^{k-1} = 1/p$$

ausrechnen (Rechnung in Kapitel 13). Im Beispiel ist μ als mittlere Spiellänge zu interpretieren. Beim Würfeln (p = 1/6) ist also mit etwa sechs Zügen zu rechnen.

Wir haben Ereignisse E vorne als Mengen erklärt, nämlich als Zusammenfassungen gewisser Elementarereignisse, die für das Eintreten von E verantwortlich sind. Naheliegend ist es daher, für zwei Ereignisse A und B Begriffe aus der Mengenlehre zu übernehmen und passend zu interpretieren:

A $\subset$ B

heißt, daß mit dem Eintreten von A auch B eintritt.

Am Würfelbeispiel mit A = {1, 2} und B = {1, 2, 3, 5} wird das sofort klar, denn dann haben wir Eins oder Zwei gewürfelt, und damit ist auch B "erfüllt". – Der Klarheit wegen: Eigentlich müßten wir A = {Eins, Zwei} usw. schreiben, aber unsere Kurz-fassung ist nicht mißverständlich! Es muß dann noch nicht B $\subset$ A gelten, wie der Ausfall Fünf zeigt. Vielmehr ist

A $\subset$ B   und   B $\subset$ A   gleichwertig mit A = B.

Am Beispiel A = {1, 3, 5} , B = {2, 4, 6} erkennt man, daß sich A und B einerseits gegenseitig ausschließen, andererseits aber bei jedem Würfelversuch genau eines der beiden Ereignisse ("gerade" oder "ungerade") eintreten muß.

Wir nennen solche Ereignisse <u>komplementär</u> (zueinander!):

B = $\overline{A}$ bzw.   A = $\overline{B}$ (und damit insb. A = $\overline{\overline{A}}$).

B heißt auch <u>Gegenereignis</u> zu A (und umgekehrt) im Ereignis-raum zu Ω; da Ω selbst das sichere Ereignis S ist, gilt offen-bar weiter:

Komplementäre Ereignisse A und B haben die charakteristischen Eigenschaften

$$A \cup B = S \quad \text{und} \quad A \cap B = \emptyset \ .$$

Unter $A \cup B$ wird ein Ereignis verstanden, das eintritt, wenn A oder B eintreten. *Oder* ist im nicht ausschließenden Sinn gemeint. Mit $A \cap B$ wird ein Ereignis beschrieben, das nur eintritt, wenn sowohl A als auch B ("gleichzeitig") eintreten.

$A \cup B$ wie auch $A \cap B$ sind offenbar Ereignisse jenes Ereignisraumes, dem sie schon selber angehören. Der Ereignisraum $\mathcal{P}(\Omega)$ zu Ω ist hinsichtlich der beiden Verknüpfungen $\cup$ und $\cap$ abgeschlossen und heißt daher auch <u>Ereignisalgebra</u>. Er enthält insbesondere die beiden Ereignisse $\emptyset$ und S.

Bei passender Interpretation gelten die aus der Mengenlehre gewohnten "Rechenregeln" analog. – Wir führen einige an:

$$
\begin{array}{ll}
A \cup B = B \cup A & A \cap B = B \cap A \\
A \cup (B \cup C) = (A \cup B) \cup C = A \cup B \cup C \quad & A \cap (B \cap C) = \ldots \\
A \cup (A \cap B) = A & A \cap (A \cup B) = A \\
A \cap (B \cup C) = (A \cap B) \cup (A \cap C) & \\
& A \cup (B \cap C) = (A \cup B) \cap (A \cup C) \\
A \cup \emptyset = A & A \cap S = A
\end{array}
$$

und so weiter. Die ersten vier Zeilen beschreiben der Reihe nach die sog. Kommutativ-, Assoziativ-, Absorptions- und Distributivgesetze. Insbesondere gilt noch $\overline{S} = \emptyset$, $\overline{\emptyset} = S$. Die beiden folgenden Formeln

$$\overline{A \cup B} = \overline{A} \cap \overline{B} \quad \text{bzw.} \quad \overline{A \cap B} = \overline{A} \cup \overline{B}$$

werden Regeln von de MORGAN [+)] genannt.

Erinnern wir uns: Der Querstrich steht für komplementär.

Ereignisse A, B mit der Eigenschaft $A \cap B = \emptyset$ nennt man (paarweise) unvereinbar, <u>disjunkt</u>. Sie schließen sich gegenseitig aus, ohne daß sie aber komplementär sein müssen. Man betrachte etwa A = {1, 2} zusammen mit B = {3, 4, 5}.

Mit diesen Formeln lassen sich nun über die Axiome von Seite 67 allerhand Tatsachen für eine Wahrscheinlichkeitsverteilung ableiten, die zum Lösen erster Aufgaben nützlich sind:

[+)] Augustus de MORGAN (1806 – 1871), Professor in London und Zeitgenosse von George BOOLE, arbeitete vor allem über formale Logik.

Ist irgendein Ereignis A = ⋃ w_i als Summe seiner Elementarereignisse dargestellt, so gilt nach Axiom R III

$$P(A) = \Sigma \ P(w_i).$$

Leicht einzusehen ist für disjunkte Ereignisse A und B der
Satz

Aus A ∩ B = ∅ folgt $P(A \cup B) = P(A) + P(B)$.

Er ist als Spezialfall von

$$P(A \cup B) = P(A) + P(B) - P(A \cap B)$$

zu erkennen. Dieser sog. Additionssatz läßt sich leicht durch
Zurückführen auf die jeweiligen Elementarereignisse beweisen.
Dasselbe gilt für die Wahrscheinlichkeiten eines Ereignisses A
und des zugehörigen (eindeutigen) Komplementärereignisses:

$$P(A) = 1 - P(\overline{A}).$$

Weiter erkennt man leicht, daß aus A ⊂ B folgt $P(A) \leq P(B)$,
denn B umfaßt mehr Elementarereignisse als A.

Unmögliches bzw. sicheres Ereignis sind gekennzeichnet durch

$$P(\emptyset) = 0 \quad bzw. \quad P(S) = P(\Omega) = 1 .$$

Mit diesen elementaren Beziehungen und Sätzen lassen sich einfache Aufgaben sofort lösen: Zwei Jäger A und B schießen mit
den Trefferwahrscheinlichkeiten $P(A) = a$ bzw. $P(B) = b$ auf
einen Hasen. Welche Chance hat dieser, davonzukommen? - Mit
dem obigen Satz für $P(A \cup B)$ ist die Frage leicht zu beantworten. - Über die Gegenwahrscheinlichkeit ist diese Aufgabe
noch eleganter zu lösen: Wir brauchen dazu aber noch ein paar
Formeln, die erst später angegeben werden.

Das Ereignis A habe die Wahrscheinlichkeit P(A):

Wiederholt man das zu A gehörende Experiment sehr oft, n-mal,
so wird dieses Ereignis etwa mit der Häufigkeit $h_n(A) \approx P(A)$
auftreten. *Ungefähr* : Das können wir erst später präzisieren.

Zuletzt noch folgende Definition: Eine diskrete Zufallsgröße X
heißt gleichverteilt, wenn X die insgesamt n verschiedenen
Werte 1, 2, 3, ... n annimmt und für die Wahrscheinlichkeitsverteilung von X gilt

$$P(X = x) := \begin{cases} 1/n & \text{für } x = 1, 2, \ldots, n \\ 0 & \text{sonst .} \end{cases}$$

Damit beschreibt man mit n = 2 eine Münze, mit n = 6 einen Würfel usw. - Die Münze könnte ebenso mit X = {0, 1} simuliert werden; erkennbar transformiert aber eine einfache Abbildung (andere "Beschriftung") sofort auf den obigen Fall.

Für eine Gleichverteilung mit obigen X-Werten gilt

$$\mu = \mathcal{E} X = \sum_{k=1}^{n} k * \frac{1}{n} = \frac{n+1}{2} \ ,$$

$$\sigma^2 = VAR\ X = \sum_{k=1}^{n} (k - \mu)^2 * \frac{1}{n} = \frac{n^2 - 1}{12} \ . \ ^{*)}$$

Die Gleichverteilung ist insbesondere symmetrisch.

Das Ergebnis von Seite 69 zum Würfel kann nun mit der zweiten Formel ohne umständliche Rechnungen direkt angegeben werden.

Beide Formeln gelten schon für den Fall n = 1, d.h. konstantes X = 1 (bzw. irgendein a).

---

*)

Die Summe $\frac{1}{n} \sum_{k=1}^{n} (k - \frac{n+1}{2})^2$ läßt sich mit der Formel

$$\sum_{k=1}^{n} k^2 = \frac{n*(n+1)*(2n+1)}{6}$$

in mehreren Schritten in das genannte Ergebnis umformen.

10 DAS URNENMODELL

Bei etlichen Aufgaben ist es nützlich, die wichtigsten Formeln aus der <u>Kombinatorik</u> zu kennen. Es geht dabei immer darum, aus einer Menge von n Objekten gewisse Auswahlen zu treffen.

Sehr elementar ist die folgende Überlegung: Sind s Mengen M_k (k = 1, ..., s) mit jeweils $n_k > 0$ Elementen gegeben, so kann man

$$\prod_{k=1}^{s} n_k := n_1 * n_2 * \ldots * n_s$$

verschiedene k-Tupel $(x_1, ..., x_s)$ mit $x_k \in M_k$ bilden. Man zählt einfach im sog. "Zählgraphen" ab:

$$n_1 \qquad\qquad n_2 \qquad\qquad\qquad n_s$$

Die Entnahme von Objekten aus einer Menge in einem derartigen Auswahlvorgang wird meistens nach zwei Gesichtspunkten unterschieden:

Entweder erfolgt das Entnehmen <u>ohne Zurücklegen</u> nach jedem Auswahlvorgang, oder aber das entnommene Element wird lediglich registriert und danach wieder <u>zurückgelegt</u>. Dann hat es beim nächsten Zug eine erneute Chance.

Wir betrachten jetzt nur eine einzige Menge M. Diese habe insgesamt n Elemente; der Reihe nach sollen k ≤ n Elemente entnommen werden. Wir ziehen eine <u>Stichprobe der Länge k aus n</u>.

Geschieht dies <u>ohne Zurücklegen</u>, so spricht man von einer <u>Variation von n Elementen zur k-ten Klasse ohne Wiederholung</u>. Für eine daher <u>geordnet</u> genannte Stichprobe gibt es mit Blick auf den Zählgraph genau

$$V_{n,k} = n * (n-1) * (n - 2) * \ldots * (n - k + 1)$$

Möglichkeiten. – Zum Beispiel können aus den 26 Buchstaben des Alphabets insgesamt 26 * 25 * ... * 21 oder rund 165 Mio. zum größten Teil natürlich unsinnige Wörter zu sechs verschiedenen Buchstaben gebildet werden.

In der Formel zu $V_{n,k}$ ist der Sonderfall n = k enthalten. In diesem Fall spricht man von <u>Permutationen</u>, einer <u>geordneten Vollerhebung</u>. Für deren Anzahl gilt also die Formel

$$P_n = n * (n-1) * \ldots * 1 = \prod_{k=1}^{n} k = n! \ .$$

Die Definition der Fakultät wird durch die beiden Sonderfälle
0! = 1! = 1 für das sogenannte leere Produkt ergänzt: Eins ist
der neutrale Faktor beim Multiplizieren. Nunmehr läßt sich die
Formel für $V_{n,k}$ umschreiben in

$$V_{n,k} = \frac{n!}{(n-k)!} \ .$$

Sind etwa 10 Pferde an einem Rennen beteiligt und wettet man
auf die ersten beiden Plätze, so gibt es dafür also 10 * 9
Möglichkeiten.

Im Falle der Variationen und Permutationen spielt die Reihenfolge der Elemente stets eine Rolle. – Hat die Stichprobe die
Länge k, so gibt es nach der Formel für P_k gerade genau k!
Variationen, die in der Elementauswahl zwar übereinstimmen,
sich aber in der Reihenfolge der Anordnung unterscheiden:

Für die Anzahl aller Möglichkeiten, eine <u>ungeordnete Stichprobe der Länge k aus n ohne Zurücklegen</u> zu ziehen, gibt es
daher

$$\frac{n!}{k! \ (n-k)!} \quad (0 \le k \le n)$$

Möglichkeiten. Man spricht von einer <u>Kombination zur k-ten
Klasse aus n Elementen ohne Wiederholung</u>. Der Formelwert ist
der bekannte Binomialkoeffizient (gelesen *n über k* oder auch *k
aus n*)

$$\binom{n}{k} \quad \text{mit der Symmetriebeziehung} \quad \binom{n}{k} = \binom{n}{n-k} \ .$$

Soll man beispielsweise im Zahlenlotto 6 aus 49 Zahlen angeben
(jede nur einmal, Reihenfolge gleichgültig!), so gibt es dafür
6 über 49 Möglichkeiten, also durch Einsetzen in die Formel

$$\frac{49 * 48 * \ldots * 44}{1 * 2 * \ldots * 6} = 13 \ 983 \ 816 \ .$$

Die Trefferwahrscheinlichkeit ist also 1 : 14 Mio. – Kann man
das jeweils gezogene Element wieder zurücklegen, so benötigen

wir für weitere Überlegungen nur einen Fall: Die <u>geordnete Stichprobe vom Umfang k aus n Elementen mit Zurücklegen</u>: Dies ist eine sog. <u>Variation mit Wiederholung</u>:

$$n^k .$$

Dies ist die Anzahl aller sog. k-Tupel, in denen die einzelnen Positionen mit irgendwelchen Elementen der Grundmenge besetzt sind, auch mit Wiederholungen. In dieser Formel ist auch $k > n$ möglich.

Berechnen wir die Wahrscheinlichkeit, beim Zahlenlotto 6 aus 49 z.B. genau 4 Richtige zu haben: Der Ergebnisraum Ω besteht (s.o.) aus 13 983 816 Lottozetteln, von denen alle als gleichwahrscheinlich zu betrachten sind. Das Ereignis "Genau 4 Richtige" besteht nun aus jenen Ziehungen von 6 Nummern, bei denen vier Nummern mit vier von den 6 am Lottoschein angekreuzten Nummern übereinstimmen. Wir verwenden das eingangs genannte Zählprinzip und finden dafür

$$\binom{6}{4} * \binom{43}{2} = 15 * 43 * 21 = 13\ 545$$

Möglichkeiten, nämlich zunächst vier Treffer auf sechs angekreuzte Zahlen zu verteilen, dann noch, die beiden weiteren Nummern auf die nicht angekreuzten 43 Zahlen zu verteilen. P(A) ist damit als Quotient ≈ 0.00097, knapp ein Promille.

Vor dem Hintergrund der kombinatorischen Formeln läßt sich die folgende sehr interessante Geburtstags-Aufgabe lösen: Es sei eine Gruppe von n Personen gegeben; wie groß ist die Wahrscheinlichkeit dafür, daß unter diesen n Personen mindestens zwei mit übereinstimmendem Geburtstag (Tag / Monat) sind, das Jahr mit 365 Tagen gerechnet?

Bei mehr als 365 Personen ist die Antwort nach dem "Schubkastenprinzip" klar. Für $n \leq 365$ gehen wir von einem LAPLACE-Experiment aus, d.h. einer Gleichverteilung aller Geburtstage über das Jahr hinweg (was nicht ganz zutrifft).

365 Tage können auf 365^n verschiedene Arten auf n Personen verteilt werden. Unter dieser immensen Zahl von Möglichkeiten sind jene für unser Problem "günstig", wo mindestens ein Tag auf wenigstens zwei Personen fällt. Besser ist es, das komplementäre Ereignis zu betrachten: Also $\overline{A}$: Alle Personen haben unterschiedliche Geburtstage. Hierfür gibt es (als Variationen ohne Wiederholung)

$$365 * 364 * \ldots * (365 - n + 1)$$

Möglichkeiten. Die Wahrscheinlichkeit für das Gegenereignis
ist also

$$P(\overline{A}) = 365 * 364 * \ldots * (365 - n + 1) / 365^n =$$

$$= \frac{365!}{(365 - n)! \; 365^n}$$

und damit $P(A) = 1 - P(\overline{A})$. Hier ist eine Tabelle:

n	5	10	20	30	40	50	60	70
P(A)	0.027	0.117	0.411	0.706	0.891	0.970	0.994	0.999

Für $n = 1$ wird $P(A) = 0$. Für größere n aber geht $P(A)$ recht
schnell gegen Eins, d.h. ab etwa $n = 50$ ist es so gut wie
sicher, eine entsprechende Wette zu gewinnen. Ab $n = 30$ kann
man es mit guten Chancen probieren, wie etliche Versuche mit
Studiengruppen zeigten. Das hätte man vorher nicht gedacht!

Eine Vorabvermutung zu diesem überraschenden Ergebnis wird ge-
zielter, wenn man die richtige Analogie (das statistische
Modell) findet: Man stelle sich nach Art eines Roulette ein
rotierendes Rad mit 365 Fächern vor. Von oben werden wahllos n
Kugeln geworfen, und man soll darauf wetten, daß alle Kugeln
in verschiedenen Fächern landen! Dies wäre, so sieht man jetzt
sofort, bei größerem n ein kaum zu erwartender Zufall!

Viele Zufallsexperimente kann man mit dem sog. Urnenmodell
beschreiben, das seit dem 17. Jahrhundert (wohl mit HUYGENS)
in vielen Überlegungen zur Simulation herangezogen wird. Es
ist insbesondere für alle Versuche nützlich, die nicht auf
Gleichverteilung nach LAPLACE beruhen.

Die Fußnote von Seite 65 könnte auf folgende Weise "übersetzt"
werden: In einer Urne sind insgesamt 100 Kugeln, und zwar 51
blaue und 49 rote. Für eine Familie mit vier Kindern ziehe man
viermal mit Zurücklegen und notiere die jeweilige Farbe. Diese
Versuchsreihe wiederhole man einigermaßen oft und studiere die
sich ergebende empirische Verteilung ...

Wir formulieren das Experiment nunmehr abstrakter: Eine Urne
enthalte insgesamt N Kugeln, davon s schwarze und $w = N - s$
weiße. Ansonsten sind die Kugeln nicht zu unterscheiden. Wir
können also

$$p_s = s/N \quad \text{bzw.} \quad p_w = (N - s)/N = 1 - p_s$$

als Wahrscheinlichkeiten ansetzen, bei einem (ersten) Zug eine Kugel der genannten Sorten zu ziehen. – Nun unterscheiden wir zwei verschiedene Verfahren, das BERNOULLI-Experiment zu einer BERNOULLI-Kette auszubauen, d.h. den Versuch n-mal zu wiederholen, n-stufig zu gestalten:

<u>Ziehen ohne Zurücklegen</u>: Die jeweils entnommene Kugel wird weggelegt, so daß sich der Urneninhalt laufend verändert.

<u>Ziehen mit Zurücklegen</u>: Nach jedem Zug wird die entnommene Kugel nach ihrer Qualität registriert, dann aber zurückgelegt. Die Trefferwahrscheinlichkeit bleibt von Zug zu Zug stabil.

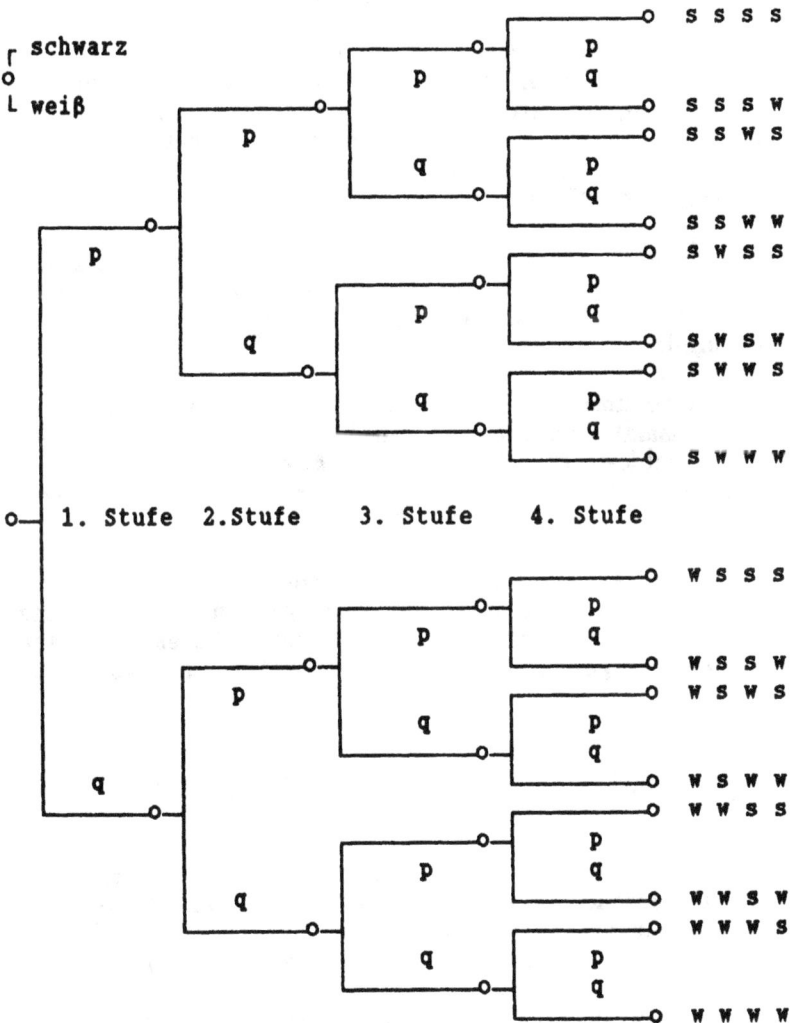

Abb.: Urnenmodell: Ziehen (n = 4) mit Zurücklegen

Der zweite Fall ist der einfachere und wird daher zuerst behandelt. Im eben skizzierten Baum ist dieser Versuch mit n = 4 Stufen dargestellt: Dabei bedeute p die Trefferwahrscheinlichkeit p_s, eine schwarze Kugel zu ziehen, q := 1 - p_s jene, weiß zu ziehen, und zwar bei jeweils einem Zug.

Bei "schwarzen" Zügen geht es immer nach oben, bei "weißen" jedoch nach unten. Die Ergebnisse längs der Pfade sind ganz rechts angeschrieben; im obersten Fall wurde viermal hintereinander schwarz gezogen. - Die Wahrscheinlichkeit dafür beträgt nach einer früheren Pfadregel genau p^4.

Es gibt wegen n = 4 insgesamt 2^4 = 16 Ausgänge für dieses Experiment, allgemein also bei n Stufen 2^n.

Sofern man sich bei den einzelnen Ausgängen auch für die Farbreihenfolge beim Ziehen interessiert, kann der Baum sofort die Antwort liefern, wie groß die entsprechenden Wahrscheinlichkeiten sind: Man sucht das Ereignis (Gesamtergebnis) im Schema rechts und bildet sodann das Produkt aus den Wahrscheinlichkeiten längs des Pfades dorthin.

Interessiert aber nur der Anteil der Farben, unabhängig von der Reihenfolge des Eintretens in diesem mehrstufigen Versuch, so sieht man sofort, daß im allgemeinen etliche Realisationen möglich sind:

Beispielsweise kommt zweimal schwarz mit zweimal weiß insgesamt sechsmal vor, wie man durch Abzählen leicht findet. Die Wahrscheinlichkeit für einen dieser Fälle hängt nur davon ab, daß zweimal schwarz, zweimal weiß getroffen werden müssen, ist also $p^2 \cdot q^2$, entsprechend den Teilpfaden.

Enthält im Falle von n Stufen das Ergebnis s mal schwarz und damit n-s mal weiß, so ist offenbar allgemein $p^s \cdot q^{(n-s)}$ die Wahrscheinlichkeit. Nach Formeln eingangs gibt es für einen solchen Ausfall genau n über s Möglichkeiten, so daß allgemein gilt

$$P(s \text{ mal schwarz, } n-s \text{ mal weiß}) = \binom{n}{s} * p^s * q^{(n-s)} \, ,$$

mit p als Trefferwahrscheinlichkeit für schwarz bei einem einzelnen Zug. Betrachtet man bei einer Versuchskette der Länge n die Anzahl der gefundenen schwarzen Kugeln als Zufallsgröße X, so kann diese offenbar die Werte 0, 1, 2, ..., n annehmen.

Unser Ergebnis ist von so grundlegender Bedeutung, daß wir eine eigene Definition formulieren:

Eine diskrete Zufallsgröße X heißt <u>binomial nach B(n; p) ver-</u>
<u>teilt</u>, wenn X die Werte 0, 1, 2, ..., n annehmen kann und für
die Wahrscheinlichkeitsverteilung von X gilt

$$
B(n; p; x) := \left\{ \begin{array}{ll} \binom{n}{x} \, p^x * (1 - p)^{n-x} & \text{für } x = 0, 1, 2, \ldots, n \\ \\ 0 & \text{sonst .} \end{array} \right.
$$

p mit $0 < p < 1$ heißt <u>Parameter</u> der Verteilung oder <u>Treffer-</u>
<u>wahrscheinlichkeit</u>.   B(n; p) beschreibt die Verteilung von x
Treffern in BERNOULLI-Ketten der Länge n.   – Die beiden Grenzfälle B(n; 0; x) bzw. B(n; 1; x) sind nicht weiter interessant
(nur Nieten bzw. nur Treffer).

Die Binomialverteilung ist eine <u>diskrete</u> Verteilung; die Zufallsgröße X kann nur endlich viele (und zudem ganzzahlige)
Werte annehmen.

Mit Blick auf das vorige Kapitel läßt sich die <u>kumulative Ver-</u>
<u>teilungsfunktion</u> zu B(n; p) definieren:

$$
F_p{}^n(x) := \sum_{i=0}^{x} B(n, p; i) .
$$

In beiden Fällen schreibt man anstelle von x auch gerne k, da
ja das Argument ganzzahlig (und ≥ 0) ist.

Die Berechnung der Werte von B(n; p; k) ist relativ aufwendig;
man entnimmt diese wie die Werte für F meistens Tabellen (für
die wir Programme mitliefern). Dabei nützt man aus, daß sog.
<u>Symmetriegesetze</u> gelten:

$$
B(n; p; k) = B(n; 1-p; n - k) ,
$$

$$
F_p{}^n(k) = 1 - F_{1-p}{}^n(n - k - 1) ,
$$

jeweils im Geltungsbereich $k \in \{0, 1, 2, \ldots, n\}$. Es reicht
daher, die notwendigen Tabellen nur bis p = 0.5 zu führen,
denn es ist danach z.B. B(8; 0.6; 3) = B(8; 0.4; 5). Übrigens
gilt auch die Rekursionsformel

$$
\frac{B(n; p; k)}{B(n; p; k - 1)} = \frac{(n - k + 1) * p}{k * (1 - p)} ,
$$

die man von links her mit Bezug auf die Definition(en) direkt
nachrechnen kann. Gegebenenfalls benötigt man dabei Umformungen bei den Binomialkoeffizienten (siehe Seite 78) oder

$$\binom{n}{k} + \binom{n}{k+1} = \binom{n+1}{k+1} \ ,$$

eine Formel, die mit dem sog. PASCAL-Dreieck zur Berechnung der Binomialkoeffizienten illustriert wird.

Nach Definition von Seite 68 gilt für den <u>Erwartungswert</u> der Binomialverteilung die Beziehung

$$\mu = \mathcal{E}X = \sum_{k=0}^{n} k * B(n; \ p; \ k) = \sum_{k=0}^{n} k * \binom{n}{k} * p^k * (1 - p)^{n-k} \ .$$

Die explizite Berechnung ist einigermaßen mühsam; man kann das Ergebnis

$$\mu = n * p$$

aber fast erraten: Es ist der mittlere Trefferanteil in einer längeren Kette der Länge n.

Ähnlich mühsam ist die Berechnung der <u>Varianz</u>. Man erhält nach komplizierter Rechnung aus der Definition VAR X = n ' p ' q.

Zusammenfassend: Eine nach B(n; p; k) verteilte Zufallsgröße X hat den Erwartungswert n'p und weiter die Varianz n'p'q. Die Standardabweichung σ findet man als Wurzel aus der Varianz.

Die Parameter einer BERNOULLI-Kette sind deren Länge n und die Trefferwahrscheinlichkeit p bei einer Ziehung (Einzelversuch). Je nach deren Werten sehen die jeweiligen Binomialverteilungen ganz unterschiedlich aus:

Falls (n + 1) ' p ganzzahlig ist, nimmt B(n; p) den maximalen Wert an den zwei benachbarten Stellen k = (n + 1) ' p - 1 und k = (n + 1) ' p an. Ansonsten liegt das einzige Maximum bei [(n + 1) ' p], dem größten Wert von k unterhalb von (n+1)'p. Bis zum Maximum wächst B(n; p), dann fällt es wieder. ([x] ist die sog. GAUSS-Klammer, [2.99] = 2 usf.)

Das oder die Maxima (Modalwerte) werden für größere n allerdings immer kleiner: Es ist eben ziemlich unwahrscheinlich, in einer langen Kette <u>genau</u> m Treffer zu erhalten. - Allerdings liegt das Maximum immer in der Nähe von μ, wie zu "erwarten". Man beachte, daß μ bei festem p mit n wächst! Dies gilt ebenso für die Streuung σ.

Die Verteilungen B(n; p) und B(n; 1 - p) liegen zueinander symmetrisch bezüglich der vertikalen Geraden x = n/2. Speziell für p = 0.5 ist die Verteilung selber achsensymmetrisch.

Für die <u>Schiefe</u> einer Binomialverteilung ergibt sich über die Definition entsprechend Seite 69 nach langer Rechnung der Wert

$$sk = (1 - 2p) / \sigma$$

Für $p = 1/2$ wird die Schiefe Null, d.h. die Symmetrie erkennbar. Setzt man in sk den Wert σ von vorne ein, so erkennt man, daß sk bei festem p und wachsendem n gegen Null geht, d.h. die Verteilungen werden zunehmend flacher.

Hier sind typische Histogramme einiger Binomialverteilungen: zunächst symmetrische Fälle mit geradem bzw. ungeradem n, dann ein unsymmetrischer Fall.

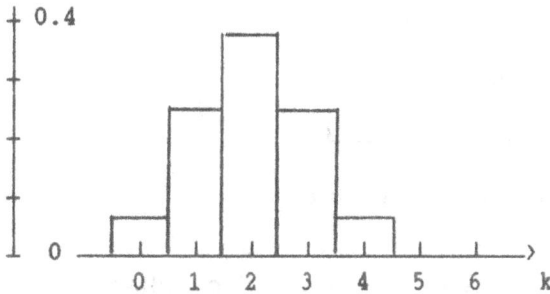

B(4; 0.5; k)

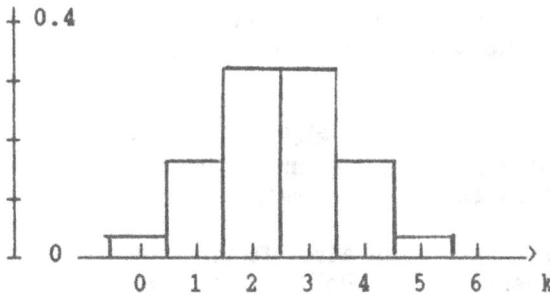

B(5; 0.5; k)

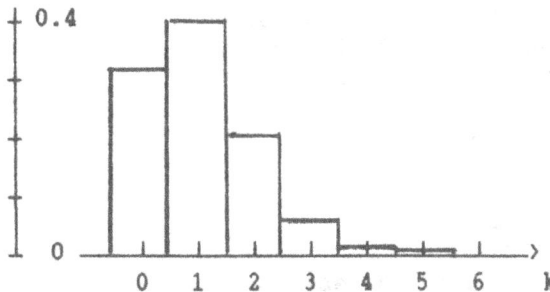

B(5; 0.2; k)

Abb.: Histogramme einiger Bionomialverteilungen

Es sei noch daran erinnert, daß der Fall symmetrischer Binomialverteilungen mit dem bekannten Kugelbrett nach GALTON [+])
simuliert werden kann:

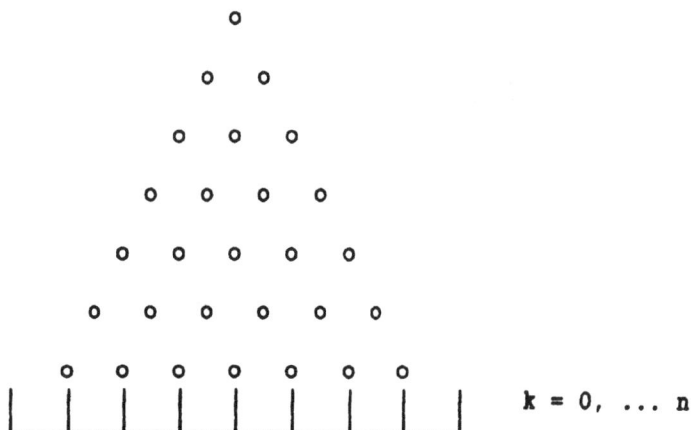

$$
\begin{array}{ccccccc}
 & & & \circ & & & \\
 & & \circ & & \circ & & \\
 & \circ & & \circ & & \circ & \\
\circ & & \circ & & \circ & & \circ \\
\end{array}
$$

o o o o o
o o o o o o
o o o o o o o

$k = 0, \ldots n$

Abb.: GALTON-Brett (auch 'Quincunx')

Dieses schrägliegende Brett besteht aus n Nagelreihen und n+1
Fächern, in denen sich die von oben nach unten auf zufälligen
Wegen durchlaufenden Kugeln sammeln und so die Verteilung anschaulich vorführen ... Durch "Verkanten" des Bretts lassen
sich auch unsymmetrische Verteilungen simulieren.

Wir wollen zum Abschluß noch einen kleinen Ausflug in das sehr
interessante Anwendungsgebiet Spiele unternehmen. Einige bisherige Aufgaben gehören zu diesem Thema.

Auf amerikanischen Rummelplätzen wird oft folgendes Glücks-
spiel angeboten: Man leistet einen Dollar Einsatz und nennt
eine der Zahlen eins bis sechs. Dann werden drei Würfel geworfen: Zeigt nun mindestens einer die genannte Zahl, so erhält man den Dollar zurück - und dazu für jeden Würfel, der
diese Zahl zeigt, einen weiteren Dollar. Dieses Spiel heißt
"Chuck-a-luck", etwa "Wirf-dein-Glück".

Üblicherweise wird als Gewinn (aus der Sicht des Spielers) die
Differenz

[+]) Sir Francis GALTON (1822 - 1911), Weltreisender und Vetter
von Charles DARWIN, befaßte sich neben Geographie mit Fragen
der Vererbungslehre und führte die Daktyloskopie (Technik der
Fingerabdrücke) zur Personenidentifizierung ein ...

Gewinn = Auszahlung - Einsatz

angesehen. Der Ergebnisraum Ω dieses Spiels umfaßt 6^3 = 216 Elemente, Möglichkeiten. Offenbar kann der Gewinn die drei Werte -1, 1, 2, 3 annehmen, d.h. die Zufallsgröße X hat auf irgendeinem Ergebnis w ε Ω genau einen dieser Werte.

Interessant sind aus der Sicht des Spielers nur die ersten drei Fälle im Spielplan

w	666	2x 6	1x 6	(sonst)
f_w	1	15	75	125
X(w)	3	2	1	-1

Abb.: Spielplan von "Chuck-a-luck"

deren Häufigkeiten f man kombinatorisch herausfindet: 1 ist klar; 15 ist 3 ' 5, nämlich drei Plätze für "keine Sechs", wobei dort 5 Zahlen möglich sind, und analog 75 = 3 ' 5 ' 5 (vgl. dazu Zählprinzip, S. 77); 125 wird auf 216 ergänzt. Der Gewinnplan sieht also so aus:

Gewinn x	-1	1	2	3	[Dollar]
P(X = x)	125..	75..	15..	1..	../216

Abb.: Gewinnplan von "Chuck-a-luck"

und das ist die Wahrscheinlichkeitsverteilung von X. Sie hat, wie man leicht nachrechnet, den Erwartungswert

$$\mu = \Sigma \; x_i \; * \; P(X = x_i) = -17/216,$$

der negativ ist. Das bedeutet (wie sollte es anders sein), daß der Anbieter dieses Spiels (Unternehmer, bezeichnenderweise "Spielbank" genannt) auf lange Sicht Gewinn macht, der Spieler also auf Dauer verliert, und zwar im Mittel 8 Cents je Spiel. Umgekehrt ist dies der "mittlere" Gewinn der Bank je Spiel. Dieser Betrag ist zwar klein, aber die "Menge machts": Einige Hundert Dollar am Tag sind für den Unternehmer bei diesem recht schnellen Spiel "im Vorbeigehen" drin ...

Man nennt ein Spiel **fair** oder <u>ausgeglichen</u>, wenn sein Erwartungswert (Gewinnerwartung des Spielers) im obigen Sinn Null ist. Professionell betriebene Glücksspiele sind das nie, sie sollen der Bank ja Gewinn bringen. Nicht ganz zufällig sind die lukrativsten Spiele staatlich lizensiert ...

Es sind aber auch Glücksspiele mit durchaus <u>positivem Erwartungswert</u> für den Spieler denkbar, die sich trotzdem u.U. nicht lohnen. – Ein typisches Beispiel:

Beginnend mit einer Mark, werde der Einsatz von Versuch zu Versuch jeweils solange verdoppelt, bis der Spieler aufgibt oder endlich gewinnt. Dann aber erhält er den verdoppelten <u>Gesamteinsatz</u> zurück: Die Bank legt schrittweise denselben Einsatz 1 + 2 + ... auf den anwachsenden Geldhaufen in der Tischmitte. Die Gewinnwahrscheinlichkeit bei einem Zug sei p. Daß ein derartiges Spiel (bis zum Gewinn) <u>genau</u> n Züge dauert, hat nach der geometrischen Verteilung als Wahrscheinlichkeit $(1 - p)^{n-1} \cdot p = q^{n-1} \cdot p$.

Da das Spiel wegen der begrenzten Finanzkraft des Spielers nur endlich lange dauern darf, wählen wir einen übersichtlichen Fall mit Spielabbruch spätestens nach dem n-ten Schritt. Es sei p = 1/3 (für Gewinn), also q = 2/3 (für Verlust) bei je einem Schritt. Wählen wir zunächst n = 3. Im Blick auf einen endlichen Teilbaum von Seite 72 ist dies der Gewinnplan zur Einsatzfolge 1 + 2 + 4 [DM], also maximal 7 [DM] Verlust bei einer Sequenz:

	Verlust	Gewinne			
P	q^3	p	p*q	$p*q^2$	
x	-7	1	3	7	[DM]
P*x	-7*8/27	1/3	3*2/9	7*4/27	

Für diese Spielversion ergibt sich die Gewinnerwartung Σ P*x

$$-56/27 + (9 + 18 + 28)/27 = -56/27 + 55/27 = -1/27 < 0 .$$

Nun lassen wir einen weiteren Schritt (n = 4) zu. Die ersten drei Gewinnfälle bleiben unverändert, es kommt aber der Fall 15 Mark mit $p \cdot q^3$ hinzu, d.h. der Summand 15·8/81. Gleichzeitig erhöht sich der mögliche Verlust nach dem vierten Schritt auf -15·16/81. Damit wird die Gewinnerwartung jetzt

$$-240/81 + 3 \cdot 55/81 + 120/81 = 45/81 > 0 .$$

Der Spieler sollte also soviel Geld haben, daß er etliche Male wenigstens vier Schritte unternimmt und dann – falls bis dahin noch nichts gewonnen – jeweils abbricht!

Ist z.B. für den Würfel p = 1/6, so muß n > 6 für eine positive Gewinnerwartung gewählt werden; wenigstens $2^7 - 1 = 127$ [DM] sollten pro Sequenz zur Verfügung stehen: Das kostet nun schon einige Nervenkraft ...

11   HYPERGEOMETRISCHES

Der erste Fall von Seite 81, Ziehen aus der Urne ohne Zurücklegen, ist bisher zurückgestellt; das wollen wir nunmehr nach-
holen. Beim Ziehen ohne Zurücklegen ändert sich der Urneninhalt ständig, und zwar in Abhängigkeit von den Zügen, die
bisher getätigt worden sind. Insbesondere kann die Urne leer
werden oder doch wenigstens eine der beiden Kugelarten irgendwann gar nicht mehr enthalten.

Anfangs enthalte die Urne wiederum N Kugeln, davon s schwarze
und mithin w = N − s weiße. Da sich nunmehr der Urneninhalt
von Zug zu Zug ändert, müssen wir im Baum diese Inhalte fest-
halten und davon abhängig auf den Teilpfaden die Wahrscheinlichkeiten jeweils neu anschreiben. Wir führen das zunächst an
einem Beispiel vor: Es sei N = 10, s = 6 und w = 4.

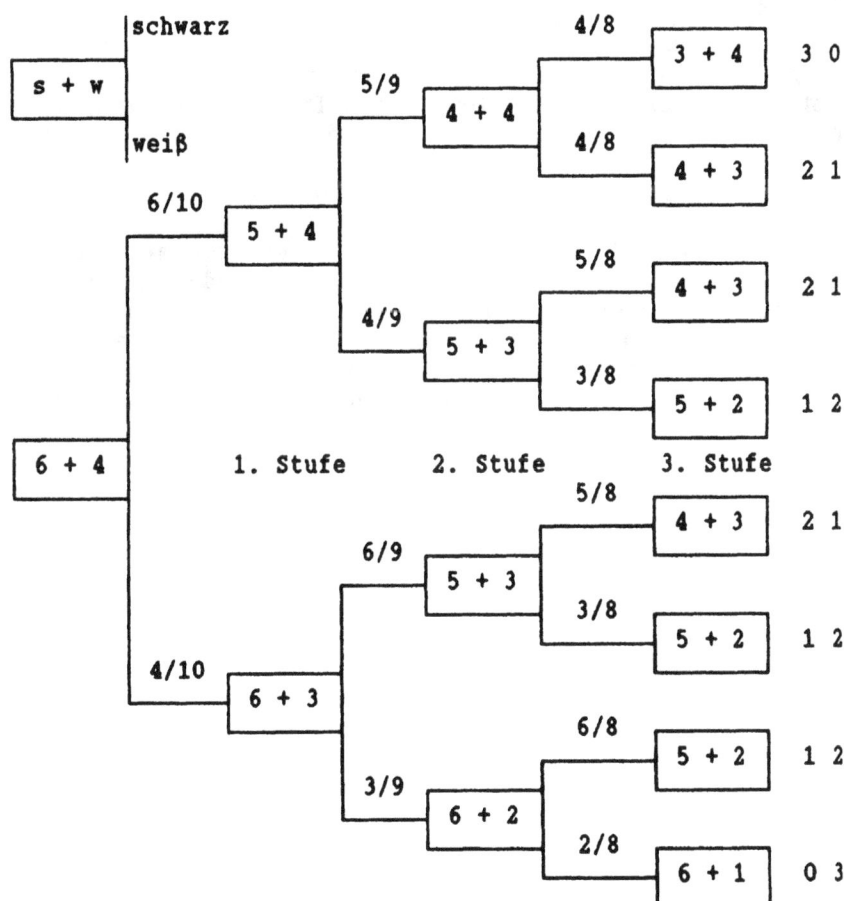

Abb.: Urnenmodell: Ziehen (n = 3) ohne Zurücklegen

Ein Teilpfad nach oben sei stets eine "schwarze", ein Weg nach unten eine "weiße" Ziehung auf der jeweiligen Stufe. – Danach schreiben wir den neuen Urneninhalt an ...

Einige Sorgfalt beim Eintragen der Inhalte und Werte ist schon geboten! Insgesamt gibt es bei diesem dreistufigen Experiment wiederum $2^3 = 8$ Ausgänge, aber die sind nicht gleichwahrscheinlich! Denn die Produkte längs der einzelnen Pfade fallen ganz verschieden aus. Ganz rechts sind die Ergebnisse einer Ziehung in der Form s w angegeben:

Im untersten Fall wurden dreimal weiße Kugeln gezogen, und zwar mit der Wahrscheinlichkeit $4/10 \cdot 3/9 \cdot 2/8 = 24/720$ (ungekürzt). Dieser Fall tritt im Baum nur einmal auf.

Analoges gilt für den Fall ganz oben, wo nur schwarze Kugeln kommen; die Wahrscheinlichkeit hierfür ist um einiges größer: $6/10 \cdot 5/9 \cdot 4/8 = 120/720$, klar.

Sieht man wieder von der Reihenfolge ab, in der die Farben aufgetreten sind, so hat der Fall "zweimal schwarz, einmal weiß" nach der Übersicht drei Realisationsmöglichkeiten, je mit den Wahrscheinlichkeiten

$$6/10 * 5/9 * 4/8 \qquad 6/10 * 4/9 * 5/8 \qquad 4/10 * 6/9 * 5/8$$

oder insgesamt, da diese Fälle voneinander unabhängig sind, die Summe 360/720. Beachten Sie die "abfallenden" Nenner und die Vertauschungen in den Zählern! Dieser Fall ist offenbar der häufigste, kein Wunder, denn in der Urne waren anfangs mehr schwarze als weiße Kugeln. Faßt man alle Fälle zusammen und addiert man alle Wahrscheinlichkeiten, dann ergibt sich natürlich der Wert 1.

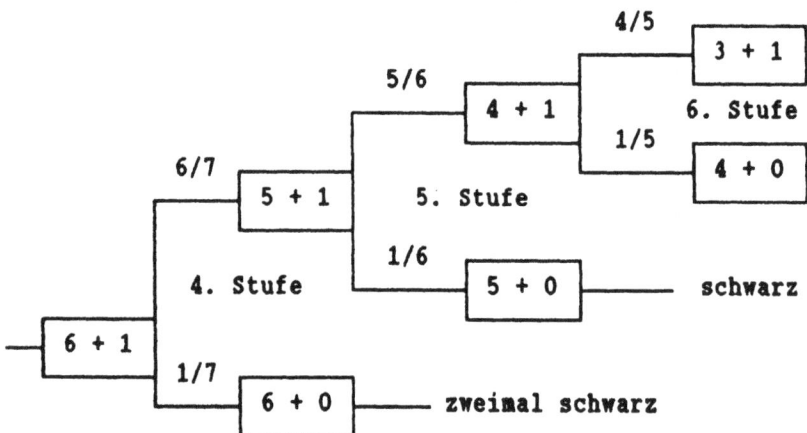

Abb.: Fortsetzung des untersten Pfades aus Abb. Seite 89

Aus Platzgründen haben wir nur einen dreistufigen Versuch dargestellt: Man erkennt aber ganz unten schon deutlich, daß "das
Ende naht"; die vorstehende Abbildung läßt deutlich erkennen,
daß die Urne nach genau zehn Zügen leer ist. – Dann hat man
stets alle sechs schwarzen und die vier weißen Kugeln gezogen,
dies mit Sicherheit eins!

Auch diese recht komplizierte Situation läßt sich durch kombi-
natorische Überlegungen beschreiben. Man definiert:

Eine Zufallsgröße X heißt für K ≤ N und n ≤ N <u>hypergeometrisch</u>
nach H(N; K, n) verteilt, wenn X die Werte 0, 1, 2, ..., n annimmt und für die Wahrscheinlichkeitsverteilung von X gilt

$$H(N; K; n; x) := \begin{cases} \dfrac{\dbinom{K}{x} * \dbinom{N-K}{n-x}}{\dbinom{N}{n}} & \text{für } x = 0, 1, 2, \ldots, n \\[2em] 0 & \text{sonst .} \end{cases}$$

Im Nenner von H(N; K; n) steht die Anzahl aller Auswahlmöglichkeiten überhaupt; und der Zähler ist das Produkt aus den
Fällen, x schwarze Kugeln aus K auszuwählen und dann die noch
verbleibenden n – x Kugeln (weiß) aus allen weißen N – K. Im
Urnenbeispiel bedeutet dabei

N   die Anzahl aller Kugeln anfangs
K   die Anzahl der schwarzen Kugeln anfangs
n   die Ziehungslänge (Stufe)
x   die Anzahl der schwarzen Kugeln unter n.

Die Trefferwahrscheinlichkeit ist also beim ersten Zug K/N.
Obige Formel gilt nur für n ≤ N. – Im Grenzfall n = N ist die
Urne dann leer, und es wird zwangsläufig mit k = K (statt x
schreibt man wieder gerne k ...)

   H(N; K; N; k) = 1.

Ziehungen mit einer von k abweichenden Anzahl x sind in diesem
Sonderfall nicht möglich; die Formel liefert automatisch Null,
entweder wegen des ersten oder des zweiten Faktors im Zähler.

Ohne Rechnung: Für die hypergeometrische Verteilung gilt

$$\mu = \mathcal{E}X = n * \frac{K}{n} \qquad \text{und} \qquad VAR\ X = \frac{N-n}{N-1} * n * \frac{K}{N} * (1 - \frac{K}{N}) .$$

Für unser Beispiel "zweimal schwarz, einmal weiß" von vorne
ist mit N = 10, K = 6 und dann n = 3 mit x = 2 nach der Formel

$$H(10; 6; 3; 2) = \frac{\binom{6}{2} * \binom{4}{1}}{\binom{10}{3}} = \frac{15 * 4}{120} = \frac{360}{720} \quad \text{wie gehabt.}$$

Die Werte der hypergeometrischen Verteilung sind umständlich
auszurechnen. Man verwendet sie daher ausdrücklich nur dann,
wenn Stichproben n (und zwar üblicherweise ohne "Zurücklegen")
in die Größenordnung N des Urneninhalts kommen. Die Näherung

$$H(N; K; n) \approx B(n; K/N) \quad \text{für n} \ll \min (N, K, N-K)$$

drückt aus, daß die Entnahme weniger Kugeln ohne Zurücklegen
den Urneninhalt kaum verändert ...

Zur Entnahme von Stichproben n aus Populationen N eine grundsätzliche Bemerkung: Aus der Stichprobe n möchte man das unbekannte p = K/N abschätzen. Entweder nimmt man also eine
kleine Stichprobe und rechnet mit der Binomialverteilung bzw.
setzt $p \approx h_n$, oder man müßte "mit Zurücklegen" exakt die
hypergeometrische Verteilung anwenden und also N kennen.

Die Bedingung n ≪ N ist stets unter zwei Aspekten zu sehen,
prozentual (höchstens um 2 Prozent), aber auch absolut: Denn
selbst bei sehr großem N steigt die Wahrscheinlichkeit von
Doppelbefragungen ab n ≈ 10.000 spürbar an, so daß die o.g.
Näherung problematisch wird. – Ein typisches Beispiel:

Versucht man auf einem Volksfest (N?), an alle Leute durch
Herumgehen Plaketten zu verkaufen, so stößt man nach anfangs
gutem Verkaufserfolg zunehmend auf Personen, die schon eine
Plakette haben. Es ist praktisch unmöglich, an einigermaßen
alle Personen auf diese Weise eine Plakette zu verkaufen. Je
länger man verkauft, desto schlechter ist abzuschätzen, wieviele Personen eigentlich schon eine Plakette haben: h_n ("hat
Plakette"/Versuche) ist kein gutes Maß mehr für den tatsächlichen Anteil. Es könnte schon längst

$$\min (K, N-K) \le n < N, \quad \text{oder größer!}$$

gelten, und man weiß es nicht! Ein empirisch als relative
Häufigkeit bestimmter Anteil in N könnte damit völlig falsch
sein!

<u>Fazit</u>: Relativ große N werden mit einer "kleinen" Stichprobe
ausgeforscht; kleine N befragt man vollständig!

12 WEITERE SÄTZE

Für μ (nach Definition von Seite 68) lassen sich einige allgemeine Beziehungen angeben. – Für irgendeine Verteilung X und
jedes konstante a ist

$$\mathcal{E}a = a \qquad\qquad \mathcal{E}[X + a] = \mathcal{E}X + a$$

$$\mathcal{E}[a * X] = a * \mathcal{E}X \qquad\qquad \mathcal{E}[X + Y] = \mathcal{E}X + \mathcal{E}Y \ .$$

Die Beweise folgen unmittelbar aus der Definition. Die zweite
Formel besagt anschaulich: Werden alle Werte von X um ein a
vergrößert, so tut dies auch der Mittelwert. Analoges gilt für
a·X. – Zur letzten Formel: Zufallsgrößen X, Y sind reelle
Funktionen auf Ω. Dementsprechend ist die Summe zu verstehen:

$$(X + Y)(w) := X(w) + Y(w)$$

heißt, dem Elementarereignis w wird die Summe der Werte von X
bzw. Y zugeordnet:

$$P(X + Y = s) = \sum_{x+y=s} P(X = x \wedge Y = y) \ ,$$

summiert über alle x, y mit x + y = s. ($\wedge$ bedeutet *und*.)

Faßt man die obigen Formeln zusammen, so ergibt sich: Die Erwartung ist eine <u>lineare</u> Funktion:

$$\mathcal{E}(a*X + b*Y) = a * \mathcal{E}X + b * \mathcal{E}Y \ .$$

Weiterhin gelten für σ² (mit ebenfalls einfachen Beweisen)

$$VAR\ a = 0$$

$$VAR\ (X + a) = VAR\ X \qquad\qquad VAR\ (a * X) = a^2 * VAR\ X \ .$$

Die Zufallsgröße X = a hat die Streuung Null. – Verschiebt man
eine Verteilung um eine Konstante, so ändert sich σ nicht, was
anschaulich klar ist. – Multipliziert man alle Werte von X mit
a, so steigt σ auf a · σ an. – Öfters brauchbar ist der sog.
<u>Verschiebungssatz</u>

$$VAR\ X = \mathcal{E}[(X - a)^2] - (\mathcal{E}X - a)^2 \ ,$$

vor allem in der speziellen Form mit a = 0:

$$VAR\ X = \mathcal{E}[X^2] - (\mathcal{E}X)^2 = \mathcal{E}[X^2] - \mu^2 \ .$$

Hier ist ein Beweis des allgemeinen Satzes; wir berechnen dazu
die Erwartung eines beliebigen Abweichungsquadrates:

$$\mathcal{E}[(X - a)^2] = \mathcal{E}[((X - \mu) + (\mu - a))^2] =$$

$$= \mathcal{E}[(X - \mu)^2 + (\mu - a)^2 + 2(X - \mu)(\mu - a)]$$

$$= \mathcal{E}[(X - \mu)^2] + \mathcal{E}[(\mu - a)^2] + 2 *(\mu-a)* \mathcal{E}[X - \mu]$$

$$= \quad \text{VAR } X \quad + (\mathcal{E}X - a)^2 \quad + 2 * (\mu - a) * 0 .$$

Nebenbei: Man erkennt im Verschiebungssatz eine interessante Minimaleigenschaft: Für a = $\mathcal{E}$X = μ wird die Varianz am kleinsten, denn das Quadrat von $\mathcal{E}$X - a rechts ist nie negativ.

Der Verschiebungssatz ist im Sonderfall a = 0 nützlich zur Berechnung der Varianz: Man berechnet $\mathcal{E}[X^2]$ und zieht dann μ^2 ab: Für die auf Seite 75/76 beschriebene Gleichverteilung ist etwa im Fall n = 6

$$\mathcal{E}[X^2] = (1 + 4 + ... + 36) / 6 = 91/6 .$$

Subtrahiert man davon $(7/2)^2$, so ergibt sich 70/24, d.h. der Wert 35/12 von Seite 69 ...

Bisher haben wir Ereignisse und deren Wahrscheinlichkeiten betrachtet, die keinen Einschränkungen (außer der Vorgabe der Menge Ω) unterworfen waren. Solche Wahrscheinlichkeiten nennt man <u>unbedingt</u> (absolut).

Betrachten wir ein einfaches Beispiel:

Wie groß ist die Wahrscheinlichkeit, daß jemand eine Zwei gewürfelt hat, wenn uns mitgeteilt wird, er habe eine gerade Augenzahl erzielt? Offenbar hat er zwei, vier oder sechs gewürfelt, drei gleichwahrscheinliche Fälle, so daß wir als Antwort 1/3 geben können.

Zweckmäßig ist die folgende Definition:

(Ω, P) sei ein Wahrscheinlichkeitsraum. Ist B ein Ereignis mit P(B) > 0 und A irgendein (anderes) Ereignis, so heißt

$$P_B(A) = P(A/B) := \frac{P(A \cap B)}{P(B)}$$

die (bedingte) <u>Wahrscheinlichkeit von A unter der Bedingung B</u>. Man liest auch *unter der Annahme/Voraussetzung/Hypothese, daß ... wenn man schon weiß, daß* und dgl. Redewendungen.

Es läßt sich zeigen, daß P_B gemäß folgender Definition eine neue Wahrscheinlichkeitsverteilung über Ω ist:

$$P_B : A \longrightarrow \frac{P(A \cap B)}{P(B)} \; ,$$

Der Beweis sei hier übergangen ...

In unserem Beispiel ergibt sich damit P("Zwei"/"gerade") = 1/6
geteilt durch 3/6, also 1/3 wie erwartet.

Sofern auch P(A) > 0 ist, kann analog

$$P_A(B) = \frac{P(B \cap A)}{P(A)} \qquad (auch \; P(B/A) \; geschrieben)$$

angegeben werden. Damit folgt der sog. allgemeine Produktsatz

$$P(A \cap B) = P_B(A) * P(B) = P_A(B) * P(A) \; .$$

Ist nun $P_B(A)$ = P(A) und damit $P_A(B)$ = P(B) oder umgekehrt, so
hängen die Ereignisse A und B nicht voneinander ab. Man sagt
dann, A und B seien stochastisch (voneinander) unabhängig.

Damit gilt der wichtige Satz, spezieller Produktsatz genannt:

Sind zwei Ereignisse A und B (über Ω) stochastisch unabhängig,
so ist

$$P(A \cap B) = P(A) * P(B) \; .$$

Man kann dies umgekehrt auch als Definition für stochastisch
unabhängig ansehen und erhält dann im obigen Sinne die Gleich-
heiten $P_B(A)$ = P(A) bzw. $P_A(B)$ = P(B) als Folgerungen.

Erinnern wir uns an den Additionssatz von Seite 75: Er machte
eine Aussage über unvereinbare Ereignisse bzw. diente zu deren
Definition: Ist

$$P(A \cup B) = P(A) + P(B) \; ,$$

so sind A und B disjunkt: P(A ∩ B) = 0.

Es ist leicht erkennbar, daß zwei disjunkte Ereignisse A, B
stochastisch abhängig sind, denn für diese gilt der Produktsatz in der Form

$$P(A \cap B) = 0 = P_B(A) * P_A(B) \; .$$

Die beiden bedingten Wahrscheinlichkeiten sind Null (A kann
nicht mehr eintreten, wenn B eingetreten ist bzw. umgekehrt),

obwohl P(A) und P(B) von Null verschieden sind: Hat man z.B. eine gerade Augenzahl gewürfelt, so kann dies keine Eins sein, aber die beiden Einzelwahrscheinlichkeiten sind 1/2 bzw. 1/6.

Umgekehrt müssen stochastisch abhängige Ereignisse jedoch nicht disjunkt sein, wie das folgende Beispiel lehrt: Wir würfeln und setzen A = {2, 3} bzw. B = {3, 4}. A und B sind abhängig, denn $P_B(A) = P_A(B) = 1/2$. Es ist aber A ∩ B = {3}, d.h. die Ereignisse sind vereinbar.

Die beiden grundverschiedenen Begriffe *unvereinbar* und *unabhängig* dürfen auf keinen Fall verwechselt werden:

Bei Unabhängigkeit handelt es sich um eine (innere) Eigenschaft der Wahrscheinlichkeiten P, eine Eigenschaft der Ereignisse bei gegebener Verteilung. Unvereinbarkeit hingegen ist nur durch den Ergebnisraum Ω festgelegt. Die Verteilung P über Ω spielt dabei überhaupt keine Rolle!

Einige Anwendungsbeispiele:

Die Jäger-Aufgabe von Seite 75 habe konkret folgende Voraussetzungen: Der eine Jäger A treffe mit P(A) = 0.2, der andere mit P(B) = 0.5. Der Hase kann natürlich auch von beiden getroffen werden, d.h.

$$P(A \cup B) = P(A) + P(B) - P(A \cap B)$$

ist die Wahrscheinlichkeit, daß wenigstens ein Jäger trifft. Da aber A und B (hoffentlich) voneinander unabhängig sind, ist $P(A \cap B) = P(A) \cdot P(B)$. Damit ist wenigstens ein Treffer mit 0.2 + 0.5 − 0.1 = 0.6 zu erwarten.

Man kann das auch anders rechnen, nämlich durch Übergang zu den komplementären Ereignissen, wenn diese einfacher zugänglich sind, eine sehr typische Art des Lösens: Daß beide Jäger einzeln nicht treffen, wird durch

$$P(\overline{A}) = 0.8 \quad \text{bzw.} \quad P(\overline{B}) = 0.5$$

beschrieben. Damit wird $P(\overline{A} \cap \overline{B}) = P(\overline{A}) \cdot P(\overline{B}) = 0.4$ die Chance des Hasen, davonzukommen ... Ausführlich

$$P(A \cup B) = 1 - \overline{P(A \cup B)} = 1 - P(\overline{A} \cap \overline{B}) = 1 - P(\overline{A}) \cdot P(\overline{B}).$$

Ähnlich gehen wir in folgender Situation vor: Ein wichtiges Aggregat bleibt mit p = 0.95 über längere Zeit betriebsfähig; um die Sicherheit zu erhöhen, setzt man drei Aggregate ein. Wie groß ist die Wahrscheinlichkeit, daß wenigstens eines arbeitsfähig bleibt? – Die Ausfallwahrscheinlichkeit eines Gerätes beträgt 0.05. In Verallgemeinerung des Produktsatzes ist dann 0.05³ die Wahrscheinlichkeit, daß alle drei Geräte ausfallen, somit $1 - 0.05^3 = 0.9998...$ die (hohe) Sicherheit, daß wenigstens ein Aggregat arbeiten wird (dies entspricht anschaulich einer "Parallelschaltung").

Eine schon aus der Antike +) bekannte Aufgabe ist das sog. <u>Problem der drei Türen</u>: Hinter einer von drei Türen A, B, C befindet sich ein Ungeheuer; man soll die richtige Türe benennen. – Nachdem man selber mit $p = 1/3$ auf eine Türe z.B. A getippt hat, wird nun gesagt, daß hinter einer der beiden nicht geratenen Türen jedenfalls kein Ungeheuer ist, und diese Türe wird sogar geöffnet, etwa B.

Verbessert man nun seine Chancen, wenn man erneut tippt, aus der offensichtlichen Auswahl A und C ? (Die Buchstaben tun nichts zu Sache, das Problem ist symmetrisch.) Diese Aufgabe führte u.a. im USA-Fernsehen zu heftigen, sehr konträren Diskussionen ...

Rät man erneut, so scheint $p = 1/2 > 1/3$ zu gelten, der Fall stellt sich somit günstiger dar! Sicherheitshalber analysieren wir das genauer:

Es geht um die *bedingte* Wahrscheinlichkeit für eine Türe A *nach* der erfolgten Mitteilung, daß nur A oder C in Frage kommen, *nachdem* man bereits auf A geraten hat:

$$P_{A \cup C}(A) = \frac{P(A \cap (A \cup C))}{P(A \cup C)} = \frac{P(A)}{P(A) + P(C)} = \frac{1/3}{1/3 + 1/3} = 1/2 \; .$$

Man sollte also in der Tat noch einmal raten! – Eine wichtige Bemerkung dazu: Da man ja auf A schon geraten hat, könnte man dabei bleiben ... Dieser Schluß ist irrig! Man muß noch einmal raten, d.h. die Türe C muß eine "echte" Chance haben, *wiederum* ausgewählt zu werden.

Anschaulich heißt das: Man hat im ersten Schritt A aus drei Türen "erwürfelt", und im zweiten Schritt entscheidet man wiederum mit einem Zufallsverfahren zwischen nunmehr nur noch zwei Türen! – Alles klar?

Der allgemeine Produktsatz von Seite 96 läßt sich auf mehrfache *Und*-Ereignisse erweitern:

$$P(A \cap B \cap C) = P(A) * P_A(B) * P_{A \cap B}(C),$$

sofern $P(A \cap B) > 0$. Ferner kann man aus jenem Satz noch den

---

+) s. Spektrum der Wissenschaft, Heft 11/1991, S. 12 ff.

sog. Satz von der <u>totalen Wahrscheinlichkeit</u> ableiten:

Bilden die n Ereignisse A_i mit $P(A_i) > 0$ für alle i eine
Zerlegung des Ergebnisraums Ω (d.h. $A_i \cap A_j = \emptyset$ paarweise,
aber $\cup A_i = \Omega$), so gilt für jedes beliebige Ereignis B

$$P(B) = \sum_{i=1}^{n} P(A_i) * P(B/A_i) .$$

Man rechnet dazu folgendes nach:

$$P(B) = P(\cup(B \cap A_i)) = \Sigma P(B \cap A_i) = \Sigma P(A_i) * P(B/A_i).$$

Als einfaches Anwendungsbeispiel sei eine Situation mit i = 3
beschrieben: An einer Hochschule hat sich bei einer Wahl nach
Fachbereichen folgendes ergeben:

FB	Wähleranteil	Anteil für Asta
01	50 %	30 %
02	20 %	35 %
03	30 %	40 %

Mit welcher Wahrscheinlichkeit hat ein Studierender dann Asta
gewählt (wenn er überhaupt gewählt hat)? - Wir kürzen wie
folgt ab:

S : "Student überhaupt hat Asta gewählt"
W : "Student war bei der Wahl"

Damit gilt nach dem eben zitierten Satz über die drei
Fachbereiche hinweg

$$P(S) = \Sigma P(W) * P(\text{für Asta, sofern bei Wahl})$$
$$= 0.5 * 0.3 + 0.2 * 0.35 + 0.3 * 0.4 , \text{ d.h. } 34 \%.$$

Ohne Beweis sei noch die sog. <u>Formel von BAYES</u> [+]) angegeben:
Bilden die Ereignisse A_i mit $P(A_i) > 0$ eine Zerlegung von Ω
und ist B ein Ereignis mit $P(B) > 0$, so gilt für jedes i

$$P_B(A_i) = \frac{P(A_i) * P(B/A_i)}{\Sigma P(A_k) * P(B/A_k)} .$$

[+]) Thomas BAYES (1702 - 1761), Geistlicher (relig. und math.
Schriften), gesprochen etwa *beez*.

Im Nenner der Formel ist dabei über alle k der Zerlegung zu summieren. Zur Illustration des kompliziert aussehenden Satzes geben wir ein Beispiel, in dem wir Ω in genau zwei Ereignisse zerlegen (die dann offenbar komplementär sein müssen):

Auf einer Party sind 20 Prozent aller Gäste Künstler, der Rest beliebige Gäste. 90 % aller Künstler haben Bärte, jedoch nur 10 % der anderen Gäste. – Wir sprechen einen Bärtigen an: Mit welcher Wahrscheinlichkeit ist das ein Künstler?

Sei K = Künstler, B = Bartträger. Bekannt ist also

$$P(K) = 0.2; \quad P_K(B) = 0.9; \quad P_{\bar{K}}(B) = 0.1 \text{ und } P(\bar{K}) = 0.8 .$$

Gesucht ist

$$P_B(K) = \frac{P(B \cap K)}{P(B)} ,$$

jedoch kennen wir Zähler und Nenner des angegebenen Bruchs leider nicht.

Mit der Formel von BAYES ist jedoch

$$P_B(K) = \frac{P(K) * P_K(B)}{P(K) * P_K(B) + P(\bar{K}) * P_{\bar{K}}(B)} = \frac{0.2 * 0.9}{0.2*0.9 + 0.8*0.1} =$$

$$= 9/13 ,$$

denn es ist K, $\bar{K}$ wegen $K \cup \bar{K} = \Omega$ eine vollständige Zerlegung von Ω.

Man kann diese Aufgabe auch mit einem Baum lösen:

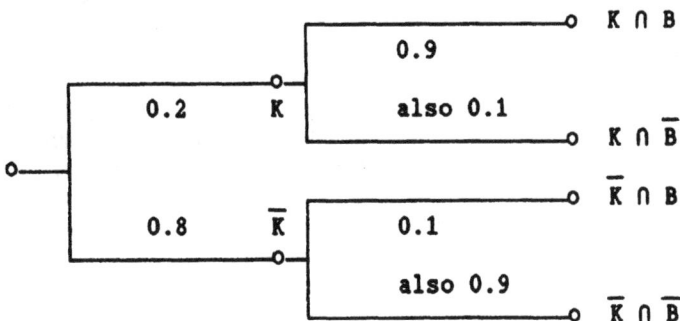

Abb.: Zusammensetzung der Partygäste

In der Abbildung sind zuerst die bekannten Voraussetzungen eingetragen, dann die Folgerungen; man entnimmt dann

$$P(B \cap K) = 0.2 * 0.9 = 0.18 \; .$$

Weiter ist aber

$$P(B) = P(K \cap B) + P(\overline{K} \cap B) = 0.2 * 0.9 + 0.8 * 0.1 = 0.26.$$

Daraus läßt sich jetzt der Quotient $P_B(K)$ berechnen ...

Noch ein anderes Beispiel: Drei Maschinen A, B und C sind zu a, b und c Prozent an der Gesamtproduktion beteiligt. Die drei Maschinen produzieren je p_A, p_B und p_C Anteil Ausschuß; dies sind bedingte Wahrscheinlichkeiten: wenn auf A produziert, dann Fehler p_A usf. – Ein zufällig ausgewähltes Produkt sei fehlerhaft. – Mit welcher Wahrscheinlichkeit wurde es von der Maschine A hergestellt?

Zunächst erhält man über den Satz von der totalen Wahrscheinlichkeit

$$P(\text{Fehler}) = P_F = a*p_A + b*p_B + c*p_C$$

als Wahrscheinlichkeit dafür, daß ein Produkt überhaupt defekt ist. Nach dem Satz von BAYES ist dann

$$P(A/F) = \frac{p_A * a}{P_F} \; .$$

Eine wichtige Anwendung der BAYES–Formel in der Medizin (oder auch anderswo) ist die <u>computergestützte Diagnose</u>:

Die A_i sind mögliche Krankheiten, die ein Symptom B auslösen können. – In der Regel sind die $P(A_i)$ bekannt, auch die bedingten Wahrscheinlichkeiten $P(B/A_i)$, d.h. die Wahrscheinlichkeiten dafür, daß das Symptom B auftritt, wenn die Krankheit A_i vorliegt.

Mit der Formel kann man dann angeben, wie wahrscheinlich das Vorliegen der Krankheit A_i ist, wenn das Symptom B aufgetreten ist. – Nicht zu erfassen sind dabei jene Fälle, wo ein Patient mit dem Symptom B gar mehrere der Krankheiten A_i hat, denn unklar bleibt, ob die A_i wirklich eine vollständige Zerlegung von Ω bilden.

13   Übungen 9-12

In Erweiterung des Additionssatzes (Seite 75) gilt auch eine nach James SYLVESTER (1814 - 1897) [+]) benannte Formel

$$P(A \cup B \cup C) = P(A) + P(B) + P(C)$$
$$- P(A \cap B) - P(A \cap C) - P(B \cap C) + P(A \cap B \cap C).$$

/1/ Eine LAPLACE-Münze wird zweimal geworfen: Geben Sie den Ergebnisraum Ω dieses Experiments an, ferner den vollständigen Ereignisraum $\mathcal{P}(\Omega)$! Skizzieren Sie den W-Baum für das Experiment und entnehmen Sie daraus die Wahrscheinlichkeiten für die folgenden Ereignisse: genau zweimal Wappen; mindestens einmal Wappen; höchstens einmal Wappen.

/2/ Es werde mit zwei Würfeln gleichzeitig gewürfelt, wobei die Differenz der Augenzahlen als Ergebnis zähle. Geben Sie die Zufallsgröße D samt Wahrscheinlichkeitsverteilung an und bestimmen Sie Erwartungswert und Varianz dieser Verteilung!

/3/ Zeigen Sie, daß beim Wurf mit drei Würfeln die Augensumme 10 leichter erreichbar ist als die Augensumme 9!

/4/ Bei einem Binärcode arbeitet man mit zwei Zeichen; die 26 Buchstaben des Alphabets, weiter noch 10 Ziffern und 27 Sonderzeichen sollen codiert werden: Wie groß muß die Codelänge k mindestens wählen, damit alle Zeichen durch gleichlange Binärwörter codiert werden können?

/5/ In einer Reisegesellschaft von fünf Personen ist außer H. Maier noch ein weiterer Schmuggler. Ein Zollbeamter kontrolliert auf gut Glück drei Personen aus der Gruppe. - Wie groß ist die Wahrscheinlichkeit, daß der Beamte mindestens einen Schmuggler, Herrn Maier, gar beide Schmuggler ertappt? (Hinweis: Schreiben Sie alle Möglichkeiten 3 aus 5 auf ...)

/6/ Zu den Binomialkoeffizienten: Beweisen Sie die Formel

$$\sum_{k=0}^{n} \binom{n}{k} = 2^n \ !$$

/7/ In der Fußnote Seite 65 sind relative Häufigkeiten angegeben. Beantworten Sie damit folgende Fragen zu einer Familie mit fünf Kindern: Wie groß ist die Wahrscheinlichkeit, daß in einer solchen Familie - das mittlere Kind ein Bub ist, - zwei Mädchen und drei Buben sind, - fünf Mädchen sind.

[+]) Jurist und Mathematiker; Lehrer von Florence NIGHTINGALE (1820 - 1910), "Engel der Schlachtfelder" im Krimkrieg.

/8/ Wie lange muß ein Zufallsfolge von Ziffern mindestens
sein, damit die Ziffer drei mit p = 99 % wenigstens einmal
auftritt? (Skizzieren Sie dazu einen Baum!)

/9/ Eine LAPLACE-Münze wird 200mal geworfen. Mit welcher
Wahrscheinlichkeit liegt die Anzahl "Wappen" im Intervall
[70, 130] bzw. [80, 120] bzw. [90, 110] bzw. [95, 105]?
Skizzieren Sie zu [100 - a, 100 + a] die Funktion P = P(a)!

/10/ Ein Taxistandplatz ist für zehn Taxis vorgesehen. Nach
der Erfahrung hält sich ein Wagen durchschnittlich 12 Minuten
je Std. am Platz auf. - Genügt es, den Platz für drei wartende
Wagen anzulegen, ohne daß in mehr als 15 % aller Fälle ein
Taxi keinen Platz findet?

/11/ Einem Gefangenen wird folgendes unterbreitet: Wenn er aus
einer Urne, die vier weiße und zwei schwarze Kugeln enthält,
mit einem Griff eine weiße Kugel zieht, so kommt er frei ...
Er kann sich aber auch wie folgt befreien: In einer weiteren
Urne sind gleichviele schwarze wie weiße Kugeln; außerdem
steht die erste Urne zur Verfügung: Aus beiden Urnen zieht er
nun je eine Kugel und kommt frei, wenn die Farben gleich sind.
Welches Angebot ist für ihn günstiger?

/12/ Ein Komitee von sechs Personen wird aus zehn Männern und
fünf Frauen gewählt. Berechnen Sie Verteilung, Erwartungswert
und Varianz der Zufallsgröße X: "Männer im Gremium"!

/13/ Eine Urne enthält zwei weiße und acht schwarze Kugeln.
Drei Personen A, B und C ziehen in dieser Reihenfolge je eine
Kugel aus der Urne. Wer eine weiße Kugel zieht, erhält eine
Prämie. Beantworten Sie (am einfachsten aus den entsprechenden
Bäumen) einmal mit Zurücklegen der jeweils gezogenen Kugeln,
dann ohne Zurücklegen die folgenden (sechs) Fragen:

- Wie groß sind die Chancen für A, B und C für eine Prämie?
- Wie groß sind die Chancen für A, B und C, wenn das Spiel
  nach dem ersten Ziehen einer weißen Kugel zu Ende ist,
  spätestens aber nach dem Zug von C (also dem dritten Versuch)?
- Wie sieht es aus, wenn so lange gezogen wird, bis ein Spieler erstmals eine weiße Kugel entnimmt?

/14/ Gegeben seien zwei Urnen, die eine enthält nur schwarze,
die andere nur weiße Kugeln, beide n > 1 Stück. Wählt man also
eine Urne aus, so ist die Entscheidung (mit p = 1/2) für die
Farbe gefallen. Nunmehr habe man aber Gelegenheit, die 2n
Kugeln beliebig auf die beiden Urnen zu verteilen, wobei sich
aber in jeder Urne mindestens eine Kugel befinden muß. - Läßt
sich auf diese Weise die Wahrscheinlichkeit für das Ziehen
einer weißen Kugel verbessern?

/15/ Beweisen Sie die Formel $P_B(A \cap B) = P_B(A)$! Interpretieren Sie diese Formel für den Fall, daß A bzw. B bedeuten: Eine natürliche Zahl n ist durch a bzw. b teilbar.

/16/ Die Wahrscheinlichkeiten, Hans bzw. Claudia in einer bestimmten Bar anzutreffen, seien $P(H) = 0.8$ bzw. $P(C) = 0.7$. Betrachten Sie der Reihe nach die drei Fälle $P(H \cap C) = 0.2$ bzw. 0.4 bzw. 0.5 und überlegen Sie sich jeweils, ob Hans und Claudia "etwas miteinander haben" ...

/17/ In einem Studentenheim sind 40 % der Männer und 10 Prozent der Frauen größer als 1.75 m. 60 % der Bewohner sind Frauen. - Mit welcher Wahrscheinlichkeit ist ein Bewohner bis 1.75 m Größe eine Frau?

/18/ Aus der <u>Lebensversicherungsmathematik</u>: Auszugsweise zeigen sog. Sterbetafeln (Stat. Jahrbuch BRD, 1987) folgendes:

x	männl.	weibl.
0	100 000	100 000
1	98 934	99 157
2	98 851	99 089
5	98 728	98 985
10	98 593	98 880
15	98 470	98 798
20	98 018	98 608
25	97 441	98 404
30	96 909	98 162
35	96 281	97 846
40	95 392	97 337
45	93 983	96 578
50	91 689	95 407
55	87 963	93 572
60	82 440	90 816
65	74 259	86 545
70	63 036	80 059
75	48 107	69 725
80	30 748	53 786
85	15 202	33 337
90	5 247	14 533

Diese Zahlen gelten für die Mitte der achtziger Jahre. Sie wurden aus den tatsächlichen Sterbeziffern ermittelt. Um 1900 zum Vergleich:

x	m	w
0	100 000	100 000
1	79 776	82 951
5	74 211	77 334
10	72 827	75 845
20	70 647	73 564
30	67 092	69 848
40	62 598	65 283
50	55 340	59 812
60	43 807	50 780
70	27 630	34 078
80	8 987	12 348
90	683	1 131

Welch eine Entwicklung!

Mit x wird das tatsächlich erreichte Alter [x, x+1[markiert. Die angegebenen Zahlen l_x sind die Anzahlen der im Alter x noch Lebenden. Danach erreichen derzeit von 100 000 Lebendgeborenen (Statistikerdeutsch) gut 5% der Männer und fast 15 % der Frauen ein Alter um 90. - Mit der Fußnote von S. 65 wird übrigens erkennbar, daß im heiratsfähigen Alter die monogame Suche nach Partnern ausgeglichen ist ...

$$p_x := \frac{l_{x+k}}{l_x}$$

ist die Wahrscheinlichkeit, daß ein x-jähriger mindestens (x+k)-jährig wird; für k = 1 (in der Tabelle nicht ablesbar) kann man damit die sog. Sterbewahrscheinlichkeit $q_x := 1 - p_x$ zum Alter x bestimmen (d.h. die Wahrscheinlichkeit, das Alter x+1 nicht mehr zu erreichen).

Bearbeiten Sie nach den Werten der Tabelle folgende Aufgabe: Ein 35jähriger Mann heiratet eine um zehn Jahre jüngere Frau. Wie groß ist die Wahrscheinlichkeit, daß nach 20 Jahren

- beide noch leben,   - keiner mehr lebt,
- genau einer noch lebt,   - höchstens noch einer lebt?
- der Mann die Frau überlebt,   - die Frau den Mann überlebt?

Die Sterbetafeln werden insbesondere von Versicherungen zur Prämienberechnung bei Lebensversicherungen benutzt; klar ist damit, daß solche Versicherungen nach Eintrittsalter und Geschlecht spezifiziert werden müssen.

Versuchen Sie eine Abschätzung für eine Prämienberechnung mit folgenden Annahmen: Gelder werden nicht verzinst; die Versicherung arbeitet kostenfrei. Dann soll eine Monatsprämie für eine Risikolebensversicherung ermittelt werden beim Eintrittsalter 30 Jahre männlich bzw. weiblich, mit einer Laufzeit von 20 Jahren und Auszahlung von DM 100 000 im Sterbensfalle, jedoch Verlust aller Prämien im Erlebensfalle. Grundgedanke: Aus einem großen Topf mit vielen Versicherten werden die Todesfälle aus den bereits geleisteten Prämien und denjenigen der noch Weiterlebenden bezahlt. Überlegen Sie sich auch, daß sich dieser Topf anfangs schnell füllt, also nie im Minus steht!

Zum Erwartungswert μ der <u>geometrischen Verteilung</u> (Seite 73): Mit $0 < q < 1$ bildet man S, daraus q·S und dann die Differenz:

$$S = 1 + 2{*}q + 3{*}q^2 + \ldots + \quad n * q^{n-1}$$
$$q{*}S = \qquad q + 2{*}q^2 + \ldots + (n-1) * q^{n-1} + n * q^n,$$

Subtraktion liefert

$$(1-q){*}S = (1 + q + q^2 + \ldots + q^{n-1}) - n * q^n , \text{ d.h.}$$

$$S = (\frac{1 - q^n}{1 - q} - n * q^n) / (1 - q) \longrightarrow \frac{1}{(1 - q)^2} = 1/p^2$$

für $n \longrightarrow \infty$ wegen $q < 1$.

14   ZWEI ZUFALLSGRÖSSEN

Bereits auf Seite 93 hatten wir zwei Zufallsgrößen X und Y auf demselben Ω additiv verknüpft und dazu den Erwartungswert μ berechnet. Als Beispiel mag hierfür der Fall dienen, daß bei zwei Stäben einzeln aber mehrfach die Längen gemessen werden ($\bar{x}$ und $\bar{y}$); dann werden die Stäbe aneinander gelegt und es wird die Länge z insgesamt gemessen. – Wir erwarten $\bar{z} = \bar{x} + \bar{y}$. In welchem Zusammenhang stehen aber jetzt die sich ergebenden drei Streuungen σ und so weiter? Für derartige Fragen untersuchen wir <u>gemeinsame Wahrscheinlichkeitsverteilungen</u>.

Als Beispiel sei folgendes gegeben: In einem Semester befinden sich insgesamt 50 Studierende, davon 20 Studentinnen; von den Studenten sind 21 ledig, 8 verheiratet und einer geschieden. Von den Studentinnen sind 10 ledig, die anderen verheiratet.

Wir betrachten nun die zwei Zufallsgrößen Geschlecht G (mit den Werten weiblich/männlich = 0, 1) sowie Stand S (Werte ledig/verh./gesch. 0, 1, 2) mit deren Wahrscheinlichkeitsverteilungen

g	0	1		s	0	1	2
$W_G(g)$	0.40	0.60		$W_S(s)$	0.62	0.36	0.02

über demselben Raum (Ω, P), und nennen

$P_{G.S}$: (g, s) ----> $P(G = g \wedge S = s)$ ($\wedge$ heißt *und*)

die <u>gemeinsame Verteilung</u> der Zufallsgrößen G und S. Sie hat im Beispiel die folgende Wertetabelle

g	s	0	1	2	W_G
0		0.20	0.20	0.00	0.40
1		0.42	0.16	0.02	0.6
W_S		0.62	0.36	0.02	

wobei die Gesamtsumme aller Werte eins ist. Als sog. <u>Randwahrscheinlichkeiten</u> treten dabei die einfachen Verteilungen G und S auf: Die Zeilensummen liefern die Werte von W_G, die Spaltensummen jene von W_S. Offenbar gilt allgemein

$$W_G(g_i) = \sum_j W_{G,S}(g_i, s_j) \qquad (j = 0, 1, 2) \; ,$$

$$W_S(s_j) = \sum_i W_{G,S}(g_i, s_j) \qquad (i = 0, 1) \; .$$

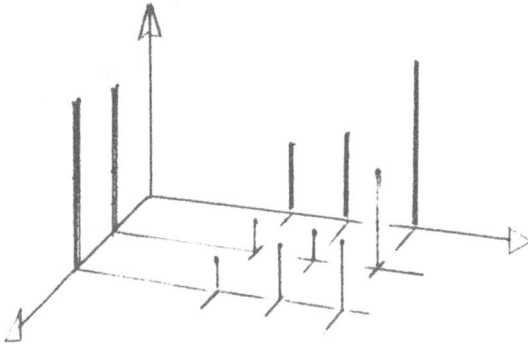

Abb.: gemeinsame W-Verteilung zweier Zufallsgrößen X, Y

In Kap. 12 hatten wir die stochastische Unabhängigkeit von Ereignissen definiert. Wir erweitern diesen Begriff nun auf zwei Zufallsgrößen X, Y und legen dazu fest:

Gilt für zwei Zufallsgrößen X, Y über demselben (Ω, P)

$$P(X = x_i \wedge Y = y_j) = P(X = x_i) * P(Y = y_j).$$

für alle x_i, y_j, so heißen X und Y <u>stochastisch unabhängig</u>.

Dafür schreiben wir kurz:

$$W_{X.Y}(x_i, y_j) = W_X(x_i) * W_Y(y_j).$$

Untersuchen wir G und S im Beispiel auf Unabhängigkeit:

Während auf der vorigen Seite die Tabelle für $P(G = g \wedge S = s)$ zu sehen ist, ergibt sich für das Produkt $P(G = g) \cdot P(S = s)$

g \ s	0	1	2	
0	0.248	0.144	0.008	0.40
1	0.372	0.216	0.012	0.60
	0.62	0.36	0.02	

Demnach sind die beiden Zufallsgrößen Geschlecht und Stand im Beispiel abhängig, denn obige Tabelle stimmt mit jener von der vorigen Seite nicht überein.

Hinweis: Ob zwei Zufallsgrößen abhängig sind oder nicht, hängt auch von deren Definition ab; faßt man im Beispiel verheiratet und geschieden begrifflich zusammen, so könnten G und S u.U. plötzlich unabhängig werden!

Die gemeinsame Verteilung $W_{X,Y}$ hängt mit der auf Seite 93 definierten additiven Verknüpfung (Summe) X + Y über

$$P(X + Y = r) = \sum_i W_{X,Y}(x_i, r-x_i)$$

zusammen. Analog wird, sofern X und Y über demselben (Ω, P) definiert sind, als <u>Produkt</u> dieser beiden Zufallsgrößen

$$(X * Y)(w) := X(w) * Y(w)$$

definiert, also die multiplikative Verknüpfung der dem Ereignis w unter X bzw. Y zugeordneten Werte. Dies ergibt

$$P(X * Y = k) = \sum_{x_i, y_j : x_i * y_j = k} W_{X,Y}(x_i, y_j) .$$

Die Tabelle auf S. 106 ist nicht von diesem Typ! Zur Klarheit geben wir ein ausführliches Beispiel:

In einer Urne seien vier Kugeln, beschriftet mit 0, 1, 2 und 3. Nun ziehen wir mit Zurücklegen zweimal je eine Kugel. X sei Zufallsgröße für die beim ersten, Y für die beim zweiten Zug entnommene Kugel. Die Wahrscheinlichkeitsverteilungen von X und Y sind identisch, also auch die Verteilungen gleich

x	0...3
P(X = x)	je 1/4

y	0...3
P(Y = y)	je 1/4

,

mit jeweils μ = 1.5 und σ^2 = 1.25. – Umgekehrt kann man aber aus gleichen Verteilungen noch lange nicht auf gleiche Zufallsgrößen schließen. [*]).

---

[*]) Beim Würfeln seien X und Y wie folgt definiert. X: Fällt eine gerade Zahl, so gewinnt man DM 1, andernfalls verliert man DM 1. Y: Für eine Primzahl gibt es eine Mark, andernfalls verliert man eine Mark. Offenbar ist X <> Y. Man findet über

Augenzahl w	1	2	3	4	5	6
x = X(w)	-1	1	-1	1	-1	1
y = Y(w)	-1	1	1	-1	1	-1

aber

x	-1	+1
$W_X(x)$	0.5	0.5

bzw.

y	-1	+1
$W_Y(y)$	0.5	0.5

,

also $W_X = W_Y$.

Die gemeinsame Wahrscheinlichkeitsverteilung trägt man in einer Tafel mit 4·4 = 16 Feldern zusammen, wobei jedes Feld mit dem Wert 1/16 besetzt ist:

x	y	0	1	2	3
0		1/16	1/16	...	...
... usw.					

Für die gemeinsame Verteilung sind μ und σ nicht definiert; die gemeinsame Verteilung wird ja durch eine W-Funktion mit zwei Argumenten beschrieben, so daß die Formel von Seite 68 Mitte keinen Sinn gibt. (Man könnte höchstens vom Schwerpunkt (1.5, 1.5) dieser Verteilung reden.)

Für die Summe S = X + Y sieht die Tafel hingegen so aus:

s	0	1	2	3	4	5	6
P(S = s)	1..	2..	3..	4..	3..	2..	1.. ../16

Man findet nach kurzer Rechnung $\mu_S = 3$ mit VAR S = 2.5. Hier ist noch das Produkt M = X · Y der beiden Verteilungen:

x	y	0	1	2	3
0		1/16	1/16	...	...
... usw.					

mit $\mu_M = 9/4$ und VAR M = 1269/1024. Die angegebenen Erwartungswerte und Varianzen kann man über die Definitionen berechnen, aber:

In Ergänzung der Formeln von Seite 93 ff. läßt sich (hier ohne Beweis) noch der Satz ergänzen:

Sind X und Y stochastisch unabhängig, dann gilt

$$\mathcal{E}(X * Y) = \mathcal{E}X * \mathcal{E}Y \qquad \text{und} \qquad VAR\ (X + Y) = VAR\ X + VAR\ Y.$$

In unserem Beispiel haben X und Y diese Eigenschaft, d.h.

$$\mathcal{E}M \quad \text{und} \quad VAR\ S$$

hätten wir direkt angeben können. Für $\mathcal{E}$ S haben wir schon eine einfache Summenbeziehung aus Kapitel 12; Seite 93, oben. – Es gibt aber keine Formel für VAR(X · Y), d.h. VAR M muß i.a. umständlich berechnet werden.

Angemerkt sei, daß aus der Gültigkeit von $\mathcal{E}(X \cdot Y) = \mathcal{E}X \cdot \mathcal{E}Y$ nicht umgekehrt gefolgert werden kann, daß X und Y unabhängig sind. – Ist das Produkt der Erwartungswerte allerdings nicht gleich dem Erwartungswert von X·Y, dann sind X und Y sicher abhängig.

Wir können nun eine Eigenschaft des arithmetischen Mittels aus n Einzelwerten angeben bzw. begründen, die seine Beliebtheit (etwa seit dem 16. Jahrhundert) absichert:

Jede Einzelmessung (z.B. einer Länge) wird durch eine Zufallsgröße X beschrieben: Alle diese X_i haben die gleiche Verteilung und sind voneinander stochastisch unabhängig. μ und σ stimmen also für alle diese X_i überein. Wir bilden nun die neue Zufallsgröße

$$\overline{X} := \frac{1}{n} \sum_{i=1}^{n} X_i$$

und berechnen deren Erwartungswert $\mathcal{E}\overline{X}$ und die Varianz VAR $\overline{X}$. Aus der Linearität der Erwartung (auch für drei oder noch mehr Summanden) folgt

$$\mathcal{E}\overline{X} = \frac{1}{n} \sum_{i=1}^{n} \mathcal{E}X_i = \frac{1}{n} * n * \mu = \mu.$$

$\overline{X}$ "zielt" also auf dasselbe μ wie die einzelnen X_i. Weiter gilt in Verallgemeinerung des Satzes von eben (alle Summen laufen über i: = 1, ..., n)

$$\text{VAR } \overline{X} = \text{VAR}\left(\frac{1}{n} \sum X_i\right) = \frac{1}{n^2} \sum \text{VAR } X_i = \frac{1}{n^2} \sum \sigma^2 = \frac{\sigma^2}{n}.$$

Die Genauigkeit der Messung wächst also mit der Anzahl n der einzelnen Messungen. Dies ist das sog. $\sqrt{n}$ – Gesetz:

Das arithmetische Mittel aus n Zufallsgrößen mit dem Mittel μ hat denselben Mittelwert. Haben n paarweise voneinander unabhängige Zufallsgrößen dieselbe Standardabweichung σ, so hat ihr Mittel die Standardabweichung $\sigma/\sqrt{n}$.

Die eingangs gestellte Frage ist somit gelöst: Wenn wir die Stäbe zusammengelegt messen, erhalten wir die Summe der Einzelmessungen, aber: Die Summe der Einzelmessungen hat als Abweichung $\sqrt{2} \cdot \sigma$, während das Messen beider Längen am Stück wiederum nur σ liefert. Interessiert also nur die Summe der Längen, so sollte man diese möglichst direkt messen, nicht additiv zusammensetzen ...

Wir kommen jetzt auf die Gleichverteilung von Seite 75/76 im Falle n = 4 als Beispiel zurück:

$$P(X = x) := \left\{ \begin{array}{ll} 1/4 & \text{für } x = 1, 2, 3, 4 \\ 0 & \text{sonst .} \end{array} \right.$$

Es gilt $\mu = (n+1)/2 = 2.5$ und $\sigma^2 = (n^2 - 1)/12 = 5/4$.

Sie könnte etwa einen Tetraeder-Würfel mit vier entsprechend bedruckten Flächen beschreiben. μ und σ hängen offenbar von der Beschriftung ab, denn die symmetrische Gleichverteilung

$$G(X) := 1/4 \text{ für } x = -2, -1, 1, 2 \quad \text{(und 0 sonst)}$$

wäre ebenso brauchbar, liefert aber $\mu = 0$ mit $\sigma^2 = 5/4$, und bei anderer Beschriftung (etwa $\pm 3, \pm 1$) können wir zudem auch σ verändern!

Um die beiden eng verwandten Verteilungen besser vergleichen zu können, wird folgende Definition vereinbart:

Eine Zufallsgröße X heißt <u>standardisiert</u>, wenn sie den Erwartungswert $\mu = 0$ und die Standardabweichung $\sigma = 1$ hat.

Mit dieser Definition gilt folgender Satz:

Es sei X eine Zufallsgröße mit $\sigma > 0$ und endlichem $\mu = \mathcal{E}X$. Dann ist die nach der Formel $u = (x - \mu)/\sigma$ transformierte neue Zufallsgröße U_x gemäß

$$U_x := \frac{X - \mu}{\sigma}$$

standardisiert, d.h. es gilt $\mathcal{E}U_x = 0$ und VAR $U_x = \sqrt{\sigma_U} = 1$.

U_x heißt die <u>zu X gehörige standardisierte Zufallsgröße</u>. Der Beweis der beiden Behauptungen zu Mittelwert und Abweichung ist einfach:

$$\mathcal{E}U = \mathcal{E}\frac{X - \mu}{\sigma} = \frac{1}{\sigma} * (\mathcal{E}X - \mu) = \frac{1}{\sigma} * 0 ,$$

(diese Transformation heißt *zentrieren*) und weiter

$$\text{VAR } U = \text{VAR} \left(\frac{X - \mu}{\sigma} \right) = \frac{1}{\sigma^2} * \text{VAR } (X - \mu) = \frac{1}{\sigma^2} * \sigma^2 = 1 .$$

Bei der letzten Umrechnung wurde eine Beziehung von Seite 93
eingesetzt: X und X-a haben dieselbe Varianz! Die eben durch-
geführte Transformation wird *normalisieren* genannt. – Beide
Tranformationen zusammen bedeuten also *standardisieren*.

Mit der freilich recht seltsamen Beschriftung

$$\pm \frac{1}{\sqrt{5}} \quad \text{und} \quad \pm \frac{3}{\sqrt{5}}$$

würden damit unsere o.g. beiden Tetraeder-Würfel in einem zu-
sammenfallen und damit nicht nur gleiche Verteilung, sondern
auch völlig gleiche Zufallsgrößen haben ...

Im genannten Beispiel ist diese Transformation X ---> U eher
unnötig; im Falle der Binomialverteilung werden wir jedoch im
Kapitel 17 ausführlich darauf eingehen müssen.

Was bewirkt die Standardisierung bei der kumulativen Verteilungsfunktion einer Verteilung?

Aus $F(x) = P(X \leq x)$ wird

$$F(u) = P(U_x \leq u) = P(U_x \leq \frac{x - \mu}{\sigma}) \quad \text{mit} \quad u = \frac{x - \mu}{\sigma} .$$

Die Standardisierung verändert demnach die Lage der Sprung-
stellen, aber nicht deren Höhe!

Es ist in diesem Zusammenhang nützlich, noch die sog. Dichte
einer Zufallsgröße zu definieren: Das ist für diskrete Verteilungen (wie bisher) die linksseitig stetige Funktion

$$f(x) := \begin{cases} \dfrac{P(a_i < X \leq a_{i+1})}{a_{i+1} - a_i} & \text{für } x \in]a_i, a_{i+1}] \\[2mm] 0 & \text{sonst .} \end{cases}$$

In der folgenden Darstellung beachte man, daß die Rechtecke im
Histogramm bei angenommener ganzzahliger Teilung der Rechtsachse so zu zeichnen sind, daß deren Flächeninhalte den jeweiligen Wahrscheinlichkeiten entsprechen, also mit der Höhe p
bei Breite 1. Die Gesamtfläche unter dem Histogramm hat den
Wert Eins, d.h. die Summe aller Wahrscheinlichkeiten in der
angenommenen Verteilung.

Zum Histogramm der angenommenen Verteilung links sieht die Dichte daneben skizziert wie folgt aus. – Die linksseitige Stetigkeit (d.h. Stetigkeit, von links her kommend) haben wir passend angedeutet:

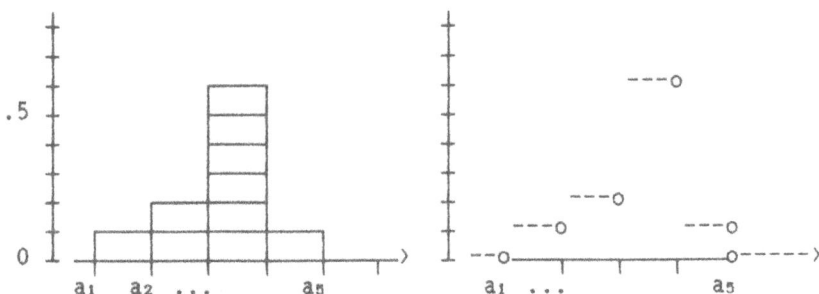

Abb.: Histogramm und Graph der Dichtefunktion

Die Dichte darf nicht mit der kumulativen Verteilung

$$F(x) = P(X \leq x)$$

nach Seite 68 verwechselt werden! Diese Treppenfunktion steigt im Beispiel mit vier Sprüngen von 0 auf 1 an ...

Die Dichtefunktion $f(x)$ ist stückweise stetig und bekanntlich integrierbar; sie hat die Integraleigenschaft

$$P(a_1 < X \leq a_k) = \int_{a_1}^{a_k} f(x) \, dx \; .$$

Insbesondere gilt also

$$\int_{-\infty}^{+\infty} f(x) \, dx = 1 \; .$$

Zum Verständnis wichtig: Ein Funktionswert $f(x)$ der Dichtefunktion ist keine Wahrscheinlichkeit; nur Flächen zwischen zwei Grenzen liefern solche. – Dies ist eine Entsprechung zu den Begriffen Dichte und Masse aus der Physik, wie bei der Massenbelegung eines Stabes (Dichte = Masse/Längeneinheit).

15   GRENZFÄLLE

Eine Zufallsgröße X habe den Erwartungswert μ; dann geht man anschaulich von der Annahme aus, daß sich bei Durchführung des entsprechenden Versuchs Werte "meistens in der Nähe von" μ einstellen. Wir könnten nach der Wahrscheinlichkeit

$$P(\mid X - \mu \mid \geq a)$$

zu gegebenem a fragen, also danach, daß das Versuchsergebnis von μ um mindestens a entfernt ist:

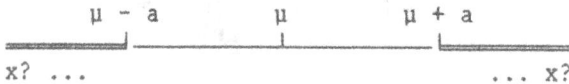

Offenbar muß dieses P mit wachsendem a kleiner werden. Weiter ist auch eine Abhängigkeit von VAR X (oder σ) anzunehmen: Je kleiner die Varianz ausfällt, desto kleiner sollte P werden. Erstaunlicherweise kann man völlig unabhängig von der zu X gehörenden Wahrscheinlichkeitsverteilung eine Aussage über P machen:

$$P(\mid X - \mu \mid \geq a) \leq \frac{VAR\ X}{a^2} .$$

Zum Beweis dieser nach TSCHEBYSCHOW (1867) und BIENAYMÉ (schon um 1853) benannten Ungleichung beginnt man mit der Varianz ...

$$VAR\ X = \Sigma\ (x_1 - \mu)^2 * P(X = x_1) ,$$

und zerlegt die Summe geschickt in zwei Summanden:

$$VAR\ X = \underset{\mid x_1 - \mu \mid\, \geq\, a}{\Sigma}\ (x_1 - \mu)^2 * P(x_1) + \underset{\mid x_1 - \mu \mid\, <\, a}{\Sigma}\ (x_1 - \mu)^2 * P(x_1).$$

Da in der zweiten Summe alle Summanden ≥ 0 sind, gilt

$$VAR\ X \geq \underset{\mid x_1 - \mu \mid\, \geq\, a}{\Sigma}\ (x_1 - \mu)^2 * P(x_1)$$

mit $(x_1 - \mu)^2 \geq a^2$. Damit läßt sich VAR X weiter abschätzen:

$$VAR\ X \geq \Sigma\ a^2 * P(x_1) = a^2 * \Sigma\ P(x_1)$$

$$= a^2 * P(\mid X - \mu \mid \geq a) .$$

(Die Summen laufen über alle x_1 mit $\mid x_1 - \mu \mid \geq a$.

Durch Umstellen erhält man jetzt die TSCHEBYSCHOW-Ungleichung,
unsere Behauptung, die sich auch anders schreiben läßt:

$$P\ (\ |\ X - \mu\ |\ <\ a\ ) = 1 - P(\ |\ X - \mu\ |\ \geq\ a\ ) \geq 1 - \frac{VAR\ X}{a^2} =$$
$$= 1 - r_T.$$

Man nennt r_T = VAR X / a^2 TSCHEBYSCHOW-Risiko. Das <u>wahre</u>
<u>Risiko</u> ist meist kleiner, höchstens so groß wie r_T.

Natürlich ist die gefundene Abschätzung nicht besonders gut,
denn es gingen keinerlei Voraussetzungen über X ein. Trotzdem
lassen sich schon interessante Folgerungen ableiten:

Wenn man die Grenze a durch a := σ ' t mit t > 0 ausdrückt und
VAR X = σ^2 einsetzt, erhält man

$$P(\ |\ X - \mu\ |\ <\ t * \sigma\ ) \geq 1 - 1/t^2\ ,$$

d.h. für jede Zufallsgröße X die Aussagen

$$P(\ |\ X - \mu\ |\ <\ 2\ \sigma\ ) \geq\ 3/4$$

$$P(\ |\ X - \mu\ |\ <\ 3\ \sigma\ ) \geq\ 8/9$$

$$P(\ |\ X - \mu\ |\ <\ 4\ \sigma\ ) \geq 15/16\ .$$

Dabei müssen μ und σ endlich sein (was nicht immer zutreffen
muß!). Daß also ein x innerhalb des zweifachen Streubereichs
auftritt, hat immerhin mindestens 75 % Wahrscheinlichkeit ...

Wenden wir die TSCHEBYSCHOW-Ungleichung auf binomial verteilte
Zufallsgrößen X mit μ = n'p und VAR B(n; p) = n'p'q an:

$$P(\ |\ X - n*p\ |\ \geq\ a\ ) \leq \frac{n * p * q}{a^2}\ .$$

Betrachten wir anstelle von X mit den Werten 0, 1, ..., n die
Zufallsvariable H_n := X/n mit Werten 0, 1/n, 2/n, ... , 1 ,
also die relative Häufigkeit der Treffer in einer BERNOULLI-
Kette, so ist dies immer noch dasselbe Ereignis, d.h. die
Wahrscheinlichkeit ist unverändert:

$$P(\ |\ \frac{X}{n} - p\ |\ \geq\ \frac{a}{n}\ ) \leq \frac{n * p * q}{a^2}\ .$$

Wir setzen nun δ := a/n als Abkürzung und formen um:

$$P(\ | \ H_n - p \ | \ ) \geq \delta \ ) \ \leq \ \frac{p * (1 - p)}{n * \delta^2} \ .$$

Die Funktion $p * (1 - p)$ hat in $(0, 1)$ ihren größten Wert bei $p = 1/2$. Damit ergibt sich für die relative Häufigkeit der Treffer in einer BERNOULLI-Kette die Abschätzung

$$P(\ | \ H_n - p \ | \ \geq \delta \ ) \ \leq \ \frac{1}{4 \ n \ \delta^2} \ ,$$

oder gleichwertig:

$$P(\ | \ H_n - p \ | \ < \delta \ ) \ \geq \ 1 - \frac{p * q}{n \ \delta^2} \ .$$

Das bedeutet: Je länger diese BERNOULLI-Kette wird, desto weniger unterscheidet sich die relative Häufigkeit H_n bzw. h_n der Trefferzahl vom "Idealwert" p:

Die Wahrscheinlichkeit $P(| h_n - p |)$ kommt dem Wert eins beliebig nahe. Eine lange Kette von Versuchen liefert also einen guten Näherungswert für das (unbekannte) p der Urne. Man nennt diesen Sachverhalt Schwaches Gesetz der großen Zahlen:

$$\lim P(\ | \ H_n - p \ | \ ) < \delta \ ) = 1 \quad \text{für } n \longrightarrow \infty \ .$$

Es wurde von Jakob BERNOULLI um 1685 gefunden. Eine exakte Bestimmung von p ist so jedoch nicht möglich: Man bedenke, daß sich die relative Häufigkeit h_n bei jedem Schritt ändert und nur zufällig hie und da gerade p gleich sein wird. +)

Man sagt daher auch gerne, H_n konvergiere stochastisch nach p. Die Werte h_n liegen für größeres n "meistens" in einem Streifen $p \pm \delta$, aber unendlich viele auch außerhalb!

Erst 1917 konnte von F.P. CANTELLI das sog. Starke Gesetz der großen Zahlen bewiesen werden:

$$P \ (\lim H_n = p) = 1 \quad \text{für } n \longrightarrow \infty \ ,$$

das man etwa so formulieren kann: Die relative Häufigkeit konvergiert fast sicher gegen p.

+) Sei an einer bestimmten Stelle n der Kette $h_n = b/n$; von den dann folgenden Werten $b/(n+1)$ oder $(b+1)/(n+1)$ kann offenbar höchstens einer p gleich sein ...

Hierzu eine wichtige Klarstellung: Man darf beim Lotto (oder beim Würfeln usw.) aus dem Gesetz der großen Zahlen <u>nicht</u> schließen, daß in der Vergangenheit selten gekommene Werte in Zukunft gehäuft auftreten und vom Zufall somit "ausgeglichen" werden, man also auf bisher seltene Zahlen wetten solle. Jede "Listenführung" über "bisherige" Ergebnisse ist sinnlos!

Defizite bei den absoluten Häufigkeiten (die Spieler ja gerne registrieren ...) werden mit wachsendem n durch die relative Häufigkeit unterdrückt, wie man sich leicht überlegen kann:

Es seien z.B. bis n_0 = 1200 beim Würfeln nur 100 Sechsen gekommen, also 100 "zu wenig". Das kann in alle Ewigkeit so bleiben, denn die feste Differenz 100 geht in der Form 100/n mit n --> ∞ stets gegen Null. Die absolute Abweichung kann sogar noch deutlich wachsen ...!

Zufallsexperimente haben keinerlei Gedächtnis: Es ist nicht erlaubt, an der Stelle n_0 einen "Zeitschnitt" zu machen und anzunehmen, irgendwelche Defizite von früher würden "ab jetzt" ausgebügelt. – Relative Häufigkeiten stabilisieren sich, nicht aber Absolutzahlen!

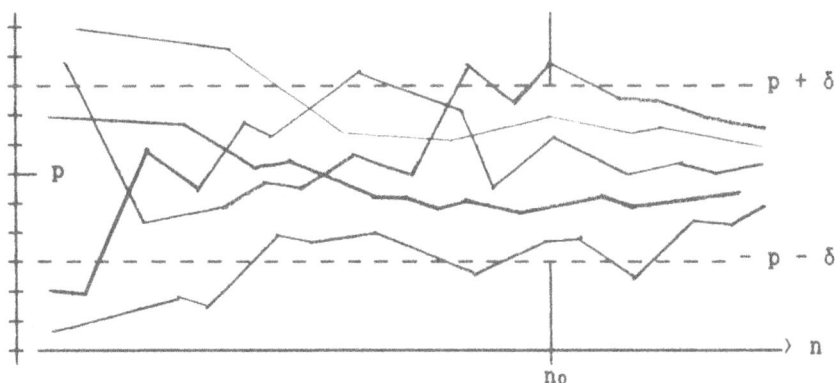

Abb.: Das sog. Gesetz der großen Zahlen

In der Abbildung ist bei n_0 ein "Tor" um p gezeichnet: Der Anteil der dieses Tor passsierenden Versuchsketten zum Berechnen von h_n hat dann einen Mindestwert, der mit wachsendem n_0 gegen eins geht. Aber für $n > n_0$ sind immer noch Ausreißer möglich!

Die Ungleichung von TSCHEBYSCHOW kann in der Form

$$P(\, | \, X_n - \mu \, | \geq a \,) \leq \frac{\sigma^2}{n * a^2}$$

auch auf das arithmetische Mittel X_n paarweise unabhängiger Zufallsgrößen X_i angewendet werden, wenn alle X_i den Erwartungswert μ und die Varianz σ^2 aufweisen (vgl. Seite 109). Der Beweis verläuft analog zu jenem bei der Binomialverteilung auf Seite 114 von eben und kann als Übungsaufgabe betrachtet werden.

Oftmals interessiert die Abschätzung eines Risikos in dem Sinne, daß die Werte einer Zufallsgröße X sich nicht um mehr als a von μ unterscheiden, also eine obere Schranke s für die entsprechende Wahrscheinlichkeit angegeben wird:

$$P (\ |X - \mu| \geq a \ ) \leq s \ .$$

Daß X also "nahe" bei μ liegt, soll wenigstens die Wahrscheinlichkeit 1 – s haben. Wir besprechen hierzu einige typische Beispiele:

Nehmen wir an, wir wollten 1200mal würfeln und möchten eine Aussage darüber, wie groß die Wahrscheinlichkeit ist, den Wert p =1/6 für Sechs um weniger als 0.02 mit der sich im Versuch ergebenden absoluten Häufigkeit (um 200 herum!) zu verfehlen. Direkt wäre

$$P(\ | \ H_{1200} - 1/6 \ | \ < 0.02 \ ) \overset{!}{=}$$

$$= P(\ | \ X - 200 \ | \ < 0.02 * 1200 \ ) =$$

$$= P(\ 176 < X < 224 \ ) = \Sigma \ B(1200; \ 1/6; \ k) \ ,$$

summiert über k = 177 ... 223. Diese Summe ist nicht so leicht zu berechnen, und in der kumulativen Tabelle fehlen uns leider die entsprechenden Werte ...

Mit der TSCHEBYSCHOW-Ungleichung können wir aber sehr einfach wenigstens eine untere Schranke angeben: Auf Seite 115 hatten wir für die Binomialverteilung das Ergebnis

$$P(\ | \ H_n - p \ | \ < \delta \ ) \geq 1 - \frac{p * q}{n \ \delta^2} \ .$$

In unserem Fall ergibt sich für das TSCHEBYSCHOW-Risiko durch Einsetzen der Werte p = 1/6 und q = 5/6, n = 1200 und δ = 0.02 sogleich

$$r_T = \frac{125}{432} \approx 0.289 \ ,$$

also für die fragliche Wahrscheinlichkeit zu $h_n \in 1/6 \pm 1/60$ ein Wert von wenigstens 71 % .

Anschaulich besagt das: Machen wir viele Versuche mit je 1200 Würfen, so wird nur in etwa 29 Prozent der Fälle die vorgefundene Abweichung größer sein ...

Umgekehrt kann man fragen, wie lang eine Versuchskette wohl mindestens sein muß, damit mit einer bestimmten Wahrscheinlichkeit z.B. 90 % die Abweichung kleiner ist als eine vorgegebene Grenze:

Eine Urne enthalte zwei Arten von Kugeln, beide gleich oft. Wie oft müssen wir mit Zurücklegen ziehen, damit das konkrete Ergebnis h_n der Versuchsreihe um weniger als 1/10 vom idealen Wert $p = 1/2$ abweicht?

Wir suchen also ein möglichst kleines n derart, daß

$$P(\ | \ h_n - 1/2 \ | \ < 1/10 \ ) \ > 0.90 \ .$$

Die linke Seite ist $> 1 - r_T$. Aus $1 - r_T > 0.9$ folgt

$$r_T < 0.1 \ , \ \text{also}$$

$$r_T = \frac{p * q}{n * 0.1^2} < 0.1 \ ,$$

woraus mit $p = q = 0.5$ weiter folgt $n \geq 250$. Es sollten also rund 250 Ziehungen gemacht werden. – Die Sicherheit 90 % ist ziemlich hoch; es ist daher sehr wahrscheinlich, daß schon bei einer einzigen Versuchskette $0.4 < h_n < 0.6$ sein wird ...

Nunmehr fragen wir nach der Größe eines Intervalls: Ein Würfel werde z.B. 240mal geworfen; der Erwartungswert für Sechs ist dann 40.

In welchem Intervall ist mit wenigstens 60 % Wahrscheinlichkeit der Ausgang des Versuchs zu vermuten? Wir suchen jetzt ein δ derart, daß

$$P(\ |h_{240} - 1/6| \ < \delta \ ) \ > 0.6$$

wird. Gleichwertig damit ist $P(\ |h_{240} - 1/6| \ \geq \delta \ ) \ < 0.4$.

$$r_T = \frac{1/6 * 5/6}{240 * \delta^2} \ \leq 0.4$$

muß also erfüllt sein, woraus $\delta \geq 0.038$ folgt.

Mit der Intervallmitte 40 bedeutet das $40 \pm 240 \cdot \delta$ oder als Intervall 40 ± 9.13 , und – da ja nur ganze Zahlen als Ausfälle möglich sind – tatsächlich das Intervall [31 ... 49].

Zuletzt der praktisch vielleicht interessanteste Fall, daß man bei einer Versuchsserie der Länge n einen konkreten Wert von h_n gefunden hat und wissen möchte, welchen Wert das unbekannte p nun tatsächlich hat, d.h. in welcher Umgebung von h_n es mit einer gewissen Wahrscheinlichkeit angesiedelt werden kann:

Man spricht von einem <u>Vertrauens– oder Konfidenzintervall</u>.

Nehmen wir unser Urnenbeispiel von weiter vorne, jetzt aber mit nicht bekanntem Inhalt:

Bei einer konkreten Versuchsserie mit $n = 100$ hat sich z.B. das Ergebnis $h_{100} = 60/100$ eingestellt, d.h. 60 Treffer auf 100 Versuche. Natürlich tippen wir gleich auf eine Verteilung von 60 : 40, also "ungefähr" $p = 0.6$. Wie steht es hier mit der Sicherheit der Aussage?

Wir betrachten mit $h_{100} = 0.6$ die gegenteilige Situation

$$P(\ |0.6 - p| \geq \delta \ ) \leq 0.1$$

zur Sicherheit 90 % und schätzen aus r_T ab:

$$r_T = \frac{p \cdot q}{100 \cdot \delta^2} \leq 0.1 \ .$$

Da wir über p und q "nichts wissen", setzen wir im Quotienten den ungünstigsten Fall ein, d.h. $p = q = 1/2$.

Dann folgt $\delta > 0.158$, d.h. p liegt mit der hohen Wahrscheinlichkeit von 90 % im Intervall 0.6 ± 0.16. Man sieht, daß aus $h_{100} = 0.6$ der Schluß auf die Urne mit $p = 0.6$ keineswegs so sicher ist.

Bei dieser Art der Abschätzung mit unbekanntem Zähler von r_T ist die sich ergebende Größe des Intervalls nicht von der Lage von h_n abhängig: Hätte sich für h_n ein Wert von z.B. 0.1 ergeben, so können wir jedenfalls einen recht kleinen p-Wert vermuten:

Die Funktion $p \cdot (1 - p)$ hat ihr Maximum bei $p = 1/2$, was für den Zähler bei r_T ja 0.25 liefert. Gehen wir bei h_n mit der gebotenen Vorsicht einmal nach $p \leq 0.2$, so wird aus

$$r_T = \frac{0.16}{100 * \delta^2} \leq 0.1$$

der etwas kleinere Wert $\delta > 0.13$ kommen ...

Gegenüber eben wird das <u>Mutungsintervall</u>, wie man zum Vertrauensintervall gelegentlich auch sagt, jetzt zwar auch etwas
kleiner, aber wegen $0.1 - 0.13 < 0$ mit der sonderbaren Eigen-
tümlichkeit, daß wir nur noch sagen können, das unbekannte p
sei mit 90 % Wahrscheinlichkeit jedenfalls nicht größer als
0.23 ...

Die soeben besprochenen vier Aufgabentypen sind von grundsätzlicher Bedeutung; wir greifen die Problematik im späteren Kapitel zur Normalverteilung (ab Seite 133) daher wieder auf ...

"Mittlere" 4-Personen-Haushalte führen für das Stat. Bundesamt
Buch über Einnahmen und Ausgaben (1990 : 400 Familien). Das
"verfügbare" Einkommen bezieht alle Quellen ein, Lehrlingsver-
gütungen, Kindergeld, Untermiete usw. - Der Musterhaushalt besteht aus zwei Erwachsenen und zwei Kindern. Dem Wirtschafts-
teil der SZ 1980 und 1991 sind folgende Zahlen entnommen:

Posten	1979	1990
Nahrungsmittel	555	⎤
Genußmittel	95	⎦ 831
Bekleidung	207	281
Körperpflege, Gesundheit	72	127
Bildung, Unterhaltung	194	366
Heizung, Strom, Gas	149	183
Reisen	100	-
Persönliche Ausstattung	-	121
Möbel, Hausrat	217	248
Miete	362	745
Auto u.a.	379	550
KFZ-Steuer, Spenden, Versicherungen	-	475
Ersparnis	-	659
"mittleres" Einkommen	2330	4586

Vergleichen Sie die Einkommen mit den Angaben von Seite 36; es
wird klar, wie wenig aussagekräftig der Begriff "mittleres"
Einkommen ist. - Aber Einkommensstatistiken sind gut gehütete
Geheimnisse ...

16   POISSON–VERTEILUNG

Für große n werden sich die Werte von Binomialverteilungen
B(n; p) bei festem Erwartungswert $\mu = n \cdot p$ immer ähnlicher,
wie ein Auszug aus Tabellen zeigt:

k	B(20; 0.10)	B(50; 0.04)	B(100; 0.02)	B(200; 0.01)
1	0.2702	0.2706	0.2707	0.2707
2	0.2852	0.2762	0.2734	0.2720
4	0.0980	0.0902	0.0902	0.0902
8	0.0004	0.0006	0.0007	0.0008

Abb.: B(n; p; k) für einige k mit $\mu = 2$

Siméon POISSON (1781 – 1840) hat erkannt, daß die in μ übereinstimmenden Binomialverteilungen mit wachsendem n einer
Grenzverteilung zustreben:

Nach Definition von Seite 83 ist

$$B(n; p; k) = \binom{n}{k} \, p^k \, (1-p)^{n-k} =$$

$$= \frac{n*(n-1)* \ldots *(n-k+1)}{k!} * \frac{\mu^k}{n^k} * \frac{(1 - \mu/n)^n}{(1 - \mu/n)^k} =$$

$$= \frac{1*(1-1/n)*(1-2/n)* \ldots *(1-(k-1)/n)}{(1 - \mu/n)^k} * \frac{\mu^k}{k!} * (1 - \mu/n)^n =$$

$$= \frac{1}{1-\mu/n} * \frac{1 - 1/n}{1 - \mu/n} * \ldots * \frac{1 - (k-1)/n}{1 - \mu/n} * \frac{\mu^k}{k!} * (1 - \mu/n)^n \; .$$

Läßt man nun n über alle Grenzen wachsen, so gehen vorne die k
Faktoren für festes (!) μ alle gegen Eins, der letzte Faktor
konvergiert bekanntlich gegen $e^{-\mu}$. Also gilt für n ---> ∞ die
Grenzbeziehung

$$\lim B(n; p; k) = e^{-\mu} * \frac{\mu^k}{k!} \qquad \text{bei festem } \mu = n * p \; .$$

Daraus folgt weiter für die kumulative Verteilung

$$\lim F_{P^n}(k) = e^{-\mu} \sum_{i=0}^{k} \frac{\mu^i}{i!} \quad \text{für } n \longrightarrow \infty \; ,$$

wobei wiederum <u>festes</u> μ beachtet werden muß.

Mit der ersten Grenzbeziehung kann man für große n bei festem
μ also die Binomialverteilung näherungsweise berechnen.

Diese Näherung ist jedoch unbrauchbar, wenn k in die Nähe von
n kommt. Für k > n ist übrigens stets B(n; p; k) = 0, aber die
Näherungsformel liefert per Summe immer noch Beiträge. – Daher
sollten μ << n und |k – μ| << n beachtet werden, d.h. also
kleines p (etwa unter 0.1) und großes n (> 100).

Die Näherung wird bei konstantem μ = n · p mit großem n verwendet, d.h. die Trefferwahrscheinlichkeit p muß klein sein;
es handelt sich daher um ein <u>Gesetz für seltene Ereignisse</u>. Da
die entsprechende Verteilung in der Praxis eine große Rolle
spielt, definiert man explizit:

Eine diskrete Zufallsgröße X heißt <u>nach POISSON verteilt</u>, wenn
X die Werte 0, 1, 2, 3, ... annehmen kann und für die Wahrscheinlichkeitsverteilung von X gilt

$$P(\mu; k) := \begin{cases} e^{-\mu} * \dfrac{\mu^k}{k!} & \text{für } k := 0, 1, 2, \dots \\[2mm] 0 & \text{sonst .} \end{cases}$$

Für den Ereignisraum Ω gilt jetzt ord(Ω) = ∞; er ist unendlich
groß.

Für den Erwartungswert der POISSON-Verteilung hat man $\oint X = \mu$,
dies schon wegen der obigen Grenzwertüberlegungen. Dies läßt
sich aber auch durch nachträgliche Rechnung mit der sinngemäß
zur unendlichen Summe erweiterten Definition von Seite 68 herleiten:

$$\oint X = \sum_{k=0}^{\infty} k * P(X = k) = e^{-\mu} * \sum_{k=0}^{\infty} k * \frac{\mu^k}{k!} = e^{-\mu} * \mu * e^{+\mu} \; .$$

Analog erhält man VAR X = μ (also = $\oint X$), und für die <u>Schiefe</u>
nach der Formel von Seite 69 den Wert sk = $1/\sqrt{\mu}$.

Für kleine k kann man die Werte der POISSON-Verteilung mit dem
Taschenrechner ausrechnen oder auch die Rekursionsformel

$$P(\mu; \; k + 1) = \frac{\mu}{k + 1} * P(\mu; \; k) \qquad mit \; P(\mu; \; 0) = e^{-\mu}$$

einsetzen; meist sieht man aber in Tabellen zur kumulierten Verteilung nach, aus der sich einzelne Summanden durch Subtrahieren finden lassen.

Ein kleines Beispiel einer ersten Anwendung: Auf einer Webmaschine treten im Mittel pro 100 m Maschinenlauf 5 Webfehler auf. Wie groß ist die Wahrscheinlichkeit, in einem m Stoff genau einen Webfehler zu finden, wobei wir unterstellen, daß Fehler nicht sogleich Folgefehler produzieren, also unabhängig voneinander auftreten?

Mit der Binomialverteilung ergibt sich: Jeder Fehler hat die gleiche Chance p = 1/100, auf einem gewissen m Stoff "untergebracht" zu werden; wir haben n = 5 Versuche, dies zu tun, also

   B(5; 0.01; 1) = 0.0388 oder rund 4 % .

Mit der POISSON-Verteilung ist μ = 0.05 der Mittelwert der Fehler je m Stofflänge, also mit k = 1

   $P(0.05; \; 1) = 0.05 * e^{-0.05} = 0.048$ oder knapp 5 % .

Die Wahrscheinlichkeit, in einem Ballen zu 20 m höchstens einen Fehler zu finden, ist mit μ = 1 (Fehler pro 20 m) dann

   $P(20; \; k \le 1) = (1 + 1) * e^{-1}$ 0.735 oder knapp 75 % .

Und alle fünf Fehler in diesem Stück: $e^{-1}/5!$ oder gerade 3 Promille.

Neben der näherungsweisen Berechnung von Binomialverteilungen ist eine weitere Anwendung der Fall, daß man von einer Zufallsgröße X nur ihren Mittelwert kennt:

In einer Großstadt werden laut Polizeistatistik pro Jahr im Mittel 15 Morde ausgeführt. Wie groß ist die Wahrscheinlichkeit, daß in der nächsten Woche keine solche Untat vorkommt?

Ausgehend von der Zeiteinheit Woche nehmen wir für μ den Wert 15/52 und finden $P(\mu; \; 0) = e^{-0.29} \approx 75 \, \%$.

Über $P(\mu; \; 0) + P(\mu; \; 1) = (1 + \mu) \cdot P(\mu; \; 0) \approx 0.97$ ergibt sich die Antwort auf die Frage, daß innerhalb einer Woche höchstens ein Mord ausgeführt wird: 97 Prozent. Zwei oder gar noch mehr Morde, das ist nur mit rund 3% Wahrscheinlichkeit zu erwarten.

Andere seltene Ereignisse in diesem Sinne sind z.B. Stern-
schnuppen, Unfälle auf einem Straßenabschnitt und der radio-
aktive Zerfall nach Ernest RUTHERFORD (1871 - 1937, 1908 für
Chemie mit dem Nobelpreis ausgezeichnet). In all diesen und
ähnlichen Fällen wird eine unbekannte empirische Verteilung
durch die POISSON-Verteilung hinreichend genau approximiert.

Ein klassisches Beispiel ist von dem Juristen Ladislaus v.
BORTKIEWICZ (1868 - 1931) +) angegeben worden: Er sammelte
Daten über die durch Hufschlag Getöteten im preußischen Heer
in den Jahren 1875/94 und gab dann zusammenfassend für 200
"Regimenterjahre" diese Übersicht

k	0	1	2	3	4	5 ...
N_k	109	65	22	3	1	0
h_{200}	0.545	0.325	0.110	0.015	0.005	...
	108.6	66.3	20.2	4.1	0.6	0.08

in folgendem Sinn: In insgesamt 109 Fällen gab es pro Regiment
und Jahr keinen solchen Todesfall, in 65 Fällen einen usw.

Näherungsweise kann man μ aus dieser Verteilung zu

$$\mu = (0 * 109 + 1 * 65 + \ldots + 4 * 1)/200 \approx 0.61$$

abschätzen und über 200 * P(0.61; k) die Vergleichswerte einer
POISSON-Verteilung in die letzte Zeile der Tabelle rechnen:

Man erkennt die gute Übereinstimmung der empirischen Daten mit
der theoretischen Verteilung: Ein Todesfall im Jahr hätte im
Zeitraum von 20 Jahren in 66 Regimentern auftreten sollen,
tatsächlich waren es (nur) 65 ...

Eine weitere wichtige Anwendung findet die POISSON-Verteilung
in der Theorie der Warteschlangen (Bedienungstheorie): Dort
geht es im Modell um die Abwicklung von Forderungen (Kunden,
Patienten, Lastwagen ...), die im Lauf der Zeit zufällig eintreffen und an einem Kanal (Schalter, Praxis, Laderampe, ...)
abgefertigt werden müssen. Wir kommen darauf im Kapitel 18 bei
der Exponentialverteilung ausführlicher zurück.

+) Als Pole in Petersburg aufgewachsen; nach dem Studium der
Statistik später Prof. in Berlin. - Die Bezeichnung Stochastik
erfuhr durch ihn die heutige Verbreitung.

17 NORMALVERTEILUNG

Die auf Seite 85 beispielhaft angegebenen Histogramme sollen
nun für standardisierte Binomialverteilungen B(n; p) genauer
betrachtet werden. Wir wählen als Beispiel den Fall n = 20 mit
p = 0.2. Dann gilt

$$\mu = n * p = 4 \quad \text{mit} \quad \sigma = \sqrt{n * p * q} = 4/\sqrt{5} = 1.788\ldots$$

Erinnern wir uns, daß im Histogramm zur Verteilung die Recht-
ecksflächen den jeweiligen Wahrscheinlichkeiten entsprechen,
also die Summe all dieser Flächen den Wert eins ergibt:

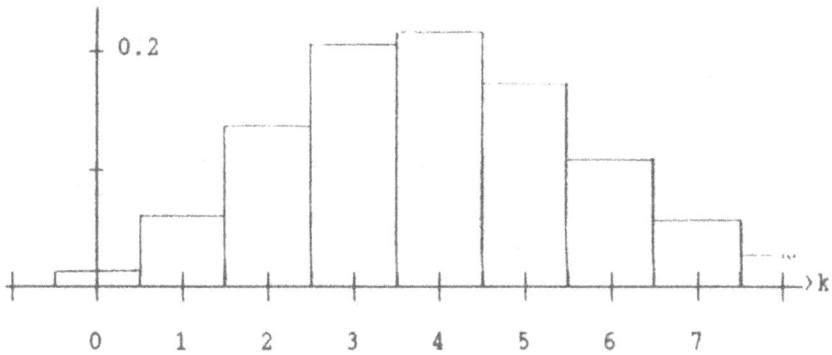

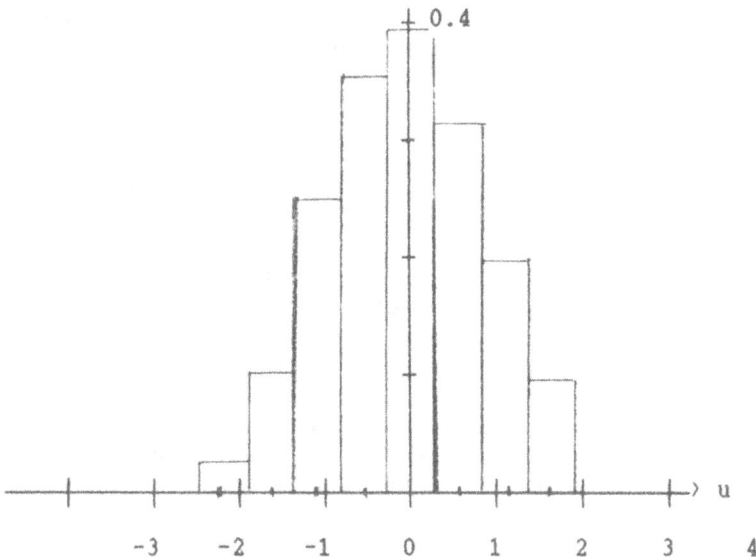

Abb.: Übergang zur standardisierten Verteilung
bei B(20; 0.2; k)

Um die zweite Abbildung zu erstellen, ist die folgende Über-
sichtstabelle benutzt worden, in der wir die ersten Werte
B(20; 0.2; k) den auf u transformierten gegenüberstellen:

k	0	1	2	3	4	5	6	7
B(n; p)	0.012	0.058	0.137	0.205	0.218	0.175	0.109	0.055
u	-2.23	-1.68	-1.12	-0.56	0	+0.56	1.12	1.68
Höhe$_u$	0.021	0.103	0.245	0.368	0.391	0.313	0.195	0.098

Die Transformation lautet im Beispiel

$$U = \frac{X - \mu}{\sigma} \text{ , d.h. } u \approx (k - 4) * 0.559...$$

Die k-Abstände (eins) verringern sich also ... Dementsprechend
müssen im neuen Histogramm die einzelnen Höhen$_u$ alle mit dem
Wert σ korrigierend multipliziert werden, damit die Flächenbe-
dingung (Summe aller Rechtecke eins) erfüllt bleibt! Also werden die Rechtecke schmaler, aber dafür höher ...

Die standardisierte Binomialverteilung rückt nach links, denn
Werte von k um μ gehen in die Umgebung von u = 0 (in unserem
Beispiel fällt k = 4 exakt auf u = 0). - Die neue Verteilung
scheint "symmetrischer" ...

Führt man diese Transformation für weitere Beispiele vor allem
mit sehr großen n durch, so wird folgendes klar:

Die Abstände u_n, u_{n+1}, ... vom Wert $1/\sigma$ werden immer kleiner
und die Höhen der Rechtecke streben gewissen Grenzwerten zu,
die für u = 0 etwa bei 0.4 liegen. Im Grenzfall n --> ∞ könnte
also anstelle der auf Seite 85 leicht einzuzeichnenden Wahrscheinlichkeitspolygone eine stetige Grenzfunktion auftauchen.

Auf Seite 111 haben wir eine Dichtefunktion definiert; diese
für B(n, p) unstetige Treppenfunktion sollte zu einer solchen
"glatten" Grenzfunktion werden. Vermutlich ist diese Funktion
symmetrisch zu x = 0 und hat dort ihr Maximum.

Um diese Vermutung zu erhärten, betrachten wir das Verhalten
der Steigung der Wahrscheinlichkeitspolygone gemäß den Bezeichnungen der folgenden Abbildung für große n:

Für diese Steigung m gilt entsprechend dem erkennbaren Stütz-
dreieck (Höhendifferenz zweier korrigierter B-Werte, geteilt
durch Stützweite) für die zu den transformierten u-Werten gehörenden ursprünglichen k-Werte

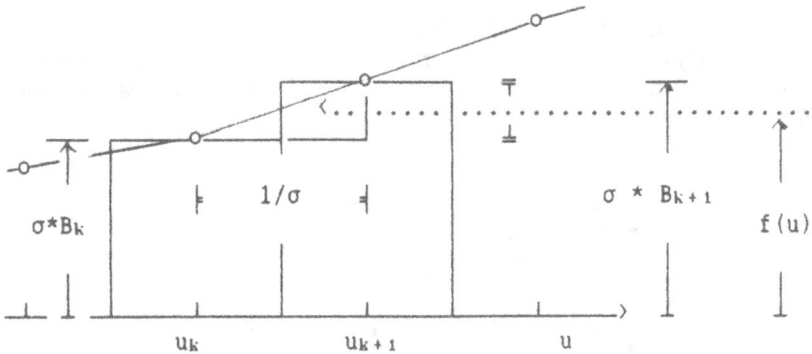

Abb.: Zur Steigung des Polygons im Grenzfall n ---) ∞

$$m = \sigma^2 \ast (B(n;\ p;\ k+1) - B(n;\ p;\ k)) \ .$$

Wir verwenden die Rekursionsformel von S. 83 unten in der Form

$$B(n;\ p;\ k+1) - B(n;\ p;\ k) = B(n;\ p;\ k) \ast \frac{(n - (k+1) + 1)}{(k + 1) \ast q} \ast p$$

und rechnen die Steigung um:

$$m = \sigma^2 \ast B(n;\ p;\ k) \ast \frac{(n - k) \ast p}{(k + 1) \ast q} - 1 \ .$$

Unter Beachtung von $p + q = 1$ findet man daraus weiter

$$m = \sigma^2 \ast B(n;\ p;\ k) \ast \frac{n \ast p - k - q}{k \ast q + q} \ .$$

Zu den Werten k, $k + 1$ gehören die u—Werte u_k und u_{k+1} der Abbildung. – Im Intervall [u_k, u_{k+1}] ist das offenbar <u>genau ein</u> ganzzahliger k-Wert, für den laut Transformation die Bedingung

$$\frac{k - \mu}{\sigma} \leq u < \frac{k + 1 - \mu}{\sigma}$$

gelten muß. Multipliziert man die Ungleichungskette mit $\sigma > 0$, so findet man für k die Bedingung

$$k = \sigma \ast u + \mu - h$$

mit einem passenden h aus $0 \leq h < 1$. Demnach ist $k \approx \sigma \cdot u + \mu$ eindeutig ganzzahlig wählbar (und natürlich $0 < k < n$).

Dies setzen wir jetzt in den Term für die Steigung m ein; da
wir das Polygon im Grenzfall durch eine Funktion f(u) ersetzen
wollen, wird die Steigung m zum Differenzenquotienten $\delta f/\delta u$,
wobei wir $\sigma \cdot B(n; p; k)$ gegen f austauschen (siehe dazu Abb.,
ganz rechts):

$$m = \frac{\delta f}{\delta u} = \sigma * f * \frac{n * p - \sigma * u - \mu - q}{\sigma * u * q + \mu * q + q}$$

$$= f * \frac{- (\sigma^2 * u + \sigma * q) + \sigma * n * p - \sigma * \mu}{\sigma * u * q + \mu * q + q} .$$

Nun ist aber $n \cdot p = \mu$, d.h. im Zähler bleibt nur noch der
Klammerausdruck.

Erweitert man rechts mit $1/\sigma^2$, so ergibt sich wegen $\mu \cdot q = \sigma^2$

$$\frac{\delta f}{\delta u} = - f * \frac{u + q/\sigma}{u * q / \sigma + 1 + q/\sigma^2} .$$

Mit immer größerem n strebt σ bei der Binomialverteilung nach
unendlich, d.h. der letzte Bruch nähert sich (bei endlichem u
und $0 < q < 1$) immer mehr dem Wert u, so daß wir schließlich
für f die Differentialgleichung

$$\frac{df}{du} = - f(u) * u \text{ mit der Lösung } f(u) = C * e^{- u^2/2}$$

(durch Trennung der Variablen) erhalten.

Das ist die <u>Grenzfunktion</u>, der sich die Wahrscheinlichkeitspolygone bei immer feinerer Teilung in u (d.h. mit wachsendem
n) anpassen. Wir haben noch die Summenbedingung für die Rechtecke zu beachten: Daraus ergibt sich die zusätzliche Aufgabe,
die Konstante C so festzusetzen, daß

$$C * \int_{-\infty}^{+\infty} f(u) \; du = 1 \quad ---> \quad C = \frac{1}{\sqrt{2\pi}} .$$

wird. Mit Methoden der Integralrechnung findet man nach reich-
licher Anstrengung (etwa mit Übergang zu Polarkoordinaten) für
C den angegebenen Wert. Unser Ergebnis besagt also, daß die
Dichtefunktionen der standardisierten Binomialverteilungen mit
wachsendem n gegen die o.a. Exponentialfunktion f(u) streben.

Dies ist der <u>lokale Grenzwertsatz von de MOIVRE und LAPLACE</u>,
exakt bewiesen etwa um 1812.

Die Funktion f(u) wird üblicherweise mit φ(u) bezeichnet und
ihr Graph <u>GAUSSsche Glockenkurve</u> genannt.

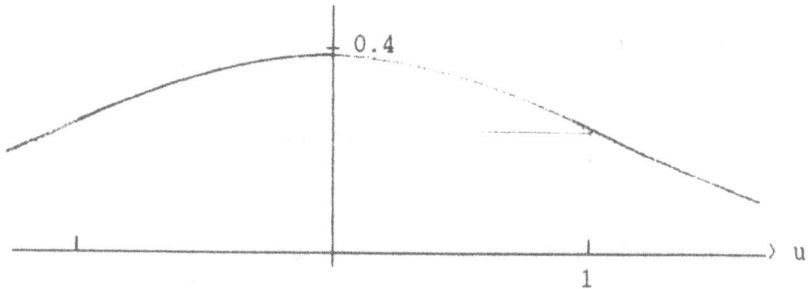

Abb.: Glockenkurve φ(u)

Eigenschaften: φ(u) ist überall positiv, symmetrisch zu u = 0,
und hat für u ---> ± ∞ die u-Achse als Asymptote. Das einzige
Maximum liegt bei u = 0 und hat dort einen Wert φ(0) ≈ 0.40.
Die Wendepunkte findet man bei u = ± 1 mit φ(u) ≈ 0.24.

Nach unseren Überlegungen kann wegen

$$B(n; \ p; \ k) = \sigma \ \cdot \ B(n; \ p; \ k) \ / \ \sigma$$

für große n näherungsweise

$$B(n; \ p; \ k) \approx \frac{1}{\sqrt{2 * \pi * n * p * q}} * \ e^{-\frac{(k - n*p)^2}{2*n*p*q}}$$

gesetzt werden. Dabei sollte $\sigma^2 = n \cdot p \cdot q > 9$ erfüllt sein.

Mit ganz ähnlichen Überlegungen wie bisher findet man den
anschaulich sofort verständlichen <u>Integralwertsatz</u> von de
MOIVRE und LAPLACE:

Für eine nach B(n; p) verteilte Zufallsgröße X (mit 0 < p < 1)
ist für n ---> ∞

$$\lim P \left(\frac{X - \mu}{\sigma} \leq x \right) = \int_{-\infty}^{x} \varphi(u) \ du \ ,$$

als Grenzfall der Wahrscheinlichkeitspolygone bis u = x. Die hier auftretende Integralfunktion kann geschlossen (elementar) nicht integriert werden, man ist auf Tabellen angewiesen. Ihr Graph heißt <u>GAUSSsche Integralfunktion</u> Φ(u) oder Fehlerkurve.

Wir definieren nun: Eine stetige Zufallsgröße X mit der Dichtefunktion

$$f(x) := \psi_{0.1}(x) = \frac{1}{\sqrt{2\pi}} \, e^{-x^2/2}$$

und der kumulierten Wahrscheinlichkeitsverteilung

$$P(X \le x) := \Phi_{0.1}(x) := \int_{-\infty}^{x} \psi_{0.1}(u) \, du$$

heißt <u>standard-normalverteilt</u> oder $\Phi_{0,1}$-(normal)verteilt.

Diese nur tabellarisch zu erfassende Integralfunktion $\Phi_{0.1}(x)$ hat die Eigenschaften

$$\lim_{x \to -\infty} \Phi_{0.1}(x) = 0 \qquad \lim_{x \to +\infty} \Phi_{0.1}(x) = 1$$

$$\Phi_{0.1}(0) = 0.5 \qquad \Phi_{0.1}(-x) = 1 - \Phi_{0.1}(x) \; ,$$

letzteres aus Symmetriegründen. – Das Integral ist wie gesagt nicht geschlossen angebbar (Abb. Seite 135 oben).

Eine standardnormalverteilte Zufallsgröße X hat den Erwartungswert $\mu = 0$ und die Varianz $\sigma^2 = 1$.

Die alten Definitionen von Seite 68 ff werden für stetige Zufallsgrößen X mit Dichtefunktionen f(x) wie folgt erweitert: Der Erwartungswert wird mit dem folgenden Integral ermittelt,

$$\mathcal{E} X = \mu := \int_{-\infty}^{+\infty} x * f(x) \, dx \; ,$$

die Varianz nach

$$VAR \; X = \sigma^2 := \int_{-\infty}^{+\infty} (x - \mu)^2 * f(x) \, dx = \int_{-\infty}^{+\infty} x^2 * f(x) \, dx - \mu^2$$

berechnet (sofern die jeweiligen Integrale existieren). Erneut
erkennt man, daß Dichtefunktionen keine Wahrscheinlichkeiten
sind; erst durch Integrieren entstehen P-Werte:

$$P(a \leqslant X \leq b) \overset{!}{=} P(a < X < b) = \int_a^b \Phi_{0.1}(x)\ dx =$$

$$= \Phi_{0.1}(b) - \Phi_{0.1}(a) .$$

Die Bedeutung der Standardnormalverteilung liegt darin, daß
sich viele stetige Zufallsgrößen in recht guter Näherung als
(μ, σ)-normalverteilt beschreiben lassen:

Als (μ, σ)-normalverteilt oder GAUSS-verteilt gilt allgemein
eine Zufallsgröße X mit der Dichtefunktion

$$f(x) := \frac{1}{\sigma\sqrt{2\pi}} * e^{-\frac{(x - \mu)^2}{2\ \sigma^2}} .$$

Die Verteilungsfunktion wird analog wie eben als Integral über
f(x) definiert. – Üblicherweise geht man von einer beliebigen
Normalverteilung durch Standardisieren auf $\Phi_{0.1}$ in u über.

Ein Beispiel:

Nehmen wir an, die Körpergröße X könne in etwa als normalverteilt angesehen werden und unsere Stichprobe aus dem Kapitel 4
sei als repräsentativ zu betrachten: Wir können dann $\overline{x}$ und s_x
von S. 43 als Schätzwerte für μ = 164.6 [cm] und σ = 4.4 [cm]
einer Population betrachten und fragen, wieviele junge Frauen
höchstens 159 cm groß sind. – Da wir nach Klassen zu 1 cm gemessen haben, heißt das genauer X $\leq$ 159.5.

Damit wir nun mit der standardisierten Normalverteilung vergleichen können, müssen wir zur zentrierten und normierten U-
Verteilung übergehen, eben zu $\Phi_{0.1}$ ... Wir bestimmen

$$U := \frac{X - \mu}{\sigma} ,\ also\ P(U \leq \frac{159.5 - 164.6}{4.4})$$

Der Bruch hat den Wert u = – 1.16 . Also ist P(U $\leq$ – 1.16) mit
der Verteilung $\Phi_{0.1}$ zu ermitteln. – Hierzu brauchen wir noch
die Beziehung

$$\Phi_{0.1}(-x) = 1 - \Phi_{0.1}(x) \, ,$$

von vorhin. $\Phi_{0,1}$ ist daher nur für Werte $x \geq 0$ tabelliert. Wir finden

$$\Phi_{0.1}(-1.16) = 1 - \Phi_{0.1}(1.16) \approx 1 - 0.8770 \approx 0.12 \, ,$$

d.h. rund 12 Prozent aller jungen Mädchen bzw. Frauen sind nicht größer als 159 cm. Das stimmt mit der seinerzeitigen Untersuchung recht gut zusammen: Nach der Tabelle von Seite 56 sind 8 von 56 oder 14 Prozent höchstens 159 cm groß.

Analog können Fragen nach $P(a \leq X \leq b)$ durch Bildung der entsprechenden Differenzen beantwortet werden. Betont sei, daß wir damit keineswegs behaupten, diese (oder irgendeine andere) Zufallsgröße X *sei* normalverteilt: Eine Normalverteilung ist zur Beschreibung lediglich gut geeignet.

Es gilt aber der wichtige <u>zentrale Grenzwertsatz</u>:

X_i seien für $i := 1, 2, \ldots$ Zufallsgrößen, von denen endlich viele stets voneinander stochastisch unabhängig seien. – Dann kann man die standardisierte Zufallsgröße $S := X_1 + \ldots + X_n$ bilden, also nach früheren Sätzen

$$S := \frac{\Sigma\, X_i - \Sigma\, \mathcal{E}\, X_i}{\sqrt{\Sigma\, VAR\ X_i}} \, .$$

Sofern nun zwei positive Schranken L und R

mit $0 < L < VAR\ X_i < R$

existieren und außerdem noch $\mathcal{E}\,(\,|X_i - \mathcal{E}\,X_i|^3) < C$ gilt mit gewissem $C > 0$, ist

$$\lim P(S \leq x) = \Phi_{0.1}(x) \quad \text{für } n \longrightarrow \infty \, .$$

Der Beweis dieses sehr tiefliegenden Satzes ist erst in diesem Jahrhundert gelungen (MARKOW/LJAPUNOW 1898 bzw. 1901). – Seine praktische Bedeutung liegt auf der Hand: Ist eine Zufallsgröße X Summe vieler anderer mit jeweils mäßigen Streuungen, so kann X durch eine Normalverteilung gut angenähert werden.

Der Satz gilt insbesondere, wenn alle X_i gleich sind, etwa, wenn wir eine Länge wiederholt messen. Die auftretenden Fehler sind in diesem Fall sogar theoretisch streng normalverteilt, was seinerzeit den jungen GAUSS zu seiner Fehlertheorie veranlaßte, v.a. in der Astronomie und bei der Landvermessung ...

Anders verhält es sich mit Konstrukten wie der Intelligenz;
hier werden zum "Messen" sog. Testbatterien (Aufgabenpakete)
entwickelt und auf sorgfältig ausgewählten Stichproben solange
verändert, bis sich die Punktelisten als (ungefähr) normalverteilt erweisen. - Also: Intelligenz ist nicht normal-verteilt,
sondern wird so definiert, daß sich eine derartige Verteilung
(angenähert) einstellt ...

Aus Tabellen von $\Phi_{0,1}$ entnimmt man $P(|U| < 1) = 68,3$ %, das
ist die Fläche zwischen den Abszissen der Wendepunkte. Für
eine beliebige normalverteilte Zufallsgröße X bedeutet das

$$P(|X - \mu| < \sigma) = 68.3 \text{ % },$$

d.h. gut zwei Drittel aller Werte liegen im einfachen Streubereich. Entsprechend läßt sich aus Tabellen weiter ablesen:

$$P(|X - \mu| < 2\sigma) = 95.5 \text{ %}$$

$$P(|X - \mu| < 3\sigma) = 99.7 \text{ %}.$$

Dabei kann statt $<$ ebenso $\leq$ geschrieben werden! - Rechnen wir
die letzte Beziehung schnell vor:

$$P(|X - \mu| < 3\sigma) = \Phi_{0,1}\left(\frac{\mu + 3\sigma - \mu}{\sigma} \right) - \Phi_{0,1}\left(\frac{\mu - 3\sigma - \mu}{\sigma} \right) =$$

$$= \Phi_{0,1}(3) - \Phi_{0,1}(-3) =$$

$$= 2 * \Phi_{0,1}(3) - 1 = 2 * 0.99865 - 1 = 0.9973 .$$

Wir können nun Abschätzungen aus dem Kapitel 15, Seite 117 ff,
bei Annahme einer Normalverteilung wesentlich verbessern:

Im ersten Beispiel wurde n = 1200mal gewürfelt und danach ge-
fragt, mit welcher Wahrscheinlichkeit der Idealwert p =1/6 um
weniger als 0.02 verfehlt wird. Mit X als Zufallsgröße "Anzahl
der Sechsen" bei n Versuchen ist unter Beachtung von σ = 12.91
(Wurzel aus n * p * q = 1200 * 1/6 * 5/6) und 0.02 * 1200 = 24
wie eben

$$P(|X - \mu| < 24) = P(\mu - 24 < X < \mu + 24) =$$

$$= 2 * \Phi_{0,1}(24/\sigma) - 1$$

zu berechnen. Laut Tabelle zur Normalverteilung ist das wegen
24/σ = 1.86 gleich 2 * 0.9686 - 1 $\approx$ 0.937. - Kleinere Rechen-
ungenauigkeiten subsumieren wir unter die Antwort 93 % ... Das
ist weit besser als das frühere Ergebnis mit der TSCHEBYSCHOW-
Ungleichung. - Dies gilt auch in den folgenden Fällen:

In der Urnen-Aufgabe von Seite 118 ist eine Mindestziehungs-
länge n aus einer Urne x so zu bestimmen, daß p =1/2 mit der
Wahrscheinlichkeit von mindestens 90 % um weniger als 0.1 verfehlt wird:

$$P(\ | \ \frac{a}{n} \ - \ \frac{n}{2} \ | \ < 0.1 * n \ ) \ > 0.9 \ .$$

Unter n Versuchen seien dabei a Treffer; n/2 ist der Erwartungswert für die beschriebene Urne. Und die Abweichung soll
weniger als 0.1 * n betragen. Übersetzt man dies wie eben auf
die $\Phi_{0,1}$ - Funktion, so bedeutet dies die Forderung

$$2 * \Phi_{0.1} (\ \frac{0.1 * n}{\sqrt{n} \ / \ 2} \ ) \ - \ 1 \ > \ 0.9 \ .$$

Man beachte, daß in unserem Fall σ^2 = n ' p ' q = n/4 ist.
Nennen wir das Argument u, so ist also

$$2 * \Phi_{0,1}(u) \ > \ 1.9 \quad \text{oder} \quad \Phi_{0,1}(u) \ > \ 0.95$$

die Mindestbedingung an u : Man findet über die Tabelle angenähert u ≈ 1.65. Damit wird

$$u \leq 0.2 * \sqrt{n} \quad \text{oder} \quad n \geq (1.65 * 5)^2 = 68.06, \text{ d.h. } 69 \ .$$

In einem weiteren Beispiel von Seite 118 unten geht es um ein
Konfidenzintervall: In welchem Intervall wird bei 240 Würfen
das Ergebnis Sechs mit einer Wahrscheinlichkeit von wenigstens
60 Prozent zu erwarten sein? Das Intervall liegt symmetrisch
um den Wert 40, d.h. wir fordern

$$P(\ |a - 40| \ < \ d) \ > \ 0.6$$

und suchen die ganze Zahl d. Mit μ = 40 und σ^2 = 240 '5/36,
d.h. also σ = 5.774, rechnen wir die Forderung wie eben um:

$$2 * \Phi_{0,1} (\ \frac{d}{\sigma} \ ) \ - \ 1 > 0.6 \ , \text{ d.h. } \Phi_{0,1}(u) \ > \ 0.8 \ .$$

Nach der Tabelle ist u ≈ 0.84, also d = u ' σ = 4.9, damit
ganzzahlig 5. Das ist das Intervall [35 ... 45], ganz deutlich
kleiner (mithin besser) als seinerzeit.

Die letzte Aufgabe (S. 119) kann analog behandelt werden.

Im konkreten Fall stellt sich oft die Frage, ob eine gegebene
empirische Verteilung hinreichend genau durch eine Normal-

verteilung approximiert werden kann. - Hat man die erhaltenen
Prozentwerte kumuliert, so könnte man auf den Gedanken kommen,
durch die %-Punkte versuchsweise eine Φ-Funktion zu legen,
also eine Art "Ausgleichskurve" im Sinne des Kapitels 4:

In der folgenden Abbildung (oberer Teil) denke man sich auf
der Hochachse die Körpergröße X aus der seinerzeitigen Untersuchung von Kapitel 4 kumulativ abgetragen, und nach rechts
die entsprechende Population in Prozent.

Mehr als ein grober Näherungswert für $\overline{x}$ bzw. μ ist auf diese
Weise jedoch nicht zu erhalten, denn "echte" Kurven sind im
Gegensatz zu Ausgleichsgeraden eben schwer zu schätzen.

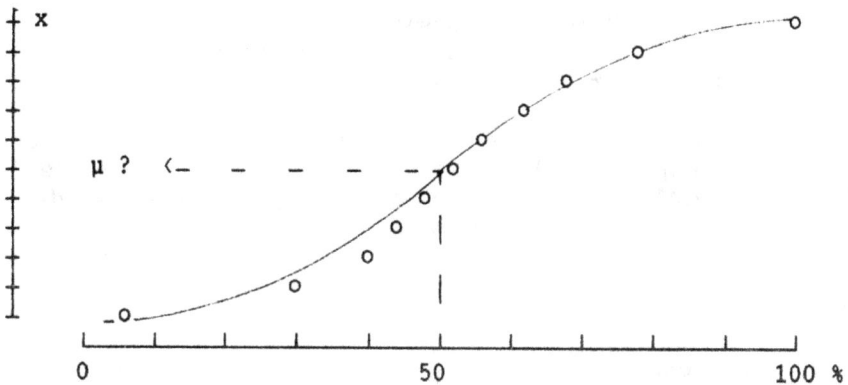

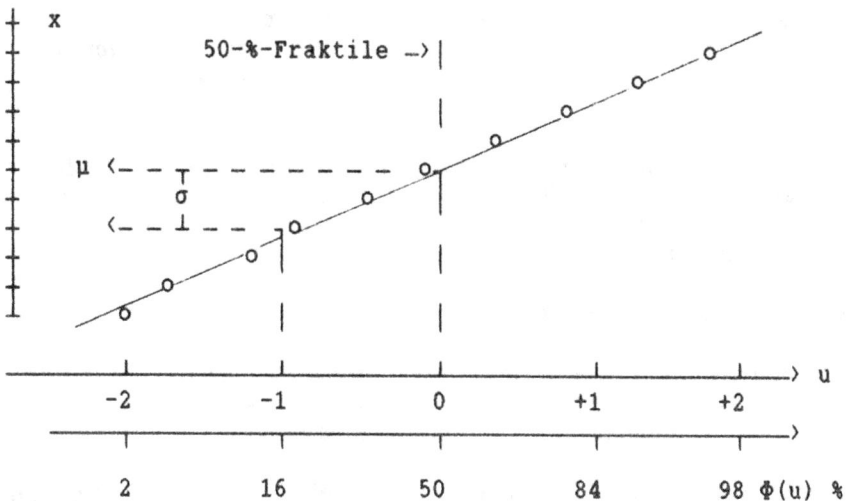

Abb.: Grundprinzip des sog. Wahrscheinlichkeitspapiers

Hier hilft die dem logarithmischen Papier entsprechende Idee vom Funktionspapier (Ende Kapitel 6) weiter: Man teilt eine Achsenrichtung dergestalt nicht-linear ein, daß eine Normalverteilung eine Gerade liefert. – In unserem Fall wird die Rechtsachse als u-Achse linear in u eingeteilt, jedoch nur mit den Φ-Werten beschriftet, d.h. im Papier taucht nur noch die untere der zwei Rechtsskalen (Abb. unterer Teil) auf.

Jetzt kann die empirische Verteilung durch eine Ausgleichsgerade sehr gut interpoliert werden. Über deren Schnittpunkt mit der 50 % – Fraktilen findet man den Mittelwert μ auf der Hochachse mit dortiger Klasseneinteilung (also letztlich der alten x-Achse), ferner die Streuung σ über die sog. 16 % – Fraktile. Dies ist in der unteren Abbildung angedeutet.

Im Programmteil dieses Buches wird ein Listing mitgeliefert, mit dem ein einfaches Wahrscheinlichkeitspapier zum Selberbeschriften ausgedruckt werden kann.

Gegenüber finden Sie die Wiedergabe eines Prüfblatts, das vor der Umstellung auf Vollelektronik in der Kugellagerindustrie (SKF, Schweinfurt) zur Durchmesserprüfung bei Kugeln an den sog. "Kugelmühlen" verwendet wurde.

Zuletzt:

Eine normalverteilte Zufallsgröße X muß offenbar auch negative Realisationen haben! Ist aber der (positive) Mittelwert doch wenigstens dreimal so groß wie die Standardabweichung, so kommen derart kleine Werte praktisch nicht vor, so daß eine Approximation der empirischen Verteilung durch eine Normalverteilung möglich wird ... wenn hinreichende Symmetrie der Verteilung erkennbar ist.

Bei biologischen Wachstums- und dergl. Zufallsgrößen X sind Verteilungen jedoch oft ausgeprägt schief. Erfahrungsgemäß folgt dann die transformierte Größe Y = log (X) häufig einer Normalverteilung.

Ein zeitgemäßes Beispiel ist das folgende:

Verschmutzung v von Trinkwasser in [mg/l], verursacht durch Schadstoffe (wie Nitrate, Schwermetalle ...) wegen z.B. Überdüngung, Abfluß aus einer Deponie u. dgl.

In der Tabelle auf der übernächsten Seite ist das Ergebnis aus 50 Stichproben wiedergegeben; geringe Verschmutzungen sind an der Tagesordnung, also häufig, starke meist selten. So jedenfalls die veröffentlichten Ergebnisse ...

Abb.: Arbeitsblatt zur Durchmesserprüfung bei Kugeln

Häufigkeit

v		log v
0.5	11	-0.301
1.0	13	0.000
1.5	8	0.176
2.0	5	0.301
2.5	4	0.398
3.0	3	0.477
3.5	2	0.544
4.0	2	0.602
4.5	1	0.653
5.0	1	0.699

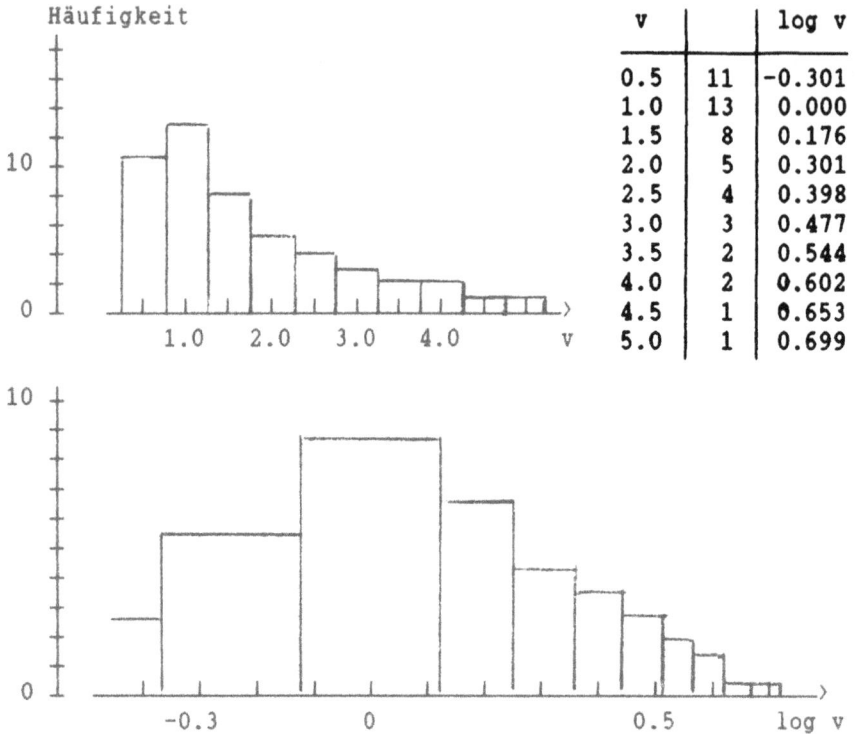

Abb.: Transformation auf log-Normalverteilung

Die Säulen aus dem oberen Diagramm von der Stelle v werden an die Stelle log(v) übertragen und wegen der wachsenden Klassenbreite auf der neuen Skala in der Höhe korrigiert abgetragen. (Die Korrekturwerte müssen aus der Urliste durch neue Klasseneinteilung bestimmt werden.) Angenähert entsteht eine Normalverteilung ...

Wir schließen mit einem Zitat aus [16]: "It is quite likely that the lognormal distribution will be one of the most widely applied distributions in practical statistical work in the near future." – In der Tat!

Ein kleiner Nachtrag, der erst mit diesem Kapitel verständlich wird: Auf Seite 69 hatten wir noch die Formparameter Schiefe und Exzeß definiert. Die mit Integralen auf stetige Verteilungen (entsprechend Seite 130) erweiterten Definitionen zeigen, daß die Normalverteilung die Schiefe Null hat (also die Dichtefunktion symmetrisch ist). – Die Wölbung (Exzeß) vt der Normalverteilung dient als Vergleichsmaß und wird dann Null (mesokurtisch): Ist vt > 0, so ist die Wölbung stärker (leptokurtisch), bei vt < 0 aber schwächer (platykurtisch) als bei der Normalverteilung ...

18 STETIGE VERTEILUNGEN

Die Normalverteilung vom letzten Kapitel ist eine stetige Verteilung, d.h. Werte der Zufallsgröße X werden (zumindest prinzipiell) metrisch auf einem Intervall gemessen. Es gibt viele stetige Verteilungen; hier ist ein elementares Beispiel:

Eine stetige Zufallsgröße X mit der Dichtefunktion

$$f(x) := \begin{cases} \dfrac{1}{b-a} & \text{für } a \leq x \leq b \\[2mm] 0 & \text{sonst} \end{cases}$$

heißt <u>gleichverteilt</u> oder rechtecksverteilt in [a, b]. Für die Dichtefunktion muß (was hier der Fall ist) die Nebenbedingung

$$\int_{-\infty}^{+\infty} f(x)\ dx = 1$$

erfüllt sein. Weiter sollten die beiden Integrale für Erwartungswert und Varianz (mit endlichen Werten) existieren (aber müssen nicht, Beispiel S. 179). Bei der Gleichverteilung ist wegen des endlichen Integrationsintervalls

$$\xi X = \mu = \int_a^b x * \frac{1}{b-a}\ dx = \frac{a+b}{2}\ .$$

Der "Mittelwert" ist also die Intervallmitte. – Diese Gleichverteilung ist eine sog. "Rendezvous"-Verteilung: Man trifft sich mit jemandem zwischen 3^h und 4^h, dies ohne weitere Vereinbarungen. Dann steigt ab 3^h die Wahrscheinlichkeit linear an; spätestens um 4^h ist die Kontaktperson da, im Mittel vieler Versuche also um 3:30^h.

Die Wahrscheinlichkeitsfunktion zur Gleichverteilung ist

$$F(x) = P(X \leq x) = \begin{cases} 0 & \text{für } x \leq a \\[2mm] \dfrac{x-a}{b-a} & \text{für } a < x < b \\[2mm] 1 & \text{für } x \geq b\ . \end{cases}$$

Für die Varianz der Gleichverteilung findet man:

$$\text{VAR } X = \sigma^2 = \int_a^b (x - \frac{a+b}{2})^2 \frac{1}{b-a} \, dx = \ldots = \frac{(b-a)^2}{12}.$$

Mit Blick auf die GAUSSsche Glockenkurve könnte man auf die Idee kommen, ähnliche und auf $(-\infty, +\infty)$ symmetrische Graphen als Dichten zu interpretieren, etwa

$$f(x) = \frac{c}{1+x^2} \quad \text{mit c derart, daß} \quad \int_{-\infty}^{+\infty} f(x) \, dx = 1.$$

(Man findet $c = 1/\pi$.) Prinzipiell ist dies möglich, doch ergeben sich bereits beim Integral für den Erwartungswert Konvergenzprobleme (μ könnte man zur Not zu 0 erklären); beim Integral für σ ist man am Ende: $f(x)$ geht leider zu "langsam" gegen die x-Achse, die Streuung wächst über alle Grenzen.

Anders sieht es aus, wenn Dichten wie im Falle der Gleichverteilung nur auf endlichem Bereich von Null verschieden sind:

$$f(x) = \begin{cases} 0 & \text{für } x \leq 0 \\ h * (1 - x/a) & \text{für } 0 < x < a \\ 1 & \text{für } x \geq a. \end{cases}$$

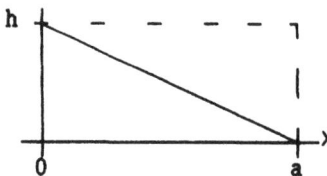

f(x) ist Teilstück einer durch die Achsenabschnitte a und h festgelegten Geraden ...

Abb.: lineare Dichteverteilung

Da wiederum die Integralbedingung

$$\int_{-\infty}^{+\infty} f(x) \, dx = \int_0^a h (1 - x/a) \, dx = 1$$

gelten muß (Summe aller Wahrscheinlichkeiten gleich eins!),
hängt die Steigung h/a der Geraden von a ab: Entweder berechnet man das Integral, oder man geht anschaulich von $a \cdot h = 2$
aus, der Rechtecksfläche. – Damit ergibt sich

$$f(x) = \frac{2}{a}\left(1 - \frac{x}{a}\right) \text{ in } (0, a) \text{ mit } a > 0 ,$$

und sonst $f(x) = 0$. Die Wahrscheinlichkeitsfunktion ist somit

$$P(X \le x) = \begin{cases} 0 & \text{für } x \le 0 \\[2mm] \dfrac{2}{a} * \left(x - \dfrac{x^2}{2a}\right) & \text{für } 0 < x < a \\[2mm] 1 & \text{für } x \ge a \end{cases}$$

mit horizontaler (!) Tangente bei $x = a$. Für den Erwartungswert findet man $\mu = a/3$.

Diese Verteilung kann benutzt werden zur Beschreibung der
Wahrscheinlichkeit, ab einer Entfernung x vom Ursprung ein
dort ($x = 0$) abgesetztes Signal nicht mehr zu erkennen; a ist
demnach die maximale Empfangsweite (Hörbarkeit einer Sirene,
Sichtweite bei Nebel u.a.). Ab welcher Entfernung ist dieses
Signal mit 50 % Wahrscheinlichkeit nicht mehr erkennbar?

$$P(X \le x) = \frac{2}{a} * \left(x - \frac{x^2}{2a}\right) = 0.5$$

führt auf eine quadratische Gleichung in x mit der Lösung

$$a - \sqrt{2}\,a/2, \text{ also } x \approx 0.3 * a \approx \mu.$$

Die Verteilungsfunktion ist quadratisch und entspricht daher
der mit dem Quadrat der Entfernung zunehmenden Signaldämpfung.

Wir beschreiben jetzt eine praktisch wichtige Verteilung:

Eine (stetige) Zufallsgröße X heißt <u>exponentiell</u> verteilt,
wenn sie die Dichtefunktion

$$f(x) := \begin{cases} 0 & \text{für } x < 0 \\[2mm] \dfrac{e^{-x/\mu}}{\mu} & \text{für } x \ge 0 \end{cases}$$

hat, also die Wahrscheinlichkeitsverteilung

$$F(x) = \begin{cases} 0 & \text{für } x < 0 \\ 1 - e^{-x/\mu} & \text{für } x \geq 0 . \end{cases}$$

Man findet über einfache Integrale $\mathcal{E}X = \mu$ und $VAR\ X = \mu^2$.

Die Exponentialverteilung spielt mit μ = <u>mittlere</u> Lebensdauer eine Rolle bei der Lebensdauer <u>nichtalternder Objekte</u>, d.h. im technischen Sinne langlebiger (z.B. elektronische Bauelemente mit geringem Verschleiß, aber nicht Autoreifen oder Kupplungen mit deutlichen Abnutzungserscheinungen):

Setzt man $x = t$ (Zeit), so ist $F(t) = P(X \leq t)$ die Ausfall-wahrscheinlichkeit im Intervall $[0, t]$. $1 - F(t) = P(X > t)$ ist die Wahrscheinlichkeit, den Zeitpunkt t zu überleben.

Sei beispielsweise μ = 10 000 [Std] die mittlere Lebensdauer eines Transistors: Daß dieser wenigstens 8 000 Stunden durch-hält, hat also die Wahrscheinlichkeit $1 - F(8000) = \exp(-8/10)$ ≈ 0.449 oder knapp 45 Prozent.

Die mittlere Lebensdauer eines Kühlaggregats sei mit ca. zehn Jahren angesetzt. Mit welcher Wahrscheinlichkeit wird es tat-sächlich so alt, wenn es die ersten fünf Jahre überlebt hat?

$$P(X > 10\ /\ X > 5) = \frac{P(X > 10)}{P(X > 5)} = \frac{1 - F(10)}{1 - F(5)} = \frac{e^{-1}}{e^{-0.5}} = 0.61 .$$

Offenbar ist dies gleich $P(X > 5)$, der Wahrscheinlichkeit, die ersten fünf Jahre zu überleben! Allgemein gilt nämlich für die Exponentialverteilung (bedingte Wahrscheinlichkeit!)

$$P(X > T + t\ /\ X > T) = \frac{e^{-(T + t)/\mu}}{e^{-T/\mu}} = e^{-t/\mu} = P(X > t) .$$

Den Zeitpunkt $T + t$ zu überleben, wenn T schon erreicht wurde, das hat also die gleiche Wahrscheinlichkeit, wie t (von Anfang an) zu überleben! Man spricht bei diesem seltsamen Phänomen daher von einem "Vorgang ohne Gedächtnis".

Die eben beschriebene Exponentialverteilung ist als Spezial-fall $\delta = 1$ mit $x_0 = 0$ der sog. WEIBULL-Verteilung anzusehen.

$$F(x) = \begin{cases} 0 & \text{für } x \leq x_0 \\ 1 - \exp\left(- \dfrac{(x - x_0)^\delta}{\mu} \right) & \text{für } x > x_0 \end{cases}$$

mit positiven Parametern µ und δ ist die Verteilungsfunktion (nicht Dichte!) dieser Verteilung.

Die WEIBULL-Verteilung spielt eine Rolle bei der Betrachtung von Systemen aus Bauelementen, bei denen das "schwächste Glied in der Kette" für die Lebensdauer verantwortlich ist und Ausfälle nicht rein zufällig sind, sondern von äußeren Einflüssen (wie Abnutzung) abhängen, also eine Verteilung zur Lebensdauer alternder Objekte.

Zwischen Exponentialverteilung und POISSON-Verteilung gibt es einen Zusammenhang: Nach POISSON (S. 122) verteilte seltene Ereignisse mit dem Parameter a = µ treten mit Zeitlücken auf, die einer Exponentialverteilung mit dem inversen Parameter $1/a$ gehorchen (und umgekehrt). Sei z.B. die Anzahl seltener Infektionen P(a; k)-verteilt. Dann gilt für die zeitlichen Abstände t solcher Infektionen $P(T \leq t) = 1 - e^{-a*t}$, d.h. je kleiner a (selten!), umso kleiner die Wahrscheinlichkeit für kurze Zeiten t, d.h. desto größer die zeitlichen Abstände ...

Wir schließen nun an die letzte Bemerkung im Kapitel 16 zur POISSON-Verteilung an: In der Theorie der Warteschlangen bilden die ankommenden sog. Forderungen einen Forderungsstrom mit gewissen Eigenschaften:

Man nennt einen solchen Strom stationär, wenn die Anzahl der eintreffenden Forderungen von der Absolutzeit unabhängig ist und nur der zeitliche Abstand von der früheren Forderung eine Rolle spielt, also die Zeitintervalle eingehen.

Ohne Nachwirkung wird er genannt, wenn früher angekommene Forderungen keinen Einfluß auf spätere haben. Ordinär schließlich heißt der Strom, wenn es ein kleinstes Zeitintervall gibt, in dem nur noch höchstens eine Forderung eintreffen kann.

Diese Bedingungen sind beispielsweise für das Eintreffen von Kunden an einem Fahrkartenschalter, beim Arzt, an einer Tankstelle und dgl. hinreichend erfüllt. - Dann gilt der folgende Satz:

Ein stationärer und ordinärer Forderungsstrom ohne Nachwirkung ist ein sog. POISSON-Strom:

$$P(k) = \frac{(\mu*t)^k}{k!} \; e^{-\mu*t} \qquad k := 0, 1, 2, \ldots$$

beschreibt die Anzahl k der pro Zeitintervall eintreffenden Forderungen. µ ist dabei die mittlere Anzahl der eintreffenden

Forderungen in einem Zeitintervall der Länge t; man nennt μ in diesem Fall <u>Ankunftsrate</u>. - (Der POISSON-Strom der zeitlichen Abstände ist also ein Exponentialverteilung, wie oben gesagt.)

Ein Beispiel: An einer Laderampe treffen im Mittel pro Tag 5 Waggons ein, wie man durch längere Beobachtung festgestellt hat. Dann ist mit der Zeiteinheit t = ein Tag

$$P(k) = \frac{5^k}{k!} * e^{-5}$$

die Wahrscheinlichkeit, daß je Tag genau k Waggons zu entladen sind:

k	0	1	2	3	4	5	6	7
P(X=k)	0.007	0.034	0.084	0.140	0.176	0.176	0.146	0.105 .

Am wahrscheinlichsten sind demnach die Fälle k = 4 und k = 5.

Offen ist noch die Frage, wie die Forderungen bedient werden:

Für die vom Zufall abhängige Bedienzeit t nimmt man i.a. eine Exponentialverteilung an; in

$$F(t) = \begin{cases} 0 & \text{für } t \le 0 \\ 1 - e^{-rt} & \text{für } t > 0 \end{cases}$$

heißt r dann <u>Bedienrate</u>, mittlere Anzahl der (ohne Pause) pro Zeiteinheit bedienbaren Forderungen.

Nehmen wir an, bei irgendeinem "Kanal" würden in der Stunde im Mittel drei Forderungen bedient werden können (Patienten bei einem Arzt, Kurzreparaturen an einer Tankstelle und dgl.). Dann ist r = 3 Kunden/Std.

Damit ist $F(t) = 1 - e^{-3t}$ die Wahrscheinlichkeit für die Dauer der jeweiligen Bedienzeit und in unserem Beispiel ergibt sich die Tabelle

Dauer t [min]	15	30	60	.... ∞
also t [Std.]	1/4	1/2	1	
P(Zeit ≤ t)	0.53	0.78	0.95	 1

in der Bedeutung, daß eine Behandlungsdauer von einer halben Stunde mit der Wahrscheinlickeit von 78 % <u>nicht</u> überschritten wird.

In der Theorie unterscheidet man u.a. reine Wartesysteme (wer ankommt, wartet in jedem Fall bis zu Bedienung: sog. "Warteschlangendisziplin" also FIFO oder *first in first out*), reine Verlustsysteme (ist kein Kanal frei, dann verzichtet die Forderung) und Systeme mit bedingtem Warten, z.B. einem gewissen Zeitlimit. – Es kann auch Prioritäten nach Dringlichkeit der Forderung und andere Spezialfälle geben ...

Weiter können mehrere Kanäle gleichzeitig parallel arbeiten (Schalter am Bahnhof), oder es gibt eine Folge von Kanälen, durch die jede Forderung der Reihe nach durchgeschleust werden muß (z.B. Anmeldung, Bearbeiten der Forderung, Nachkontrolle, Abrechnung).

Für alle diese Fälle gibt es passende mathematische Warteschlangenmodelle, die als Planungsgrundlage dienen bzw. Aussagen über die zu erwartende Effektivität in einer realen Situation machen.

Der mit Abstand einfachste Fall ist ein reines Wartesystem mit unbedingtem Warten und einem Kanal (bzw. auch mehreren, die von einer einzigen entstehenden Warteschlange durch Zuteilung angesteuert werden).

Systemparameter sind dann die schon definierte Ankunftsrate μ und die Bedienrate r . Eine wesentliche Rolle spielt dabei der Quotient s := μ/r. Leicht einzusehen ist, daß für

$$s = \frac{\mu}{r} \geq 1$$

die Warteschlange S in der Zeit kontinuierlich anwächst: Pro Zeiteinheit kommen im Mittel mehr Forderungen an, als in eben dieser Zeit bedient werden können ...

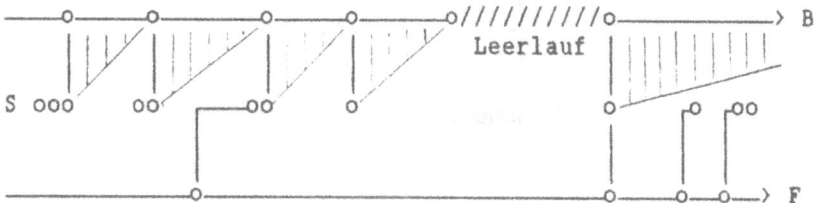

Abb.: Forderungsstrom F, Warteschlange S und Bedienung B

Man kann sich überlegen, daß auch für s < 1 hie und da Warteschlangen S entstehen, einfach weil die Ankunftstakte und die

Bedienzeiten nicht korrespondieren, also Leerlaufzeiten und in der Folge wieder Staus entstehen, siehe Abbildung.

Durch kompliziertere Grenzwertbetrachtungen findet man für die Wahrscheinlichkeit, daß sich im o.g. reinen Wartesystem mit unbedingtem Warten n Forderungen befinden, den Wert

$$P_n = (1 - s) * s^n \; , \quad n = 0, 1, 2, \ldots$$

Daraus ergibt sich für die Wahrscheinlichkeit, daß eine neu ankommende Forderung <u>nicht</u> warten muß (n = 0)

$$P_0 = 1 - s \; ,$$

und somit für die Wahrscheinlichkeit, bei Ankunft warten zu müssen, der komplementäre Wert s.

Als <u>mittlere Warteschlangenlänge</u> findet man

$$\xi(S) \; = \; P_2 + 2*P_3 + 3*P_4 + \ldots \; = \; \frac{s^2}{1 - s} \; .$$

Man beachte, daß P_0 bzw. P_1 die Wahrscheinlichkeiten sind, daß keine bzw. eine Forderung (und die ist dann in Bedienung!) anwesend ist ...

Der Erwartungswert für die im System befindliche sog. <u>mittlere Kundenzahl</u> ist analog

$$\xi(K) \; = \; P_1 + 2*P_2 + 3*P_3 + \ldots \; = \; \frac{s}{1 - s} \; .$$

Als mittlere <u>Wartezeit</u> findet man

$$\xi(T) \; = \; \frac{s}{r - \mu} \; = \; \frac{\mu \, / \, r}{r - \mu} \; .$$

Bei all diesen Formeln muß $0 < s < 1$ gelten, also $\mu < r$.

In der Praxis simuliert man Warteschlangenmodelle zweckmäßig auf Rechnern. – Verwandte Überlegungen sind Ausgangspunkt der "Stauforschung", bei der aber zusätzlich Überlegungen aus der Chaosforschung eingehen.

19   ÜBUNGEN 14−18

/1/ In einer Gruppe von 30 Männern und 20 Frauen haben alle Männer den Wehrdienst abgeleistet, aber keine Frau. Betrachten Sie die beiden Zufallsgrößen Geschlecht G und Wehrdienst D mit den entsprechenden Verteilungen

   W_G (g = 0, 1)   und W_D (d = 0, 1) ,

dazu die gemeinsame Verteilung $W_{G.D}$, ferner $W_G * D$, und vergleichen Sie die Tafeln! − Wie sieht der Ergebnisraum Ω für $W_{G.D}$ aus und was ist für diesen speziellen Fall typisch? − Berechnen Sie $\mathcal{E}$(G · D) ! Beachten Sie dabei, daß diese Produktverteilung nur die zwei Werte 0 und 1 annehmen kann, deren Wahrscheinlichkeiten aus der Tafel für $W_{G.D}$ abgeleitet werden können. Wenn Sie noch $\mathcal{E}$ G und $\mathcal{E}$ D ausrechnen, haben Sie ein Beispiel für den Fall, daß zwei Verteilungen stochastisch abhängig sind, und trotzdem der Satz von Seite 108 gilt ...

/2/ Längere Beobachtung in einem Teilelager ergab folgende Wahrscheinlichkeiten pro Tag dafür, daß ein gewisses Ersatzteil k-mal angefordert wird:

k	0	1	2	3
p	0.2	0.3	0.4	0.1

Das Lager ist an fünf Wochentagen geöffnet; die Abholungen an den einzelnen Tagen seien stochastisch unabhängig voneinander. Schätzen Sie die Wahrscheinlichkeit für den Fall ab, daß in einer Woche zehnmal oder gar öfter dieses Teil verlangt wird!

/3/ "Beschriften" Sie einen Würfel derart, daß für die Zufallsgröße "Augenzahl" Erwartung μ und Abweichung σ null bzw. eins werden, also eine Art "standardisierter" Würfel entsteht.

/4/ Formulieren Sie das schwache Gesetz der großen Zahlen für X_n, das arithmetische Mittel aus gleichartigen, voneinander unabhängigen Messungen. Welche Bedeutung hat dies praktisch?

/5/ Eine LAPLACE-Münze wird 500mal geworfen. In welchem Intervall liegt die Anzahl "Wappen" mit 99 % Sicherheit? Wie sieht dieses Intervall bei 2000 Würfen aus? − Vergleichen Sie die Intervalle ...!

/6/ Rund 40 % aller Bundesdeutschen sind laut einer Umfrage mit n = 1000 für die Todesstrafe. − Geben Sie jenes Konfidenzintervall an, das mit wenigstens 90 % Sicherheit den wahren Anteil der Befürworter der Todesstrafe enthält!

/7/ Wie groß müßte man n bei einer Umfrage wenigstens wählen,
damit aus dieser Umfrage der Stimmanteil der A-Partei auf zwei
Prozentpunkte genau abgeschätzt werden kann, dies mit 99 %
Sicherheit? 2 Prozentpunkte bedeutet $h_n \pm 0.02$. (Steigt z.B.
der Anteil der Durchfaller in einer Prüfung von 10 auf 12 Prozent, so sagt man umgangssprachlich, er sei um 2 Prozentpunkte
gestiegen; tatsächlich betrug der *Anstieg* aber 1/5, also 20
Prozent!)

/8/ Eine Urne mit unbekanntem Inhalt wird angeboten; es darf
100mal mit Zurücklegen gezogen werden. – In welchem Intervall
liegt der Anteil der Kugelsorte S mit der Wahrscheinlichkeit
50 bzw. 90 Prozent?

/9/ Rechnen Sie über die Definition direkt nach, daß für eine
POISSON-verteilte Zufallsgröße X gilt VAR X = μ !

/10/ In einer Maschinenfabrik mit sehr vielen Beschäftigten
stellt man fest, daß in einer bestimmten Zeit die Abwesen-
heitsrate pro Schicht im Mittel 3 Mann beträgt. Berechnen Sie
die Wahrscheinlichkeit, daß – genau zwei Mann fehlen, – mehr
als vier Mann fehlen, – keiner fehlt!

/11/ Nach der Kriminalstatistik gibt es in der Großstadt M. im
Mittel jährlich drei unaufgeklärte Mordfälle. – Die Behörden
behaupten nun, ihre Aktivitäten zur Aufklärung zu steigern und
diese Rate im Mittel auf die Hälfte zu drücken. – Angenommen,
diese Behauptung wird realisiert: Wie groß ist dann die Wahrscheinlichkeit, daß in Zukunft gleichwohl kein Erfolg zu be-
merken ist, also weiterhin ca. drei Mordfälle je Jahr nicht
aufgeklärt werden?

/12/ Beim Pförtner eines Unternehmens kommen je Stunde im Mittel 12 Anrufe an. Er entfernt sich aus dringendem Grunde für
zwei Minuten aus seinem Büro: Mit welcher Wahrscheinlichkeit
wird während dieser Zeit nicht angerufen?

/13/ Wie groß ist die Wahrscheinlichkeit dafür, daß unter 250
Personen k = 0, 1, bzw. 2 an einem ganz <u>bestimmten</u> Tag Geburtstag haben? (Rechnen Sie mit Binomial- bzw. POISSON-Verteilung und vergleichen Sie die Ergebnisse!)

/14/ Im Mikroskop betrachtet man eine Blutprobe unter einem
sog. "Quadratraster". Die Probe füllt 400 solche Raster aus,
von denen 12 keine roten Blutkörperchen enthalten. Wieviele
rote Blutkörperchen befinden sich insgesamt geschätzt in der
Blutprobe, regellose Verteilung nach POISSON vorausgesetzt?
(Hinweis: Nach den Angaben ist $P(\mu; 0)$ bekannt!)

/15/ Während des Zweiten Weltkriegs wurde London bekanntlich mit V1-Raketen beschossen. CLARKE prüfte, ob man aus den Einschlagstellen bestimmte Ziele vermuten könne und wählte zu diesem Zweck im Süden Londons ein 12·12 km großes Gebiet aus, in dem insgesamt 537 Flugkörper eingeschlagen hatten. Er zerlegte es in 4·12·12 gleich große Teile (je 0.5 km im Quadrat) und fand die folgende empirische Verteilung:

k	0	1	2	3	4	≥ 5
n_k	229	211	93	35	7	1

mit k = Anzahl der Treffer und n_k = Anzahl solcher Gebiete. Prüfen Sie nach, ob dieser Befund hinreichend gut durch eine POISSON-Verteilung abgedeckt werden kann, die Beschießung also ziellos erfolgte!

/16/ Zuckerpakete mit dem Nenngewicht 500 g werden automatisch gefüllt. Eichgesetz und Verpackungsordnung schreiben vor, daß höchstens 2 % aller Packungen weniger als 492.5 g enthalten dürfen und daß kein Paket unter 485 g liegen darf. Unter Annahme einer Normalverteilung wird die letzte Bedingung durch die sog. 5 Promille-Grenze realisiert, d.h. höchstens 5 von 1000 Paketen dürfen 485 g unterschreiten. Auf welchen Mittelwert μ muß die Maschine eingestellt werden und wie genau (σ) muß sie arbeiten, daß diese Vorschriften eingehalten werden? Mit welcher Wahrscheinlichkeit füllt die so eingestellte Maschine Pakete mit mehr als 520 g ab? Wieviele Pakete übertreffen das Sollgewicht?

/17/ Eine Fluggesellschaft berechnet das Startgewicht bei 280 Passagieren aus der Kenntnis von $\overline{x}$ = 74 [kg] ± 4.5 [kg] (d.h. μ ± σ). Wie groß ist das Gesamtgewicht aller Passagiere höchstens mit 95 bzw. 99.5 % Wahrscheinlichkeit?

/18/ Bei CATASTROPHICAL AIRWAYS ist das Fluggepäck auf 20 kg beschränkt; es ist weiter bekannt, daß für G etwa die Verteilung 18.2 [kg] ± 2.4 [kg] zutrifft. Zu einem Flug treten 300 Passagiere an: Bei mehr als 22 kg müssen Sie nachzahlen. Wieviele Fluggäste werden das voraussichtlich sein?

/19/ Bearbeiten Sie die letzte Aufgabe von Seite 119 analog wie Seite 133 ff.!

/20/ Bei der Produktion von Leuchtstoffröhren fallen im Durchschnitt 6 % defekte Röhren an. Diese Ware wird in Partien zu 1000 Stück verkauft. Der Kunde reklamiert, wenn in einer Sendung mehr als 80 defekte Röhren sind. Wie groß ist die Wahrscheinlichkeit für eine Reklamation? (Binomialverteilung als Normalverteilung approximativ!)

/21/ In einer Kugellagerfabrik ergibt eine Stichprobe von insgesamt n = 50 Kugeln beim Messen des Durchmessers D das nachfolgend tabellierte (vereinfachte) Ergebnis

D [mm]	11.94	11.96	11.98	12.00	12.02	12.04	12.06
f_i	1	5	13	14	11	4	2

Tragen Sie dieses Ergebnis in eine Kopie des Arbeitsblatts von Seite 137 ein, beginnend bei der Strichliste links (zur Übersicht je eine Zeile auslassen), vervollständigen Sie die einzelnen Spalten und zeichnen Sie nach Augenmaß die Ausgleichsgerade! – Welchen Mittelwert $\bar{x}$ und welche Streuung s ergibt diese manuelle Auswertung (auf zwei Nachkommastellen)? Erfüllt die Produktion derzeit die Anforderung, daß unter 1000 Kugeln höchstens 80 im Durchmesser < D = 11.96 mm sein dürfen?

/22/ Unter 417 untersuchten Personen waren 16 Farbenblinde. Geben Sie mit Hilfe der Normalverteilung ein Konfidenzintervall für p = 'farbenblind' zur Sicherheit 95 Prozent an!

/23/ In Brauereien werden die Flaschen zuerst gewaschen. Für die Waschzeit X gilt μ_x = 120 [sec] mit σ_x = 15 [sec]. Für die Füllzeit Y gilt analog μ_y = 54 [sec] mit σ_y = 5 [sec]. Beide Vorgänge laufen unabhängig voneinander ab. Wie groß ist die Wahrscheinlichkeit dafür, daß beides zusammen (d.h. Z = X + Y) nicht länger als drei Minuten dauert?

/24/ Die schon öfters zitierte Untersuchung zur Körpergröße hat $\bar{x}$ = 164.6 [cm] ± 4.4 [cm] für Studentinnen ergeben. – Bei Studenten ergab sich seinerzeit $\bar{y}$ = 178.8 [cm] ± 5.2 [cm]. Wie groß ist die Wahrscheinlichkeit, daß bei einem zufällig ausgewählten Paar die Partnerin nicht größer ist als der männliche Partner? (Betrachten Sie Z = Y - X ≤ 0.)

/25/ Bei einer Feuerwehrsirene im Dorf A entstehen Lautstärken zwischen 80 und 120 Phon, die innerhalb Zufallsschwankungen in der Entfernung X [km] hörbar sind. 2 km entfernt vom Standort beginnt ein Waldstück, das die Schallausbreitung behindert. X sei daher wie folgt verteilt:

$$f(x) := \begin{cases} 0.2 & \text{für } 0 \le x < 2 \\ 8/30 - x/30 & \text{für } 2 \le x \le 8 \\ 0 & \text{sonst .} \end{cases}$$

Geben Sie die Verteilungsfunktion an, berechnen Sie μ und σ^2! Wie groß ist die Wahrscheinlichkeit, daß man die Sirene im Nachbardorf in 7 km Entfernung hört? Wie groß ist die Wahrscheinlichkeit dafür, daß die Sirene wenigstens 5 km weiter als im Mittel hörbar noch wahrgenommen wird?

/26/ Es sei

$$f(x) := \begin{cases} x/5400 & \text{für } 0 \leq x < 60 \\ (1 - x/180)/60 & \text{für } 60 \leq x < 180 \\ 0 & \text{für } x \geq 180 \end{cases}$$

die Dichtefunktion der Wahrscheinlichkeit, ab einer Höhe x [m] beim Landeanflug den Boden wegen Nebels nicht mehr zu sehen. Berechnen Sie μ und geben Sie eine anschauliche Deutung! – Berechnen Sie die Verteilungsfunktion F(x)! – Einer Vorschrift zufolge muß der Anflug abgebrochen werden, wenn in 30 m Höhe noch keinerlei Bodensicht besteht. – Wie oft kommt dies bei Nebel vor?

/27/ Von einem neuartigen Bauelement liegen bisher nur wenige Erfahrungen zur Lebensdauer vor. In fünf Fällen ergaben jedoch Protokolle, daß der erste Ausfall nach 401, 287, 313, 380 bzw. 269 Stunden erfolgte. Daraus läßt sich abschätzen die Wahrscheinlichkeit, – daß dieses Bauelement schon in den ersten 50 Stunden ausfällt, – wenigstens 350 Stunden durchhält.

/28/ Am einzigen Telefonhäuschen weit und breit muß ein Kunde 20 Minuten warten, bis er an den Kopf der Warteschlange zu stehen kommt. Er macht folgende Beobachtungen: Bei Ankunft ist er der zehnte in der Warteschlange, wobei soeben ein Kunde das Häuschen betreten hat, also mit dem Telefonieren anfängt. Wenn der letzte Wartende vor ihm das Telefonhäuschen betritt: Mit welcher Wahrscheinlichkeit muß er noch länger als 5 Minuten warten, ehe er selber an der Reihe ist?

Als er das Telefonhäuschen nach tatsächlich drei Minuten betritt, sind in der Schlange hinter ihm bereits wieder fünf Personen. Berechnen Sie aus den nun verfügbaren Daten die mittlere Warteschlangenlänge und beantworten Sie die Frage: Kam der Kunde zu einem eher günstigen oder ungünstigen Zeitpunkt zum Telefonieren?

Zwischenbemerkung: Die Deskriptive Statistik sammelt Daten und
wertet sie für beschreibende und Archivzwecke aus. Gleichwohl
werden diese Daten oft auch für eine gefühlsmäßige Bewertung
herangezogen, vorläufig oder auch endgültig. Beispiele bieten
insbesondere die Kapitel vier bis sieben. – Die Statistik im
engeren Sinne, oft auch Operative oder Prognostische Statistik
genannt, verknüpft solche empirischen Daten mit Methoden der
Wahrscheinlichkeitsrechnung und versucht so, aus meist relativ
wenigen Fakten Aussagen abzuleiten, mit denen die Grundgesamtheit zuverlässig beschrieben werden kann.

Einmal können Kostengründe für diese Einschränkung sprechen,
zusammen mit der Überlegung, daß eine näherungsweise Kenntnis
mit Angabe von Risiken zu den Aussagen praktisch ausreicht.
Oft aber ist die Grundgesamtheit prinzipiell unzugänglich,
d.h. gefühlsmäßiges Raten soll vor dem Hintergrund geltender
statistischer Gesetze methodisch ersetzt werden durch Aussagen
mit angebbarem Risiko. In gewissem Sinn lag ein solcher Fall
beispielsweise schon in der Deskriptiven Statistik vor, als
wir Lebenserwartungen zur Prämienberechnung für Versicherungs-
policen benutzten, in der Aufgabe /18/ von Seite 103:

Der Begriff Wahrscheinlichkeit reichte aus, brauchbare Überlegungen für eine Population durchzuführen, die zum Zeitpunkt
der Berechnung noch vollständig lebte und mit Erfahrungswerten
aus der Vergangenheit samt Unterstellung eines zukünftigen
"Gleichverhaltens" prognostiziert werden konnte. Operative
Methoden im engen Sinn des Wortes waren dazu nicht nötig. In
den folgenden Kapiteln werden wir aber tiefer eindringen ...

50-Pfennig-Stück entschied : Litauen-Wahl am 25. Oktober

Wilna (dpa) - Ein deutsches 50-Pfennig-Stück hat in Wilna
über den Termin der litauischen Parlamentswahlen entschieden: Wahltag ist der 25. Oktober. Die deutsche Münze wurde
gewählt, weil eine russische Kopeke nicht über die Zukunft
Litauens mitbestimmen sollte, wie Abgeordnete mitteilten.
Da sich Regierung und Opposition seit Wochen nicht auf das
Datum für die vorgezogenen Wahlen einigen konnten, wurde im
Saal des Präsidiums des Obersten Rates in Wilna schließlich
das Geldstück zu Rate gezogen. "Zahl" hätte die Vorstellung
des litauischen Parlamentspräsidenten Landsbergis für einen
möglichst raschen Wahlgang, am 7. September, bedeutet. Die
Münze zeigte aber "Kopf" - und begünstigte damit die Opposition. Anschließend bestätigte das Parlament mit Mehrheit
den Münz-Entscheid ... *(Süddeutsche Zeitung vom 20.6.1992)*

20   STOCHASTIK

Wahrscheinlichkeitsrechnung und die darauf aufbauende "Kunst des Vermutens", die mathematische Statistik im engeren Sinne, werden gerne unter dem Oberbegriff Stochastik zusammengefaßt. In der vergleichenden Darstellung zweier ganz verschiedener Urnenversuche verdeutlichen wir die unterschiedliche Sichtweise der Probleme:

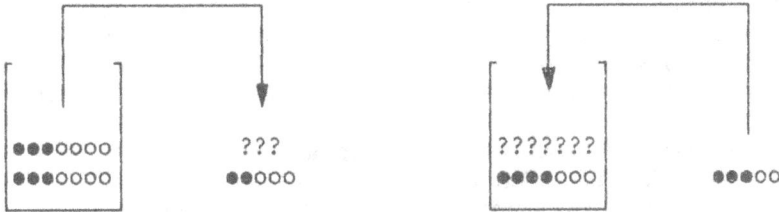

Abb.: Wahrscheinlichkeitsrechnung und Stochastik

Bisher war der Inhalt einer Urne (meistens) bekannt; links interessierte uns die Antwort auf die Frage, wie eine Stichprobe aus dieser Urne wohl aussehen könne ... Nun gehen wir umgekehrt vor : Eine Stichprobe (rechts) wurde gezogen, und wir hätten gerne eine zuverlässige Antwort auf die Frage, wie es im Inneren der Urne denn aussieht ...

Der stochastische Ansatz kann dabei je nach Erfordernissen der Praxis noch weiter unterschieden werden. Die Abbildung (oben rechts) zeigt das sog. Schätzproblem: Es gibt keinerlei Vermutungen über die Urne, aber wir möchten ihren Inhalt p durch die gefundene Häufigkeit h_n wenigstens näherungsweise kennzeichnen. Anders sieht es im folgenden Fall aus:

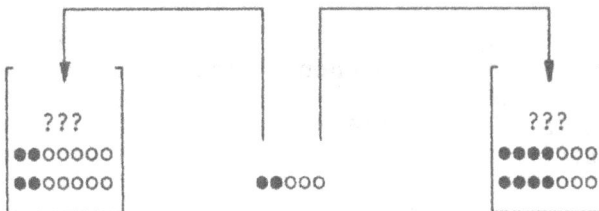

Abb.: Alternativentscheidung: Welche Urne liegt vor?

Hier gibt es von vornherein Vermutungen, im speziellen Fall nämlich zwei verschiedene Urnen mit jeweils bekanntem Inhalt; dann soll aus dem Ausfall X der Stichprobe entschieden werden, welche Urne vorliegt. Dies ist das (einfachere) Testproblem: Hat eine getestete Population die vermutete Eigenschaft oder nicht?

Der experimentell-stochastische Ansatz wird hier sehr deutlich: Das Zufallsexperiment Stichprobe zur Zufallsgröße X muß wenigstens prinzipiell wiederholbar sein.

Unter einer <u>Stichprobe der Länge n</u> versteht man dabei ein n-Tupel $(X_1, ..., X_n)$ stochastisch unabhängiger X_i, die alle dieselbe Wahrscheinlichkeitsverteilung wie X haben. Per Stichprobe gewinnt man zunächst empirisch Ergebnisse über die vorliegende Verteilung und vor dem Hintergrund des Gesetzes der großen Zahlen hofft man, daß Stichproben <u>repräsentativ</u> sind, bewertbare Aussagen über die Grundgesamtheit zulassen: Wir wissen bereits, daß die gewonnenen Ergebnisse mit dem Umfang n der Stichprobe gegen die wahren Verteilungsfunktionen streben.

Die wesentlichen Begriffe sollen nun am o.g. Beispiel zweier Urnen mit bekanntem Inhalt erläutert werden. Nehmen wir dazu an, in der einen Urne sei der Anteil der schwarzen Kugeln zu $p_0 = 0.1$, in der anderen als $p_1 = 0.4$ definitiv bekannt. Eine der beiden Urnen sei bereitgestellt:

Wir wissen genau, es ist entweder die eine Urne oder aber die andere. Für ein zu planendes Entscheidungsverfahren, <u>Test</u> genannt, haben wir zwei sog. einfache Hypothesen H, die durch jeweils einen Wert p zur vermuteten Verteilung charakterisiert sind. – Wie sieht ein solcher Test, der hier <u>Alternativtest</u> heißt, aus?

Wir müssen dazu ein Experiment festlegen, wie die Stichprobe gezogen werden soll, ferner eine <u>Entscheidungsregel</u>, die je nach Ausfall der Stichprobe zur Entscheidung für p_0 oder p_1 führt. Betont sei, daß die Entscheidungsregel vor (!) Bekanntwerden des Testvergebnisses formuliert werden muß, also auf keinen Fall erst nach Kenntnis der Stichprobe (gezielt) ausgedacht werden darf ...

Wählen wir z.B. die Stichprobenlänge n = 5; dann ziehen wir fünfmal eine Kugel aus der vorgebenenen Urne mit Zurücklegen: Es liegt eine Binomialverteilung mit dem Parameter p_0 bzw. p_1 vor: Die Stichprobe ist eine BERNOULLI-Kette. Das Verfahren ist damit beschrieben.

Wir betrachten das Ergebnis: Gefühlsmäßig sind wir geneigt, die Urne mit dem geringen Anteil p_0 dann zu vermuten, wenn die Stichprobe nur wenige schwarze Kugeln enthält. Wir könnten also eine Entscheidungsregel so festlegen: Enthält die Stichprobe höchstens eine schwarze Kugel, dann vermuten wir die Belegung p_0, sonst jedoch p_1.

Damit haben wir eine neue Zufallsgröße Z: Anzahl der schwarzen Kugeln unter n = 5; $A_n := \{Z \leq 1\}$ heißt <u>Annahmebereich</u> für die Hypothese $H_0 : B(5; 0.1)$.

In einer schematischen Übersicht stellen wir alle denkbaren
Fälle zusammen:

Stichprobe ergibt ...	In Wahrheit gilt ...,	
	$H_0 : p_0 = 0.1$	$H_1 : p_1 = 0.4$
A tritt ein. (z = 0, 1)	Entscheidung ist richtig ... mit $P_0(A)$	Irrtum ... Fehler zweiter Art: $\beta = P_1(A)$
$\overline{A}$ tritt ein. (z > 1)	Irrtum ... Fehler erster Art: $\alpha = P_0(\overline{A})$	Entscheidung ist richtig ... mit $P_1(\overline{A})$

Abb.: Entscheidungstableau im einfachen Alternativtest

Liegt in Wahrheit die Urne mit wenigen schwarzen Kugeln vor,
so sind zunächst zwei Fälle denkbar: In der Stichprobe war
höchstens eine schwarze Kugel, und wir entscheiden uns daher
für diese Urne. Die Wahrscheinlichkeit, daß dieser Fall eintritt, läßt sich unter der Annahme H_0: $p_0 = 0.1$ leicht ausrechnen:

$$P_0(A) = B(5; 0.1; 0) + B(5; 0.1; 1) = 0.9186 .$$

Wäre in der Stichprobe jedoch mehr als eine schwarze Kugel gewesen, so hätten wir nach Testvorschrift auf die Belegung H_1
schließen müssen, wären also einem Irrtum erlegen. Der entsprechende Fehler heißt α-Fehler oder Irrtumswahrscheinlichkeit erster Art:

$$\alpha = P_0(\overline{A}) = 1 - P_0(A) = 0.0814 .$$

Nun hätte aber auch die andere Urne H_1 vorliegen können; je
nach Ausfall der Stichprobe sind ebenfalls zwei Fälle möglich:
Wird in der Stichprobe mehr als eine schwarze Kugel gefunden,
so ist A eingetreten und wir entscheiden richtig:

$$P_1(\overline{A}) = 1 - P_1(A) =$$
$$= 1 - (B(5; 0.4; 0) + B(5; 0.4; 1)) = 0.6630 .$$

Im Falle A hingegen unterläuft uns ein Irrtum, der β-Fehler
zweiter Art:

$$\beta = P_1(A) = 0.3370 .$$

Ob unser Urteil also richtig wird bzw. ist, hängt nach dem
Ziehen der Stichprobe von der tatsächlichen, uns aber un-

bekannten Belegung der Urne ab. Im Beispiel konnten wir die möglichen Fehler leicht ausrechnen. Zum vorgeschlagenen Testverfahren heißt

$$S = 1 - \alpha = 1 - P_0(\overline{A}) = P_0(A)$$

die statistische <u>Sicherheit</u> des Tests. Sie gibt an, in wievielen Fällen die Urne $H_0 : p_0 = 0.1$ richtig erkannt wird, *wenn sie tatsächlich vorliegt*: In knapp 92 % aller Versuche wird das der Fall sein. In gut 8 % aller Fälle jedoch werden wir diese Urne nicht erkennen, obwohl sie uns angeboten wurde.

Sollte jedoch in Wahrheit die Urne $H_1 : p_1 = 0.4$ vorliegen, so werden wir diese in immerhin fast 34 % aller Fälle irrtümlich für H_0 halten und nur in gut 66 % der Fälle richtig erkennen.

Besonders gut ist unsere Testvorschrift nicht gerade; durch Veränderung des Annahmebereichs können wir untersuchen, ob wir die Risiken dieses Verfahrens insgesamt oder wenigstens teilweise gezielt in einer Richtung vermindern können:

Vorab ist klar: Setzen wir $A := \{Z \leq 5\}$, so tippen wir immer auf H_0, unabhängig von der vorgelegten Urne. *H_0 wird damit immer, H_1 jedoch nie erkannt.* - Dies ist kein Test mehr. Daß jedoch keine schwarze Kugel in der Stichprobe ist, könnte bei beiden Urnen passieren:

$A_n := \{Z \leq k\}$	$\alpha = P_0(A)$	$\beta = P_1(A)$	
mit $k = 0$	0.4095	0.0778	
1	0.0815	0.3370	‹--- $\alpha + \beta$ minimal
2	0.0086	0.6826	
3	0.0005	0.9130	
4	0.0000	0.9898	
5 (?)	0.0000	1.0000	

Abb.: Veränderung des Annahmebereichs im Mustertest

Die Tabelle zeigt, daß der zuerst gewählte Fall $k = 1$ jedenfalls unter dem Gesichtspunkt der Fehlersumme $\alpha + \beta$ optimal war. Sollte es aber darauf ankommen, die Urne H_0 möglichst sicher zu erkennen, so wäre z.B. $k = 2$ besser. Allerdings hat das seinen Preis: In weit mehr als der Hälfte aller Fälle, wo H_1 vorliegt, würden wir jene Urne nicht richtig einschätzen, also ebenfalls (irrtümlich) $H_0 : p_0 = 0.1$ vermuten ...

Das wird man nicht gerade wollen: In unserem Fall kommen wir offenbar nur weiter, wenn wir die Stichprobe n vergrößern; das werden wir im folgenden Kapitel genauer untersuchen. Zunächst noch ein anderer Gesichtspunkt:

Da aus Sicht der alternativen Belegung H_1 die Differenz $1 - \beta$ die Sicherheit ist, die Urne H_1 richtig zu erkennen, also von H_0 zu "trennen", heißt

$T := 1 - \beta$

die Trennschärfe des Tests. Zu einem vorgegebenen α wird man das Testverfahren so anlegen, daß β möglichst klein wird, die Trennschärfe also groß ausfällt. Das kann soweit gehen, daß

$1 - \beta < \alpha$

wird; anschaulich heißt das: Die Urne H_1, falls sie vorliegt, wird öfters erkannt als die Urne H_0, falls diese vorliegt. Anders: Die Urne H_0 wird im Test schlechter erkannt als die Urne H_1. Man nennt einen solchen Test verfälscht, verzerrt, und fordert daher als Mindestbedingung

$\alpha + \beta \leq 1$

für einen unverzerrten Test: Die Sicherheit $1 - \alpha$ soll also mindestens so groß sein wie der β-Fehler. Hinter dieser Forderung verbirgt sich eine gewisse Bevorzugung von H_0, der sog. Nullhypothese, auf die hin der Test konzipiert, ausgerichtet worden ist:

Annahmebereich	Es gilt (in Wahrheit) die ...	
	Nullhypothese	Alternative
tritt ein	erkannt: $S = 1 - \alpha$	nicht erkannt: β - Fehler
tritt nicht ein	nicht erkannt: Fehler α	erkannt: $T = 1 - \beta$

Diese (willkürliche) Bevorzugung von H_0 wird von besonderer Bedeutung dann, wenn ein Testverfahren keine präzisen Aussagen über den β-Fehler zuläßt. Zur Verdeutlichung der Begriffe ein sehr anschauliches Beispiel:

Es gebe ein Verfahren, Pilze auf ihre Giftigkeit zu prüfen. Dieser Test sollte so angelegt sein, daß giftige Pilze möglichst sicher erkannt werden, folglich ungiftige u.U. durchaus verkannt, d.h. also irrtümlich für giftig gehalten werden. Da es kein Prüfverfahren gibt, das giftige wie ungiftige Pilze in gleicher Weise sicher anzeigt, ist die aus der folgenden Tafel erkennbare (den Sammler nicht sehr befriedigende Eigenschaft!) unseres Tests gleichwohl sinnvoll: So manch guter Pilz mag wohl weggeworfen werden, ein giftiger jedoch unbedingt.

Pilztest zeigt an ...	Der unbekannte Pilz ist in Wahrheit ...	
	Ho : giftig	H₁ : eßbar
giftig	S = 1 - α möglichst groß	Pilz wird weggeworfen, obwohl eßbar: β = ???
eßbar	Fehler α möglichst klein	Pilz gilt als eßbar, und ist es in der Tat

Abb.: Signifikanztest auf Giftigkeit

Die Nullhypothese lautet also "Der Pilz ist giftig": Und diese
soll erst auf möglichst hohem <u>Signifikanzniveau</u> (S groß und α
klein) "verworfen" werden, d.h. zur Ablehnung führen:

Die Nullhypothese Ho ablehnen heißt ja, den giftigen Pilz für
eßbar halten ... Man beachte, daß ein Pilz nur in den beiden
unteren Fällen der Testübersicht genommen wird: Es sollte also
möglichst nicht vorkommen, daß ein giftiger Pilz im Sammelkorb
bleibt (Fall links unten), aber wir nehmen gerne in Kauf, daß
so mancher eßbare Pilz nicht akzeptiert wird (rechts oben).
Die richtige Devise +) lautet also: *Im Zweifel gegen den Pilz.*

+) Intensives Nachdenken betreffend Thesenbildung lohnt:

Bei Verdacht auf eine gefährliche Krankheit wird ein Test
(z.B. Entnahme einer Gewebeprobe) durchgeführt. Solche Tests
sind i.a. so angelegt, daß der α-Fehler sehr klein ist, denn
bei positivem Befund wird weiteres Tun aktiviert, das u.U.
auch nicht risikolos ist: eine überflüssige Operation oder
schwere Medikamentenbelastung.

Laborbefund	In Wahrheit ist der Proband ...	
	Ho : gesund	H₁ : krank
negativ, d.h. keine Behandlung	1 - α ist die Hoffnung des Probanden, gesund zu sein, ein Maß für die Verläßlichkeit des Tests, Labors ...	β ist das Risiko, die Krankheit zu übersehen, also das Maß irriger Hoffnung beim Probanden ...
positiv, weitere Aktionen	α mißt unnötige Aufregung und das Risiko überflüssiger Behandlung samt Kosten.	1 - β mißt die Angst des Probanden, tatsächlich krank zu sein, ferner das Bestreben, im Ernstfall sachgerecht zu behandeln.

Wir werden später noch andere Fälle betrachten, in denen es auf die richtige Wahl der Nullhypothese ankommt, auch unter Abwägung des Falls, welche Folgen es hat, sie zu akzeptieren (hier: eßbare Pilze wegwerfen ...).

Weiter oben hatten wir betont, daß die Entscheidungsregel in der Testvorschrift im allgemeinen Verfahren festgelegt werden muß, nicht etwa nach Kenntnis der Stichprobe derart, daß der Ausgang des Experiments die vorab gewünschte These bestätigt:

Angenommen, wir verlängern im Beispiel die Stichprobenlänge auf n = 20. Im konkreten Fall hätten sich dabei vier schwarze Kugeln in der Stichprobe ergeben, was gefühlsmäßig (das untersuchen wir später noch genauer) für die Urne H_1 spricht, die mit dem Anteil $p_1 = 0.4$, denn mit der anderen Urne hätten es vielleicht zwei schwarze Kugeln unter 20 oder so sein können. Wir möchten aber unbedingt die Nullhypothese "beweisen" und legen daher als Annahmebereich $A_{20} = \{Z <> 4\}$ fest. Dann wird

$$P_0(\overline{A}) = \alpha = B(20; 0.1; 4) = 0.0898$$

sehr klein. Die Sicherheit S liegt bei gut 91 %. - Da A eingetreten ist, akzeptieren wir die Nullhypothese H_0 für die Urne mit wenigen schwarzen Kugeln. Man findet aber

$$\beta = 1 - P_1(\overline{A}) = 1 - B(20; 0.4, 4) = 1 - 0.0350 = 0.9650$$

und damit $\alpha + \beta = 1.0548 > 1$. - Dieser Test ist verzerrt, unbrauchbar. Wird man öfters nach dieser seltsamen Regel entscheiden, so stellt sich bei Kenntnis der Urneninhalte schnell heraus, daß die Urne H_0 zwar häufig erkannt wird, aber die Urne H_1 noch öfters irrtümlich für jene andere mit den wenigen schwarzen Kugeln angesehen wird ... Wir haben den Test nachträglich auf ein gewisses Stichprobenergebnis "zugeschnitten", das zwar häufig vorkommen mag, aber die Verhältnisse verzerrt bewertet.

Zusammenfassend können wir einen <u>einfachen Alternativtest</u> theoretisch nun wie folgt beschreiben:

Über einem Ergebnisraum Ω werden zu einer Testgröße Z zwei Hypothesen formuliert:

    H_0 : Z ist nach P_0 verteilt oder aber
    H_1 : Z ist nach P_1 verteilt.

Genau eine der beiden Thesen trifft in Wahrheit zu; welche das jedoch tatsächlich ist, bleibt unbekannt. Die Entscheidung muß über eine Testvorschrift mit Risikocharakter getroffen werden:

Ein gewisses Ereignis $A \in \Omega$ heißt <u>Annahmebereich für H_0</u> mit folgender <u>Entscheidungsregel</u> (Testvorschrift): Tritt A ein, so entscheide man sich für H_0, andernfalls für H_1. – In diesem Sinn ist $\overline{A}$ Ablehnungsbereich für H_0 bzw. Annahmebereich für die Alternative H_1.

Die bei diesem Entscheidungsverfahren nach Testvorschrift notgedrungen auftretenden <u>Fehler</u> heißen

α - Fehler : $\alpha = P_0(\overline{A})$, wenn (in Wahrheit) vorliegt H_0
β - Fehler : $\beta = P_1(A)$, wenn   vorliegt H_1 .

$S := 1 - \alpha$ heißt <u>Sicherheit</u>, $T := 1 - \beta$ <u>Trennschärfe</u> des Tests, jeweils bei Vorliegen der Hypothese H_0 bzw. H_1. Dabei fordern wir zusätzlich stets $\alpha + \beta \leq 1$.

Üblicherweise stimmt man A wie eben formuliert auf die Annahme von H_0 mit möglichst kleinem Risiko α ab und nennt diese Hypothese dann Nullhypothese. Ein Test mit hohem Sicherheitsniveau verwirft also die Nullhypothese solange, als A nicht erfüllt ist, obwohl (vielleicht schon) H_0 gilt.

Bleibt dabei β (weitgehend) unbekannt, so nennt man den Test einen <u>Signifikanztest</u>.

Im Falle eines Signifikanztests soll die Nullhypothese stets so formuliert werden, daß ihre Annahme möglichst ohne schwerwiegende Folgen bleibt: Der unkritische Fall im Sinne des Verfahrens ist daher i.a. die Alternative ... Überlegen Sie sich das erneut am Beispiel des Pilztests und jenem aus der Fußnote von Seite 158. – Wir kommen auf Signifikanztests im folgenden Kapitel noch genauer zu sprechen.

21   OC—Kurven

Das Testverfahren von Seite 154 ist geeignet, zwei Hypothesen
H_0 und H_1 (von denen genau eine zutrifft) zu bewerten, d.h.
die Entscheidung abzustützen, welche der zwei Wahrschein-
keitsbelegungen p_0 bzw. p_1 zum Stichprobenergebnis "paßt". Mit
der kurzen Stichprobenlänge n = 5 war das Verfahren nicht gerade besonders gut. Ehe wir aber n vergrößern, untersuchen wir
die Qualität des Tests in Abhängigkeit von unterschiedlichen
Belegungen der Urnen. Folgendes scheint recht plausibel:

Liegen beispielsweise die einfachen Hypothesen H_0 : p_0 = 0.1
und H_1 : p_1 = 0.7 vor, so würden wir schon bei n = 5 und nur
einer einzigen schwarzen Kugel unter fünf ohne Zögern auf H_0
tippen, niemals auf H_1! Um dies begründen zu können, berechnen
wir die sog. Annahmewahrscheinlichkeit für den Annahmebereich
A_0 := $\{Z \leq 1\}$ in Abhängigkeit von der Belegung p:

$$P_p(A) = B(5; p; 0) + B(5; p; 1) =$$

$$= (1 - p)^5 + 5*p*(1 - p)^4 = (1 - p)^4*(1 + 4*p) .$$

Für einen Annahmebereich A_0 := $\{Z \leq k\}$ bei der Stichprobenlänge n ist das allgemein die Funktion

$$f(p) = P_p^n(A) := \sum_{i=0}^{k} B(n; p; i) \quad (\text{für } 0 < p < 1) .$$

Verschiedene mögliche Belegungen p zur Testgröße Z beschreiben
verschiedene Hypothesen H : p.

Die Funktion f heißt Operationscharakteristik des Ereignisses
A bezüglich H, ihr Graph OC-Kurve. In der Literatur findet man
die Funktion 1 - f(p) als sog. Gütefunktion.

Im o.g. Fall n = 5 ergibt sich dazu (folgende Abbildung) eine
Wertetabelle, mit der wir sodann den Graphen skizzieren:

An der Kurve läßt sich der α-Fehler für H_0 : p_0 = 0.1 bzw. der
β-Fehler für H_1 : p_1 = 0.4 sofort ablesen:

$$\alpha = 1 - f(0.1), \quad \beta = f(0.4) .$$

Weiter erkennt man, daß der einfache Alternativtest H_0 gegen
H_1 : p_1 = 0.7 mit n = 5 und k = 1 durchaus brauchbar wäre,
denn bei unverändertem α wäre dabei nach der Tabelle $\beta \approx 0.03$.

Offensichtlich kommt es darauf an, daß die OC-Kurve zwischen
den beiden gegeneinander abzuwägenden Hypothesen recht steil
abfällt.

p	f(p)
0.0	1.00
0.1	0.92	<-- 1 - α
0.2	0.74
0.3	0.53
0.4	0.34	<-- β
0.5	0.19
0.6	0.09
0.7	0.03
0.8	0.01
0.9	0.00
1.0	0.00

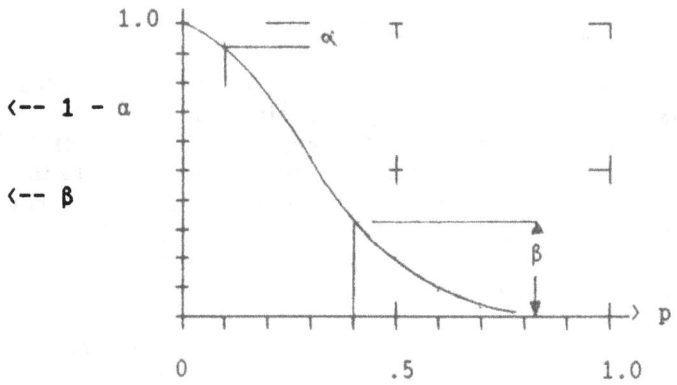

Abb.: OC-Kurve für n = 5 mit k = 1

Liegen die Hypothesen nahe beieinander, so sollte ein größeres n Abhilfe schaffen, den Test verbessern. Das untersuchen wir gleich; zuvor noch eine sehr typische OC-Kurve zu einem verfälschten Test. Wir wählen ähnlich dem Beispiel von Seite 159 jetzt mit n = 5 z.B. $A_6 := \{Z <> 3\}$:

Für die Annahmewahrscheinlichkeit gilt in diesem Fall

$$f(p) = 1 - B(5; p; 3) = 1 - 10 * p^3 * (1 - p)^2 \; .$$

p	f(p)
0.0	1.000
0.1	0.992
0.2	0.949
0.3	0.868
0.4	0.770
0.5	0.688
0.6	0.654
0.7	0.691
0.8	0.795
0.9	0.927
1.0	1.000

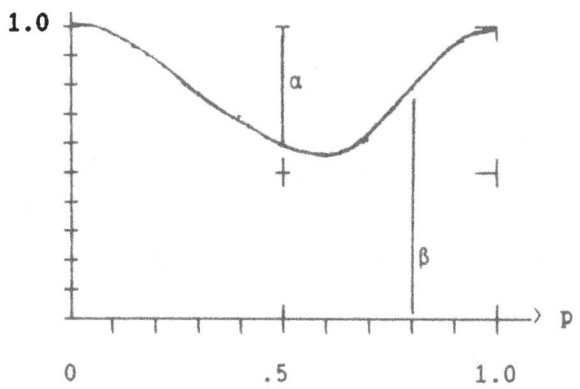

Abb.: OC-Kurve für verzerrten Test

Beispielsweise ist für $H_0 : p_0 = 0.5$ gegen $H_1 : p_1 \geq 0.8$ die Summe α + β offenbar mindestens $1 - 0.688 + 0.795 = 1.107$ oder gar größer, jedenfalls > 1.

Um unser eigentliches Testverfahren insgesamt zu verbessern, wählen wir jetzt eine Stichprobenlänge n = 50; der zu planende

einfache Alternativtest soll die Hypothesen $H_0 : p_0 = 0.2$ und
$H_1 : p_1 = 0.4$ gut trennen. Wie ist A zu wählen?

Bei $n = 50$ sind die Erwartungswerte in der Stichprobe für die
beiden Belegungen 4 bzw. 20. Klar ist, daß in A := $\{Z \le k\}$ ein
Wert k irgendwo "dazwischen" gut geeignet sein müßte. Wir erstellen eine Tabelle

k	...	13	14	15	16	17
α-		0.1106	0.0607	0.0308	0.0144	0.0063
β		0.0280	0.0540	0.0955	0.1561	0.2369

Abb.: n = 50 : Irrtumswahrscheinlichkeiten unter k

deren Werte $\beta = f_k(0.4) = B_{cum}(50; 0.4; k)$ direkt aus der Tabelle zur kumulativen Binomialverteilung mit $n = 50$ entnommen
werden können.

Die Werte für $\alpha = 1 - f_k(0.2) = 1 - B_{cum}(50, 0.2; k)$ findet
man ebenfalls unter $n = 50$, aber erst durch Differenzbildung
gegen eins.

Da $\alpha + \beta$ im Fall $k = 14$ mit 0.1147 am kleinsten wird, könnten
wir als Annahmebereich $A_{50} = \{Z \le 14\}$ wählen. Die benachbarten
Fälle könnten dann interessant sein, wenn auf besonders kleine
Werte der Irrtumswahrscheinlichkeiten α oder β zu achten wäre.

In der Abbildung der nächsten Seite skizzieren wir die zwei
OC-Kurven für $k = 14$ bzw. $k = 16$:

Im p-Bereich zwischen $H_0 : p_0 = 0.2$ und $H_1 : p_1 = 0.4$ fallen
die Operationscharakteristiken steil ab; mit wachsendem k ver-
schieben sich die Kurven bei gleicher Form nach rechts.

Mit einem speziellen Programm aus Kapitel 28 kann die vollständige Kurvenschar sehr bequem gezeichnet werden. Vgl. dazu
die Abbildung Seite 245.

Man erkennt, daß die OC-Kurve zum Wert $k = 16$ für Alternativen
$H_1 : p_1 \ge 0.4$ in gleicher Weise geeignet ist. In einem solchen
Fall redet man von einer sog. zusammengesetzten Hypothese, die
gegen die Nullhypothese H_0 abgewogen werden soll. Im Grenzfall
könnte also die Nullhypothese $H_0 : p_0 = 0.2$ gegen eine Alternative $H_1 : p_1 > p_0$ getestet werden ...

Man spricht jetzt von einem Signifikanztest, im Beispiel von
einem einseitigen Test. Es tritt dabei die besondere Eigentüm-
lichkeit auf, daß der α-Fehler (hier $1 - 0.9993 = 0.0007$) bekannt ist, der β-Fehler jedoch von der unbekannten Alternative

abhängt und im Grenzfall fast so groß werden kann wie α, dies nämlich dann, wenn p_1 von rechts an p_0 heranrückt.

p	$f_{14}(p)$	$f_{16}(p)$
0.0	1.0000	1.0000
0.1	0.9999	1.0000
0.2	0.9393	0.9993
0.25	0.7481	0.9017
0.3	0.4468	0.6893
0.35	0.1878	0.3889
0.4	0.0540	0.1561
0.45	0.0104	0.0427
0.5	0.0013	0.0077
...		

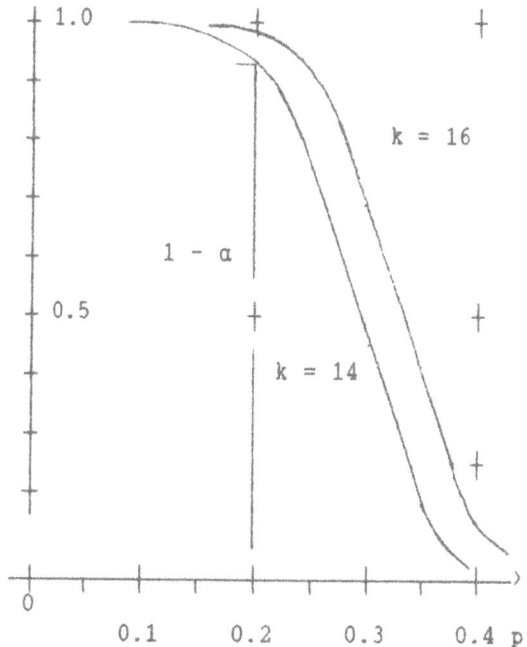

Abb.: OC-Kurven für n = 50 mit k = 14 bzw. k = 16

Bei diesem einseitigen Test ist der sog. kritische Bereich H : p > p_0 ein in p zusammenhängendes Intervall. Zur Nullhypothese H_0 könnte aber als Alternative auch H : p <> p_0 formuliert werden: Jetzt heißt der Signifikanztest zweiseitig, die Alternative wird durch zwei Intervalle beschrieben.

Generell geht es jetzt darum, eine Nullhypothese H_0 mit einer bestimmten Irrtumswahrscheinlichkeit α dann abzulehnen, wenn das Testergebnis in den kritischen Bereich fällt, signifikant abweicht. α heißt Signifikanzniveau: Ein Versuchsergebnis, das zur Ablehnung der Nullhypothese führt, heißt signifikant auf dem Niveau α.

Zur Illustration ein Beispiel:

Wir möchten prüfen, ob eine Urne vom Typ H_0 : p_0 = 0.2 ist oder nicht. Als Stichprobenlänge (mit Zurücklegen) sei n = 50 vorgesehen. Dann liegt der Erwartungswert in der Stichprobe bei μ = n · p_0 = 10. Wesentlich kleinere wie größere Ausfälle deuten an, daß die fragliche Urne nicht vorliegt. Probeweise legen wir daher als Annahmebereich für die Nullhypothese fest:

$A_{50} := \{6 \leq k \leq 15\}.$

p	0.05	0.10	0.15	0.20	0.25	0.30	0.35	0.40	0.50
k = 15	1.000	1.000	0.998	0.969	0.837	0.569	0.280	0.096	0.003
k = 5	0.962	0.616	0.219	0.048	0.007	0.001	0.000	0.000	0.000
f(p)	0.038	0.384	0.779	0.921	0.830	0.658	0.280	0.096	0.003

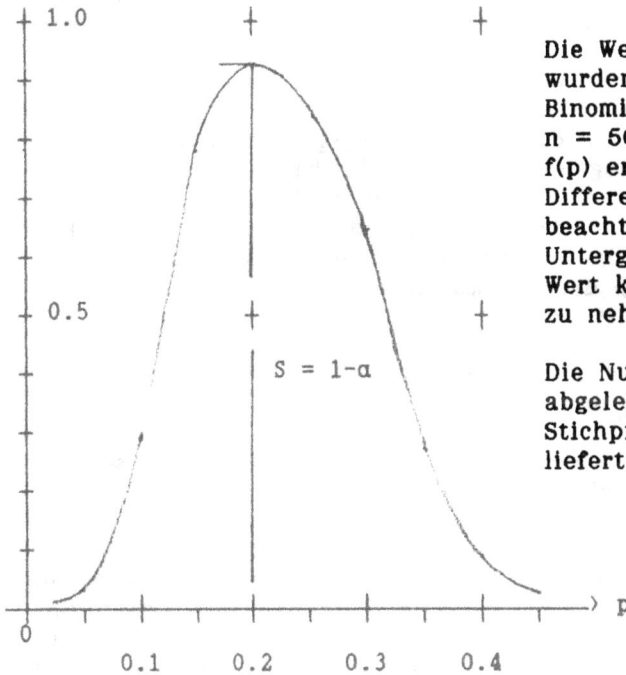

Die Werte der Tabelle wurden der kumulativen Binomialverteilung für n = 50 entnommen. f(p) ergibt sich durch Differenzbildung. Man beachte, daß für die Untergrenze bei A der Wert k = 5 (nicht 6!) zu nehmen ist!

Die Nullhypothese wird abgelehnt, wenn das Stichprobenergebnis $\bar{A}$ liefert ...

Abb.: OC-Kurve für n = 50 : zweiseitiger Signifikanztest mit $6 \leq k \leq 15$

Zur Sicherheit S des Tests ergibt die Tabelle bei p = 0.2 den Wert S = 0.921; also ist α = 0.079 das Signifikanzniveau.

α beschreibt den Irrtum, trotz Gültigkeit von H_0 fälschlicherweise die Nullhypothese abzulehnen. Übliche Werte für α sind meist 5 % oder auch 1% . – Wir müßten daher den Annahmebereich leicht vergrößern ... Dann wird bei festem n die Kurve etwas höher und breiter.

Aufgrund der Kurve ist klar, daß S = 1 – α <u>im Sinne der Ablehnung der Nullhypothese</u> einen Mindestwert für die sog. statistische Sicherheit des Tests darstellt, d.h. für den

Fall, daß die Alternative wahr ist, obwohl der Test auf die
Nullhypothese weist. Die Wahl von H_0 ist daher gut zu überlegen: Der α-Fehler muß bedacht werden, d.h. der Fall, die
Nullhypothese nicht zu akzeptieren, obwohl sie (schon) zutrifft ... Vergleichen Sie dazu nochmals das "Pilzbeispiel"
von Seite 157/58!

Die Entscheidungsregel ist jetzt gegenüber Seite 160 leicht zu
modifizieren: Fällt die Stichprobe in den Annahmebereich A, so
kann die Nullhypothese H_0 nicht mehr abgelehnt werden. Ansonsten wird H <> H_0 angenommen. Der Annahmebereich kann zur
Verdeutlichung auch komplementär beschrieben werden:

$$\bar{A} = K = K_1 \cup K_2 = \{Z < 6\} \cup \{Z > 15\} \ .$$

Fällt die Stichprobe in den sog. <u>kritischen Bereich</u> K, so wird
die Nullhypothese abgelehnt, andernfalls kann sie nicht abgelehnt werden ... Es sei noch darauf hingewiesen (worauf wir
nicht geachtet haben), daß zu vorgegebenen Signifikanzniveau
im Fall des zweiseitigen Tests die beiden Teilintervalle K_i so
gewählt werden, daß die Irrtumswahrscheinlichkeit α je zur
Hälfte darauf entfällt.

Für größeres n mit dazu passendem A wird die OC-Kurve in den
Flanken steiler und das Maximum noch ausgeprägter.

Signifikanztests wie eben haben eine merkwürdige Eigenschaft,
die wir am Beispiel eines Wahrsagers verdeutlichen wollen:

Angenommen, eine Person X habe die Fähigkeit, gewisse Vorhersagen zu treffen, etwa den Ausfall (Augenzahl gerade/ungerade)
eines zukünftigen Würfelexperiments. – Um diese Fähigkeit zu
testen, wird eine entsprechende Versuchsreihe geplant und die
Nullhypothese H_0 formuliert, *die Person X habe keine medialen
Fähigkeiten.* – Zufall liegt offenbar vor, wenn sich in einer
Versuchsserie $h_n \approx p \approx 0.5$ herausstellen sollte: Dies ist einfach der Rateerfolg ...

Sollte X also medial begabt sein, so müßte $p = 0.5 + \delta$ gelten,
und auch ein recht kleines $\delta > 0$ wäre schon eine Leistung. Der
Test könnte als einseitiger Signifikanztest geplant werden. Im
übrigen wäre $\delta < 0$ mit Vertauschen der Begriffe "gerade" bzw.
"ungerade" ebenfalls ein Erfolg!

Das Signifikanzniveau dieses Tests müßte sehr hoch angesetzt
werden, denn: Es sollte möglichst vermieden werden, X mediale
Fähigkeiten zu bescheinigen, die gar nicht vorhanden sind.
Andererseits ergibt sich zwangsläufig die Situation, daß ein
möglicherweise kleines δ zur Annahme der Nullhypothese führt,
also zur Verkennung des Genies. Hier hilft nur die Hoffnung
weiter, daß sich ein Genie irgendwann einmal durchsetzen wird.

Ein Forscher befindet sich in einer ganz ähnlichen Situation:
Eine neue Theorie, falls richtig, wird früher oder später bestätigt, vielleicht von einem anderen. Es wäre aber peinlich,
eine solche vorschnell zu verkünden - und später stellt sich
heraus, daß sie völlig falsch ist!

Mit dem Begriff *kritischer Bereich* von weiter oben können wir
abschließend einen informativen Überblick über die vier wichtigsten Typen von OC-Kurven geben. Man beachte dabei, daß mit
unseren Bezeichnungen K = A gilt:

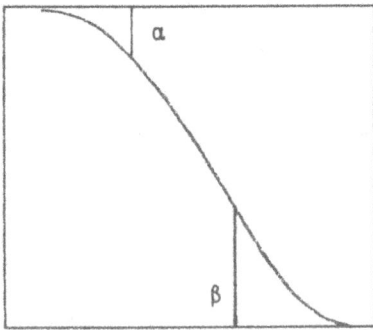

K := [k ... n]
OC-Kurve monoton fallend

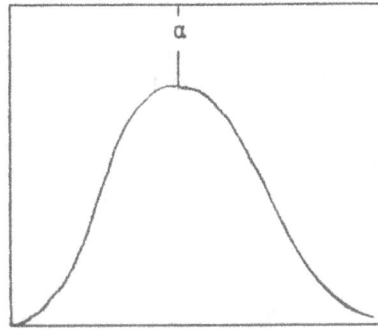

K := [0 ... k_1] $\cup$ [k_2 ... n]
OC-Kurve, Hochpunkt innen

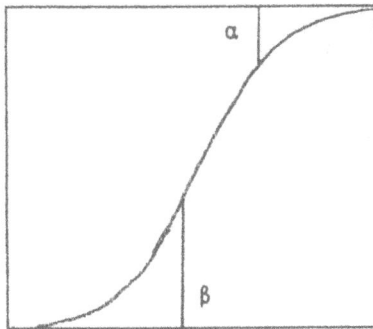

K := [0 ... k]
OC-Kurve monoton steigend

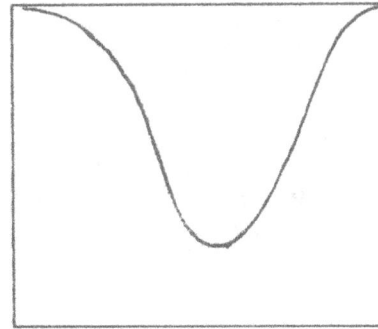

K := [k_1 ... k_2]
OC-Kurve, Tiefpunkt innen

Die beiden oberen Fälle haben wir ausführlich besprochen. Der
Fall links unten entspricht der Abwägung einer Nullhypothese
H_0 : p_0 gegen eine Alternative H_1 : p_1 mit $p_1 < p_0$. Der letzte
Fall schließlich tritt ein, wenn die Nullhypothese zweiseitig
getrennt ist.

Sofern wir Binomialverteilungen zugrunde legen, ist unmittelbar einzusehen, daß die OC-Kurven Polynome vom Grad n sind.
Siehe dazu das ausgerechnete Beispiel auf Seite 161.

Zum Nachdenken über Signifikanztests noch ein interessantes
Beispiel aus dem medizinischen Bereich:

Schwangerschaftstests sind i.a. Früherkennungstests durch Hor-
monnachweis mit der Eigenart, daß eine Schwangerschaft so gut
wie sicher vorliegt, falls ein gewisses Hormon vorgefunden
wird, aber: Das Hormon ist schwer nachweisbar!

| Hormontest | In Wahrheit besteht Schwangerschaft ... | |
	H_0 : nicht	H_1 : doch
negativ: Vermutung: nicht schwanger	Wenn keine Schwanger- schaft vorliegt, ist dies der Normalfall. $S \approx 1$.	Dieser Fall kommt im Frühstadium häufig vor. Das Risiko β ist hoch.
positiv: Vermutung: schwanger	Dieser Irrtum ist so gut wie unmöglich, also $\alpha \approx 0$.	Schlechte Trenn- schärfe, d.h. Früh- zeitiger Nachweis schwierig. $T = 1 - \beta \ll 1$.

Der Test ist also *ganz entgegen* landläufiger Bezeichnung ein
Signifikanztest auf hohem Niveau zur These *nicht schwanger* !
Charakteristisch ist daher, daß dieser Test bei erwünschter
Schwangerschaft nicht irrtümlich Freude auslöst, aber bei un-
erwünschter Schangerschaft trotz negativen Ausfalls (anfangs)
bestehende Ängste nicht beseitigt. – Immerhin gibt es seit eh
und je die sehr lebensbejahend gemeinte Redewendung "guter
Hoffnung sein ..."

22   SEQUENTIALTESTS

Wir kehren nochmals zu unserem einfachen Beispiel von S. 154
zurück, dem Alternativtest zu zwei einfachen Hypothesen H_0 und
H_1 mit den Belegungen $p_0 = 0.1$ und $p_1 = 0.4$. Als Annahmebereich soll der Einfachheit halber wiederum $A_0 = \{Z \leq 1\}$ gesetzt werden. Stellen wir uns vor, es handle sich um einen
"zerstörenden" Test von Glühlampen. Neben Zeit kostet das auch
Geld, denn die Lampen sind danach unbrauchbar.

Bei einer konkreten Prüfreihe der Länge n = 5 kann folgendes
passieren: Schon die ersten beiden Stücke sind schlecht (von
der Qualität p_1), so daß die Entscheidung bereits gefallen
ist, obwohl noch n < 5 gilt. Wir könnten die Stichprobe somit
abbrechen und Geld sparen. Die folgende Abbildung veranschau-
licht unsere bisherige Vorgehensweise:

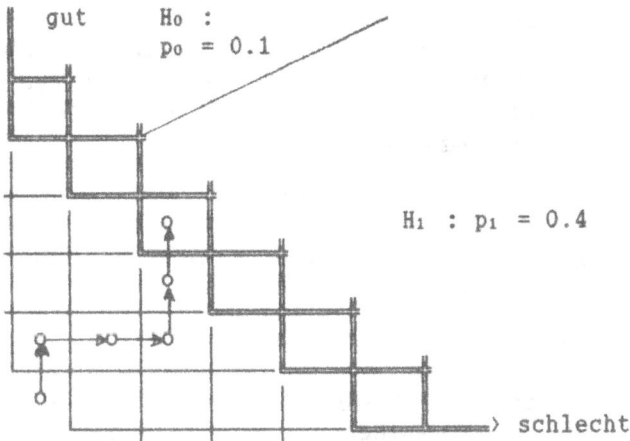

Abb.: Volle Stichprobenlänge n = 5

Ausgehend vom Anfangsfeld links unten geht man dabei um eine
Position nach rechts, wenn die Qualität p_1 vorgefunden wird,
hingegen um eine Position nach oben, wenn p_0 zutrifft. Nach
dem vierten Schritt wird die Entscheidungsgrenze mit n = 5
überschritten. Eingetragen ist als Beispiel ein Zug 0-1-1-0-0,
der wegen zweimal p_1 auf die Hypothese H_1 (schlecht) führt.
Nehmen wir an, daß jeder Zug 1 Mark kostet, so liegt der Preis
jeder Stichprobe (es gibt insgesamt $2^5 = 32$ verschiedene) also
bei 5 Mark.

Nun machen wir die Stichprobenlänge n ≤ 5 davon abhängig, wie
die Ergebnisse während der Ziehungen der Reihe nach aussehen.
Aus der nachfolgenden Abbildung läßt sich eine Übersicht zu
allen möglichen Stichprobenlängen ableiten:

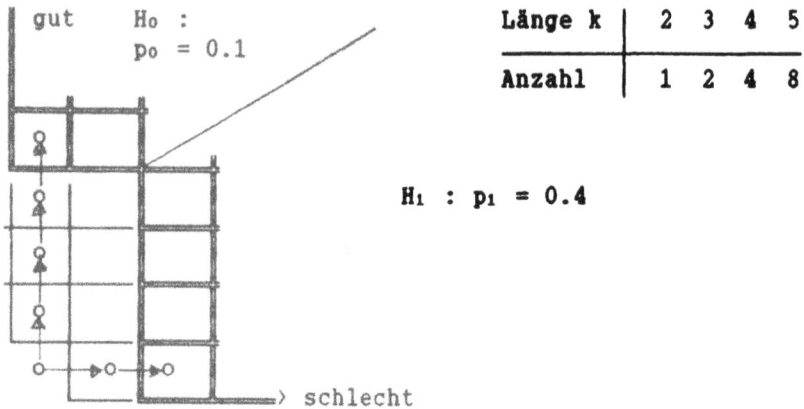

gut   H₀ :
      p₀ = 0.1

Länge k	2	3	4	5
Anzahl	1	2	4	8

$H_1 : p_1 = 0.4$

> schlecht

Abb.: Folgetest mit n = 5 (maximal)

Die kleine Tabelle liefert $64/15 \approx 4.25$ als mittlere Stichprobenlänge, demnach als Preis einer Prüfreihe im Mittel 4.25 DM.
Weil bei diesem Testverfahren die bisherige Sequenz der Ausfälle über die Fortführung (bis maximal n) entscheidet, heißt
ein solcher Test Sequentialtest oder Folgetest.

Neben den direkten Kosten der Stichprobe sind noch Kosten zu
berücksichtigen, die bei Irrtümern entstehen können. Für eine
gewisse Maximallänge n wird deren Summe im Mittel am kleinsten: Dann ist der Folgetest komplett ausgebaut.

Folgetests gehören zu den modernsten Verfahren; sie werden vor
allem in der Materialprüfung, bei der Qualitätskontrolle, in
der Medizin u. dgl. eingesetzt. – Ihre Entwicklung geht auf
Abraham WALD (1902 – 1950) zurück, der Folgetests bei der
(sehr kostenintensiven) Munitionsprüfung während des Zweiten
Weltkriegs 1943 in den USA systematisch einführte. – Diese
Technik der sog. Sequentialanalyse wurde bis 1947 streng als
militärisches Geheimnis gehütet: Während bei den klassischen
Prüfverfahren der Stichprobenumfang eine Konstante ist, hängt
er bei diesen sequentiellen Verfahren vom jeweiligen Beobach-
tungsergebnis ab und ist damit selber eine Zufallsvariable.

Der Prüfplan auf der folgenden Seite kann beispielsweise dazu
dienen, Qualitätsunterschiede bei Medikamenten zu bewerten,
zwei Spieler A und B bei einem Geschicklichkeitsspiel miteinander zu vergleichen usw. Mit n = 7 überschreitet die kürzeste
Stichprobe die Entscheidungsgrenze; dann ist entweder A besser
als B oder umgekehrt: Wechseln die Qualitäten schrittweise, so
wird nach dem 22. Versuch der Test mit der Entscheidung A = B
abgebrochen. Andernfalls kann es bis zu 47 Versuche erfordern,
ehe eine Entscheidung fällt.

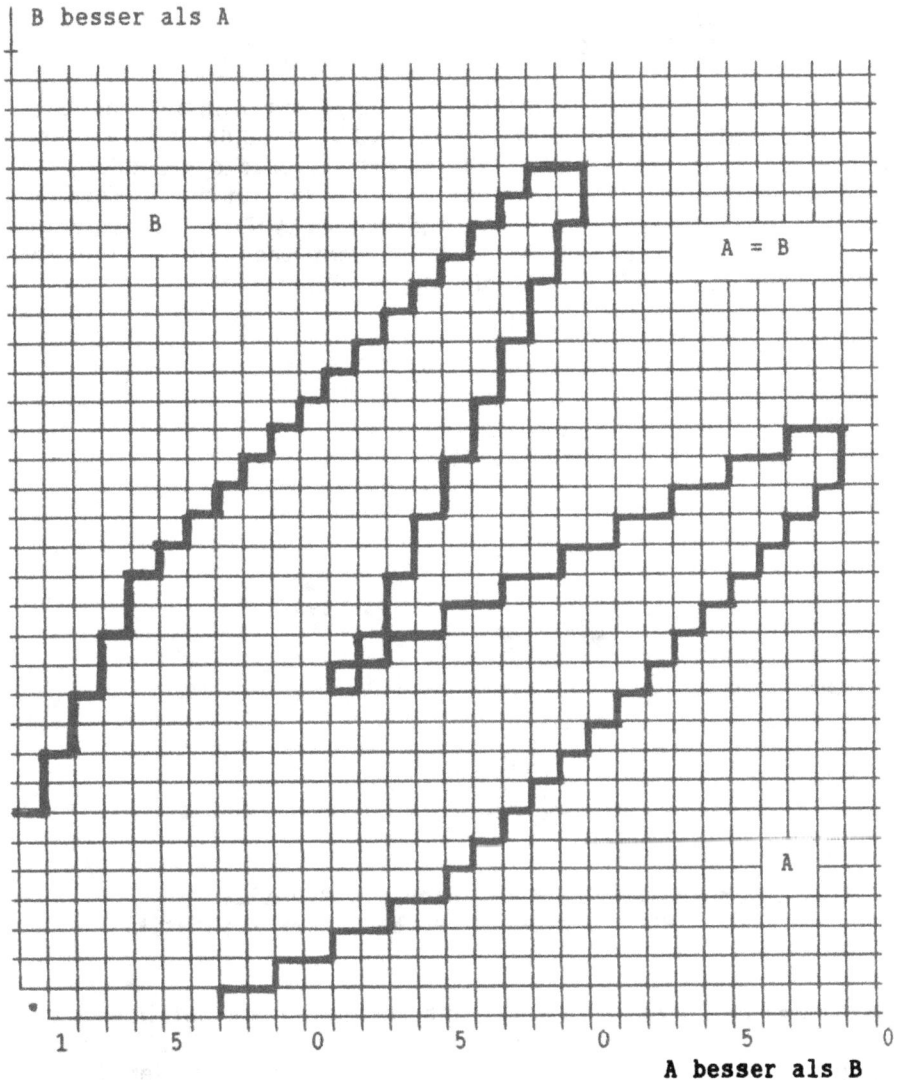

Abb.: Zweiseitiger Sequentialtest mit α = 0.05
(aus: HASELOFF-HOFFMANN, Statistik)

Entsprechende Prüfpläne existieren auch für α = 0.01 usw.

Für die industrielle Serienprüfung sind ausgefeilte Folgetests
entwickelt worden. Die folgende Abbildung zeigt ein Beispiel
für veränderliche Stichprobenlänge auf dem sog. 5-Promille-
Niveau. Der Reihe nach werden die Einzelstücke auf Defekte geprüft; die Summe der bisher gefundenen defekten Exemplare wird
mit den Annahme- bzw. Zurückweisungsziffern verglichen, die
aus den Formeln

$$A_n = -0.9585 + 0.0197 * n$$
$$Z_n = +1.2305 + 0.0197 * n$$

resultieren. Die kürzeste Stichprobenlänge zur Annahme hoher
Qualität ergibt sich zu n = 0.9585/0.0197 = 48.65, d.h. werden
der Reihe nach (abgerundet) 48 fehlerfreie Stücke gefunden, so
wird angenommen, daß höchstens 5 von 1 000 in der Lieferung
defekt sind. – Werden umgekehrt gleich zu Anfang hauptsächlich
defekte Stücke gefunden, so wird der Test abgebrochen und vermutet, daß die Qualitätsanforderungen nicht erfüllt sind.

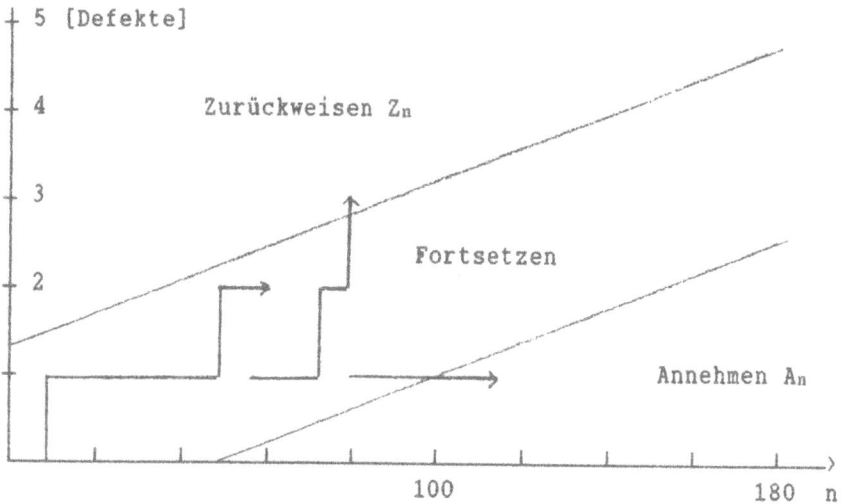

Abb.: Inspektionsdiagramm; Niveau 5 Promille
(nach WALLIS-ROBERTS, Methoden der Statistik)

Ein Folgetest wird in diesem Stichprobenplan als Zufallsweg
sichtbar, der im Streifen "Fortsetzen" links unten beginnt und
abgebrochen wird, sobald eine der beiden parallelen Geraden
überschritten wird.

Man sieht, daß bis zum 50. Versuch höchstens 2 defekte Stücke
gefunden werden dürfen: Sind es mehr, so wird das Los (die zu
prüfende Gesamtheit) bereits zurückgewiesen. Wird umgekehrt
bis etwa zum 100. Versuch nur ein defektes Stück gefunden, so
kann das Los angenommen werden. Folgepläne nach diesem Muster
haben gegenüber Stichproben mit fester Länge den Vorteil, daß
extreme Qualitäten regelmäßig sehr schnell gefunden werden ...
Gefühlsmäßig (ohne den Hintergrund zu kennen) macht dies jeder
Händler am Großmarkt: Er greift irgendeine Kiste heraus und
entnimmt willkürlich einige Tomaten: Sind die ersten alle gut,
so akzeptiert er sofort. Findet er jedoch gleich zu Anfang ein
paar schlechte, so wird er mißtrauisch, lehnt ab ...

23   STICHPROBEN

Genau besehen sind Schätzwerte fast immer falsch; hätten wir
die in Kapitel 4 vorgestellte Untersuchung zur Körpergröße
irgendwann wiederholt, so hätte sich ein von $\overline{x} = 164.6$ [cm]
wohl mehr oder weniger abweichender Mittelwert ergeben. Trotzdem: Irgendwo in der Nähe dieses Wertes sollte das unbekannte
μ der Population insgesamt liegen, die mittlere Körpergröße
aller jungen Mädchen und Frauen z.B. in der Bundesrepublik.

Ehe wir dieser Frage nachgehen, grundsätzliches zum Begriff
Stichprobe. Eine Stichprobe ist stets eine Untermenge der sog.
Grundgesamtheit oder Population. Es gibt finite wie infinite
Grundgesamtheiten. Aus theoretischer Sicht ist die Behandlung
infiniter Populationen einfacher. Dieser Fall wird näherungsweise dann erreicht, wenn die Stichprobe n höchstens um 2 %
der Grundgesamtheit N ausmacht. – Bei Befragungen denkt man
jedoch eher in Absolutzahlen: 1000 bis 2000 Probanden reichen
i.a. aus, um verläßliche Schätzungen über Meinungen z.B. in
der gesamten Bundesrepublik abzuleiten, sofern die Stichprobe
nicht zu sehr untergliedert werden muß: Bei Wahlanalysen beispielsweise geht man auf Absolutwerte um n = 8000.

Ein wesentlicher Aspekt ist dabei die Repräsentativität: Die
Stichprobe soll bei den interessanten Merkmalen ein struktur-
gleiches Modell der Grundgesamtheit darstellen. Ob diese Voraussetzung zutrifft, ist nicht immer leicht festzustellen bzw.
öfters auch fraglich. Durch verschiedenste Auswahlverfahren
versucht man aber, diesem Ziel nahezukommen:

Beim Verfahren der Quotenauswahl wird die Stichprobe entsprechend jenen Quoten strukturiert, die für das Ergebnis
relevant sind (oder sein dürften), z.B. Geschlecht, Alter,
Einkommen, Konfession und dgl.

Man unterstellt, daß diese Merkmale mit jenen korrelieren, die
in der Untersuchung interessieren, z.B. das Wahlverhalten.

Die zufallsgesteuerte Stichprobenauswahl, z.B. nach Listen,
Orten, Gruppen und anderen Klassifikationen entspricht weitgehend unserem Urnenmodell. – Um z.B. eine Meinungsbefragung
unter gut einer Million Einwohnern einer Stadt durchzuführen,
könnte man die (geordnete) Einwohnermeldekartei zugrunde legen, per Los ("lottery sampling") eine Person unter den ersten
500 Einträgen ziehen und dann die Personen 387, 887, 1387, ...
befragen. Allerdings müßten auch alle antworten!

Ein Gruppenauswahlverfahren ("cluster sampling") sähe etwa so
aus: Um irgendeine Meinung unter Seeleuten zu ergründen, befragt man nach den Unterlagen eines sog. Schiffsregisters z.B.
jede zehnte Schiffsbesatzung komplett.

Gegenüber Vollerhebungen haben Stichproben wesentliche Vorteile: Sie sind kostengünstig, können im Detail sorgfältig geplant und ausgewertet werden u.a. Ein erkennbarer Nachteil ist jedoch, daß Ergebnisse nicht beliebig fein untergliedert werden können. Betont sei, daß die Qualität einer Erhebung oder Befragung hauptsächlich vom Absolutwert n der Größe abhängt, viel weniger vom Anteil n in N (vgl. Seite 92).

Stichproben liefern Schätzwerte $\bar{x}$, s, r usw. der jeweiligen Parameter μ, σ, ϱ usw. der Grundgesamtheit. Aus diesen Schätzwerten rechnet man die Parameter "hoch", d.h. man gibt Konfidenzintervalle an, in denen sie mit einer gewünschten Sicherheit S liegen.

Stichproben enthalten immer Zufallsfehler, oft aber auch sog. systematische Fehler. Während bei Vergrößerung von n zufällige Fehler i.a. abnehmen, haben systematische Fehler die "Unart", mit n meist zuzunehmen. Man trifft sich in der Mitte, d.h. irgendwo bei der o.a. Größenordnung n des "Auswahlsatzes" ist der Gesamtfehler am kleinsten.

Systematische Fehler entstehen bei Fragebögen z.B. durch unvollständige Antworten, bei schlampiger Interview-Technik oder wegen unsympathischer Befrager usw.

Ein typisches Beispiel ist das folgende: Zur Meinungserkundung werden z.B. Fragebögen an alle interessierenden Merkmalsträger (Kunden, Schulen, ...) versandt, aber nur die (freiwilligen!) Rückläufe ausgewertet. Das sich hieraus ergebende Meinungsbild ignoriert gezielt die Ausfälle und ist damit systematisch entstellend: Wer nicht antwortet, gehört i.a. einer bestimmten Meinungsgruppe an, die folglich in der Stichprobe falsch (oder gar nicht) wiedergegeben wird.

Kehren wir jetzt zu unserem Beispiel eingangs zurück: Seinerzeit hatte sich für die Körpergröße $\bar{x}$ = 164.6 ± 4.4 [cm] mit n = 56 ergeben. Nach dem Satz von Seite 109 können wir die 56 Einzelmessungen als Realisierungen einer Zufallsgröße X ansehen, deren Parameter μ und σ gesucht sind. Das Stichprobenmittel streut weniger als die Einzelmessung. Wir haben von dort die Formel:

$$\sigma_x = \frac{\sigma}{\sqrt{n}} \qquad \text{(anwendbar ab etwa } n > 30).$$

Zwar ist das σ der Grundgesamtheit unbekannt, aber in grober Näherung können wir dafür s aus der Stichprobe nehmen. μ ist ebenfalls unbekannt, aber der zitierte Satz sagt, daß der Erwartungswert der Stichprobe mit dem Erwartungswert der Grundgesamtheit zusammenfällt. Hätten wir also etliche Stich-

proben des Umfangs n ≈ 50 gezogen, so hätte sich in der Mehrzahl der Fälle ein Wert $\overline{x}$ in der Nähe von μ ergeben. Unterstellen wir eine Normalverteilung von X, so heißt das mit
Blick auf die Tabelle der $\Phi_{0,1}$-Funktion, daß etwa 68 % aller
Stichproben im einfachen Streubereich (also u = ± 1) gelegen
hätten:

$$\pm 1 * 4.4/\sqrt{56} \approx \pm 0.59 \ .$$

Dem entspricht bei zweiseitiger, symmetrischer Fragestellung
das Vertrauensintervall um $\overline{x}$ für μ : [164.0 ... 165.2]. Mit
recht hohem Risiko kann μ noch außerhalb liegen. – Um dieses
zu verkleinern, vergrößern wir das Intervall entsprechend der
Tabelle unten, die aus der Normalverteilung abgeleitet ist.

Die zweite Zeile etwa findet man aus der $\Phi_{0,1}$-Verteilung über
den u-Wert (interpoliert) mit $\Phi(u) = \Phi(1.645) \approx 0.95000$: Die
Fläche von -u bis +u macht also 1 - 2 ' (1 - 0.95) = 0.90 = S
aus. Damit ist α = 1 - S = 0.10 .

S	α	u
0.68	0.32	- 1.000 ... + 1.000
0.90	0.10	- 1.645 ... + 1.645
0.95	0.05	- 1.960 ... + 1.960
0.99	0.01	- 2.576 ... + 2.576

Abb.: Annahmebereich (standardisiert in u) bei
      zweiseitiger Fragestellung

Aus der Tabelle folgt nunmehr, daß mit S = 0.95 als Mutungsintervall für μ der Bereich 164.6 ± 0.59'1.96 angegeben werden
kann: [163.4 ... 165.8] . Aller Wahrscheinlichkeit nach wird
das unbekannte μ der Grundgesamtheit dort liegen ... Formaler
ausgedrückt ergibt sich allgemein

$$P(\ | \ \overline{x} - \mu \ | \ < u * \frac{\sigma}{\sqrt{n}}) \geq S \ ,$$

wo $\overline{x}$ der Mittelwert aus einer Stichprobe der Größe n ist und
für σ aus der Grundgesamtheit als Näherung der Wert s_x aus
eben dieser Stichprobe eingesetzt wird. Das angegebene Intervall überdeckt mit der Sicherheit S das unbekannte μ.

Mit S = 0.99 (α = 0.01) ist das Ergebnis aller Voraussicht
nach richtig: <u>hochsignifikant</u>. Es kommt so gut wie nie vor,
daß das unbekannte μ außerhalb des Intervalls liegt.

Im Sinn von Kapitel 21 können wir das Ergebnis auch so formulieren:

Das o.g. Intervall ist die Nullhypothese zur Lage von μ. – Mit einem Risiko von 5 % können wir diese Nullhypothese nicht ablehnen. Der kritische Bereich wären größere Werte. – Dieser zweiseitige und der nachfolgende einseitige Fall werden in der Literatur <u>GAUSS-Test</u> genannt. Hierzu ein Beispiel:

Beim Abfüllen mit einer Maschine sind die Werte $\mu = 500$ [g] mit $\sigma = 18$ [g] eingestellt, wie man aus regelmäßigen Untersuchungen weiß. Eine Stichprobe $n = 100$ ergibt nun $\overline{x} = 505$ [g] bei nahezu unverändertem s ($\approx \sigma$). Ist diese Veränderung auf dem S_{95}-Niveau signifikant? Hier interessiert die Frage, ob μ größer geworden ist: Das ist eine einseitige (rechtsseitige) Fragestellung:

Die Nullhypothese ist $H_0 : \overline{x} = \mu$, die Alternative $H : \overline{x} > \mu$. Nach der $\Phi_{0,1}$-Tabelle ist $\Phi(1.645) \approx 0.95$. Damit wird rechtsseitig $1.645 \cdot 18/10 = 2.96$, also der Annahmebereich ungefähr $(-\infty, 503]$.

Wir lehnen H_0 ab, denn $\overline{x}$ fällt deutlich in den kritischen Bereich $[503, +\infty)$: Der Mittelwert beim Abfüllen per Maschine ist ziemlich sicher größer geworden.

Hier ist eine grafische Veranschaulichung, weiter eine Tabelle für den einseitigen Fall:

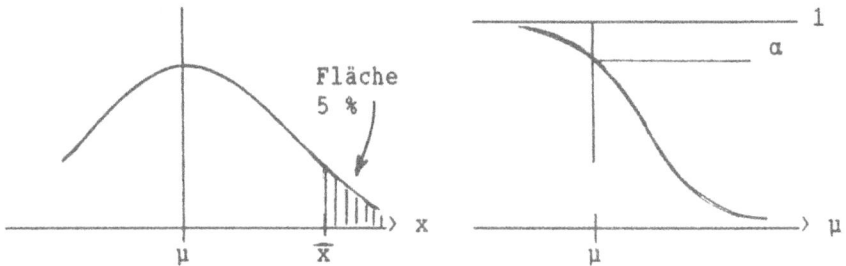

Abb.: Kritischer Bereich (rechtsseitig) und OC-Kurve

S	α	linksseitig	rechtsseitig
0.90	0.10	$- 1.284 \ldots \infty$	$- \infty \ldots 1.284$
0.95	0.05	$- 1.645 \ldots \infty$	$- \infty \ldots 1.645$
0.99	0.01	$- 2.326 \ldots \infty$	$- \infty \ldots 2.326$

Abb.: Annahmebereich (standardisiert in u) bei
      einseitiger Fragestellung

Die bisherigen Überlegungen lassen sich auch dazu benutzen, bei vorgegebenem Maß an gewünschter Sicherheit für eine Aussage die Mindestgröße der Stichprobe festzulegen:

Betrachten wir einen zweiseitigen Fall. Wir möchten einen Wert μ in ein Konfidenzintervall der Länge a einschließen, dies später zur Sicherheit S = 95 % :

$$| \bar{x} - \mu | \leq \frac{a}{2} = u * \frac{\sigma}{\sqrt{n}} .$$

In einem Vortest ermitteln wir einen Wert s, den wir anstelle des unbekannten σ in die Formel einführen und finden

$$n = u^2 * 4/a^2 * s^2 .$$

Mit u = 1.96 (zweiseitige Fragestellung) und s = 4.4 aus der Untersuchung zur Körpergröße wird für a = 1 damit n ≈ 297. Mit einem Auswahlsatz um 300 für die Stichprobe wird damit das Intervall $\bar{x}$ ± 0.5 mit dem aus der Stichprobe ermittelten $\bar{x}$ die Körpergröße bei einer Irrtumswahrscheinlichkeit von nur 5 % enthalten.

Aus der letztgenannten Formel ist ersichtlich, daß höhere Genauigkeit (kleineres a und/oder größeres u) nur mit deutlich wachsendem n erkauft werden kann. Da aber in diesem Fall die systematischen Fehler stark zunehmen können, hat es keinen Sinn, n in diesem u-Test beliebig zu erhöhen ...

Von großer praktischer Bedeutung ist ein entsprechendes Testverfahren für den Fall, daß in einer Befragung Prozentsätze (also relative Häufigkeiten) ermittelt werden und Konfidenzintervalle für die wahren Werte gesucht sind.

Nach früheren Überlegungen liegt einer solchen Befragung eine Binomialverteilung über der Grundgesamtheit zugrunde, wenn der Auswahlsatz nicht zu groß ist (n << N, max. 2 Prozent). Ist andererseits n nicht zu klein, so kann man näherungsweise gut eine Normalverteilung anwenden (S. 129).

Nehmen wir an, es sei in einer Befragung ein Anteilswert p (z.B. 0.2) ermittelt worden, ein Schätzwert also für π (hier nicht die Kreiszahl, sondern der Parameter p) in der Grundgesamtheit. Ein Schätzwert für die Streuung s ist die Wurzel aus n ' p ' (1 - p), die wir ersatzweise für das unbekannte σ nehmen. Damit wird für das Vertrauensintervall

$$| n * p - n * \pi | = u * \sqrt{n * p * (1 - p)}$$

oder nach Division durch n

$$\pi = p \pm u * \sqrt{\frac{p*(1-p)}{n}} \ .$$

Als Nebenbedingung ist (Seite 129) n * p * (1- p) > 9 zu beachten. π und p sind in der Formel als Anteile (und nicht als Prozente) einzusetzen.

Man kann diese Formel nun in zweifacher Hinsicht verwerten:

Ist das Ergebnis einer Befragung bekannt, so kann hieraus zur Sicherheit S das Mutungsintervall angegeben werden: Mit z.B.

   n = 500; p = 0.28; q = 0.72 und u = 2.576

ergibt sich mit einer Sicherheit von 99 Prozent

   π = 0.28 ± 0.052 ,

d.h. der Anteil von 28 Prozent ist mit einer Abweichung von gut 5 Prozent fast sicher; die Abweichung ist recht groß, aber wir haben auch eine Irrtumswahrscheinlichkeit von nur einem Prozent verlangt, ein in der Praxis von Meinungsbefragungen kaum vorkommender Fall.

Realistisch ist:

Umgekehrt werde eine Umfrage geplant, die ein Ergebnis auf zwei Prozent genau mit S = 95 Prozent liefern soll: u = 1.96 . Das bedeutet wegen des Zählermaximums bei p = 0.5

$$0.02 = u * \sqrt{\frac{0.25}{n}} \quad \text{oder} \quad n \approx u^2 * 0.25 / 0.02^2 \ ,$$

also n ≈ 2400. – Dies ist etwa der Auswahlsatz bei vielen Meinungsumfragen. Hat man Vorkenntnisse über p (Durchführung eines sog. Pre-Tests), so läßt sich n sichtlich drücken.

In unseren Beispielen sind wir von einer infiniten Grundgesamtheit ausgegangen, d.h. von einer im Vergleich zu N recht kleinen Stichprobe n. Bei ganz korrektem Vorgehen müßten die Berechnungen mit einem sog. "Endlichkeitsfaktor"

$$\sqrt{\frac{N - n}{N - 1}}$$

korrigiert werden, der (da ja kleiner eins!) die Mutungsintervalle entsprechend vergößert.

Gehen wir einmal von N ≈ 100.000 und n = 2.000 aus, also einem
Auswahlsatz von 2 Prozent, so wird dieser Faktor mit 0.99
schon merklich. Ist jedoch N zehnmal größer, so kann man den
Faktor vernachlässigen. – Strenge Statistiker fordern allerdings, daß der Auswahlsatz sogar ½ Prozent nicht übersteigen
sollte.

In unseren Beispielen haben wir für das unbekannte σ aus der
Grundgesamtheit stets eine Näherung aus der Stichprobe eingesetzt, der Bequemlichkeit halber.

Um solche Fälle ganz korrekt abzuwickeln, gibt es verbesserte
Prüfverfahren mittels der sog. t- oder Student-Verteilung:

Sind U eine standardnormalverteilte Zufallsgröße und Y eine
davon unabhängige χ^2-verteilte Zufallsgröße (siehe Kapitel
25), so heißt die Zufallsgröße T

$$T = \frac{U}{\sqrt{Y/n}}$$

t-verteilt [+]) mit n (n ε N) Freiheitsgraden.

Die Dichtefunktion der t-Verteilung ähnelt grafisch jener der
Normalverteilung, ist aber eine höchst komplizierte Funktion.
Sie ist symmetrisch zu t = 0 und geht für große n (wie man
fast vermuten kann) asymptotisch in die Normalverteilung $\varphi_{0,1}$
über.

Im Falle n = 1 heißt die t-Verteilung CAUCHY-Verteilung und
hat nicht einmal einen Erwartungswert. Für n > 1 ist der Erwartungswert der t-Verteilung Null. Eine Varianz gibt es erst
ab n > 2 mit $\sigma^2 = n/(n-2)$. – Dieses seltsame Verhalten ist
darauf zurückzuführen, daß die Integrale für μ bzw. σ^2 entsprechend den Definitionen von Seite 130 erst ab den jeweils
angegebenen Freiheitsgraden n existieren.

Die nachfolgende Tabelle enthält die sog. t-Prüfwerte für die
zweiseitige wie einseitige (dann von unten zu lesen) Fragestellung.

Zum Vergleich wiederholen wir das Beispiel von Seite 175 Mitte
mit zweiseitiger Fragestellung zur Sicherheit S = 95 % :

[+]) Diese wichtige stetige Verteilung wurde 1908 von William S.
GOSSET (1876 – 1937) unter dem Pseudonym *Student* veröffentlicht. – GOSSET war Statistiker bei der irischen Großbrauerei
Guinness und durfte seine Forschungen nicht unter seinem Namen
veröffentlichen ... (Folgende Tabelle auszugsweise nach [19].)

α	10	5	2	1	0.1	zweiseitig
n = 1	6.31	12.7	31.82	63.7	637.0	
2	2.92	4.30	6.97	9.92	31.6	
3	2.35	3.18	4.54	5.84	12.9	
4	2.13	2.78	3.75	4.60	8.61	
5	2.01	2.57	3.37	4.03	6.86	
10	1.81	2.23	2.76	3.17	4.59	
15	1.75	2.13	2.60	2.95	4.07	
20	1.73	2.09	2.53	2.85	3.85	
25	1.71	2.06	2.49	2.79	3.72	
30	1.70	2.04	2.46	2.75	3.65	
40	1.68	2.02	2.42	2.70	3.55	
60	1.67	2.00	2.39	2.66	3.46	
∞	1.64	1.96	2.33	2.58	3.29	
α	5	2.5	1	0.5	0.05	einseitig

Abb.: Tabelle zur t-Verteilung; Prüfgröße t(α, n) zur
Irrtumswahrscheinlichkeit α in Prozent
für verschiedene Freiheitsgrade n

Der t-Test prüft eine Nullhypothese H_0 : $\overline{x}$ = μ ohne Kenntnis
der Varianz in der Grundgesamtheit mit der Testgröße t im Vergleich zum Tabellenwert nach der Formel

$$|t| = \frac{|\overline{x} - \mu|}{s} * \sqrt{n} < t(n-1, \alpha),$$

wobei $\overline{x}$ den Mittelwert aus der Stichprobe der Größe n darstellt und für deren Standardabweichung die im Nenner korri-
gierte "Endlichkeitsformel"

$$s^2 = \frac{1}{n-1} \left(\sum_{i=1}^{n} (x_i - \overline{x})^2 \right)$$

(mit n − 1 statt n) zu nehmen ist.

Im Beispiel hatten wir $\overline{x}$ = 164.6 mit s = 4.4, dies berechnet
mit der alten, ungenauen "n-Formel". Wir müßten s an sich mit
dem Faktor 56/55 korrigieren, also geringfügig vergrößern ...

Für α = 0.05 (5 Prozent) entnimmt man der obigen Tafel für den
nah bei 56 liegenden Wert n = 60 den t-Wert 2.00. Damit wird

$$|\overline{x} - \mu| < t * s / \sqrt{n},$$

d.h. die halbe Intervallbreite 1.176 [cm] (mit n = 56 !).

Vorne hatte sich 0.59 ' 1.96 oder 1.15 ergeben, also – da ungenauer – ein etwas kleineres Intervall.

Wir müßten also zur Sicherheit 95 % das Intervall gegenüber früher gering vergrößern. Die Gegenüberstellung zeigt, daß es in den meisten Fällen bei nicht zu kleinen Stichproben auf die genauere t-Verteilung nicht ankommt.

Mit der t-Verteilung kann bequem geprüft werden, ob z.B. zwei Stichproben derselben Grundgesamtheit entstammen, deren μ- und σ-Werte nicht bekannt sind.

Nullhypothese also $H_0 : \overline{x_1} = \overline{x_2}$ <u>ohne Kenntnis der Parameter der Grundgesamtheit.</u>

Seien zwei Stichproben $\overline{x_1}$ und $\overline{x_2}$ der Umfänge n_1 und n_2 samt Standardabweichungen s_1 und s_2 (entsprechend der oben angegebenen leicht veränderten Formel) gegeben.

Testgröße ist dann

$$|t| = \frac{|\overline{x_1} - \overline{x_2}|}{s} * \sqrt{\frac{n_1 * n_2}{n_1 + n_2}} \quad < \quad t(n_1 + n_2 - 2, \alpha)$$

mit

$$s = \frac{s_1^2 * (n_1 - 1) + s_2^2 * (n_2 - 1)}{n_1 + n_2 - 2}.$$

$n = n_1 + n_2 - 2$ ist die Anzahl der Freiheitsgrade, unter der man in der Tabelle nachsehen muß.

Nun gilt: Ist $|t| \geq t(m, \alpha)$ rechts, so stammen die beiden zu vergleichenden Stichproben mit der Sichereit $S = 1 - \alpha$ aus verschiedenen Grundgesamtheiten, ansonsten aber kann die Nullhypothese wie oben angegeben akzeptiert werden.

Die t-Verteilung kann auch eingesetzt werden zum Prüfen von bivariablen Verteilungen bei der oft interessanten Frage, ob zwei normalverteilte Zufallsgrößen X und Y voneinander unabhängig sind.

In diesem Fall wird vorausgesetzt, daß der Korrelationskoeffizient r (aus Kapitel 5) bekannt ist.

Wählen wir unser Beispiel aus den ersten Kapiteln mit r = 0.48 (Seite 47) und n = 56:

Testgröße ist jetzt

$$|t| = \frac{|r|}{\sqrt{1 - r^2}} * \sqrt{n - 2} \quad < \quad t(n - 2, \alpha) \ .$$

Gilt $|t| \geq t(n-2, \alpha)$, so ist die Nullhypothese $H_0 : r = 0$ mit
der Irrtumswahrscheinlichkeit α abzulehnen, d.h. die beiden
Zufallsgrößen X und Y sind (linear) stochastisch abhängig. Am
Bau der Formel erkennt man, daß für $r \approx 1$ schon kleine n zum
Nachweis ausreichen, während für betragsmäßig kleineres r eine
beträchtlich größere Stichprobe erforderlich wird, damit die
Prüfgröße ausreichend groß wird.

In unserem Beispiel ergibt sich

$$\frac{0.48}{\sqrt{1 - 0.48^2}} * \sqrt{54} = 4.02 \ .$$

Ein Blick in die Tabelle Seite 180 lehrt, daß für größere n
derart kleine t-Werte fast nicht mehr vorkommen, oder:

Körpergröße X und Körpergewicht Y (sofern normalverteilt ...)
hängen mit hoher Sicherheit $S = 1 - \alpha$ (> 99 %) voneinander ab.
Wir haben eigentlich gar nichts anderes erwartet ...

24   PARAMETER

Stichproben haben den Zweck, Wahrscheinlichkeiten p eines Ereignisses zu schätzen; einige solcher Aufgaben haben wir in
den vorangehenden Kapiteln mit Konfidenzintervallen gelöst.
Das allgemeinere Problem besteht darin, irgendeinen Parameter
δ einer Wahrscheinlichkeitsverteilung X aus Stichproben in dem
Sinne näherungsweise anzugeben, daß nicht ein Intervall, vielmehr ein konkreter – in der Situation bestmöglicher – Schätzwert angegeben wird, zu δ also ein d, ein "Punkt", daher auch
<u>Punktschätzung</u>. Haben wir im Sinne von Seite 154 oben eine
Zufallsstichprobe $(X_1, ..., X_n)$ mit dem konkreten Ergebnis
$(x_1, ..., x_n)$ gezogen, so ist offenbar das zu bestimmende d

$$d = d_n(x_1, ..., x_n)$$

als Funktion dieser x_i aufzufassen, d.h. auf den X_i erklärt.
Diese reellwertige Stichprobenfunktion von n Veränderlichen
heißt <u>Schätzgröße</u> oder oft auch <u>Schätzfunktion, Schätzer</u> für δ
aus der Zufallsgröße X.

Vielleicht ist Ihnen aus der Physik das FERMATsche Prinzip vom
extremalen Lichtweg bekannt, in der Regel eines minimalen: Ein
Lichtstrahl unterwegs von einem Punkt zu einem anderen "sucht"
diesen Weg stets so, daß die Laufzeit möglichst kurz wird. Aus
diesem Prinzip läßt sich mit Methoden der Differentialrechnung
z.B. sehr leicht das Brechungsgesetz beim Übergang von einem
Medium in ein anderes herleiten, und noch viel leichter die
Reflexion am Spiegel ...

Das FERMATsche Prinzip (eine Art Axiom in der Optik) betont
die herausragende Rolle der Zeit bzw. des Zeitbegriffs. Man
könnte dies auch (eher emotional betont) als ein geheimnis-
volles, ja göttliches Gesetz der Natur ansehen, aus dem sich
auf verblüffend einfache Weise wichtige Folgerungen ableiten
lassen, die ansonsten mühsam experimentell verifiziert werden
müssen (bzw. eben nach und nach gefunden worden sind, wie aus
der Geschichte bekannt). Derartige übergeordnete (natürliche)
Prinzipien gibt es etliche, nicht nur in der Physik:

Der schon öfter zitierte Statistiker R. FISHER hat um 1912 für
die Statistik das schon lange vor GAUSS in einfacherer Form
bekannte Prinzip der maximalen Mutmaßlichkeit formuliert, das
sog. <u>Maximum-Likelihood-Prinzip</u>:

Die Verteilung einer Zufallsgröße X hänge von einem gewissen
Parameter δ ab; ist $(x_1, ..., x_n)$ ein Stichprobenergebnis, so
ist als Schätzwert d für δ jedes d geeignet, für das die Wahrscheinlichkeit

$$P(X_1 = x_1 \wedge X_2 = x_2 \wedge ... \wedge X_n = x_n)$$

maximal wird. – Dies sei an zwei Beispielen erläutert, deren

Ergebnisse wir kennen, wo dieses Prinzip also leicht zu durch-
schauen ist. Als erstes ein Urnenversuch:

Zufallsgröße X sei das n-mal wiederholte Ziehen einer Kugel
mit Zurücklegen, also eine BERNOULLI-Kette. Ist p der Anteil
einer Kugelsorte in dieser Urne, so ist die Wahrscheinlichkeit
für ein Ergebnis $(x_1, x_2, ..., x_n)$ bekanntlich

$$p^k * (1 - p)^{n-k} ,$$

wo k-mal die Kugelsorte mit dem p-Anteil kommt, und (n-k)-mal
die andere Sorte. – Kommt es auf die Reihenfolge nicht an, so
ist nach der Kombinatorik bzw. der Binomialverteilung

$$L(p) := \binom{n}{k} * p^k * (1 - p)^{n-k}$$

jene Funktion von p, die dem Parameter δ (hier also p) die
o.g. Wahrscheinlichkeit zuordnet. L(p) heißt in unserem Zusammenhang Likelihood-Funktion L. – Suchen wir Extremwerte:

$$\frac{\delta L}{\delta p} = const. * p^{k-1} * (1 - p)^{n-k-1} * (np - k) .$$

Aus der Ableitung folgt über δL/δP = 0 nach leichter Zwischen-
rechnung (für p <> 0) direkt np – k = 0 oder p = k/n . Man erkennt auch leicht, daß L(p) an dieser Stelle ein Maximum hat:

Der "beste" Schätzwert für das unbekannte p in der Urne ist
daher die relative Häufigkeit k/n aus einem Ziehungsversuch,
und das haben wir bisher stets so gehalten ...

Wir haben eingangs eine Schätzfunktion definiert. Im eben ausgeführten Beispiel sähe das formal so aus: Ziehungslänge n;
unbekannter Parameter der Urne π. Setze in der Stichprobe
$(X_1, ..., X_n)$ die $x_i = 0$ oder 1 für die eine bzw. die andere
Kugelsorte. Dann ist

$$p = p_n(x_1, ..., x_n) = \frac{1}{n} \left(\sum_{i=1}^{n} x_i \right)$$

die gewählte Schätzfunktion (also π ≈ p bestmöglich).

Ein weiteres Beispiel kann uns die POISSON-Verteilung liefern.
Dort haben wir auf Seite 124 Mitte einen μ-Wert aus etlichen
Fällen N_k geschätzt: Zur POISSON-Verteilung (Seite 122) von
Einzelausfällen

$$P(\mu; k) = e^{-\mu} * \mu^k/k! \qquad k = 0, 1, 2, ...$$

ist analog dem Beispiel zur Binomialverteilung von eben die
Likelihood-Funktion L

$$L = L(\mu) = \prod_{i=1}^{n} \frac{\mu^{x_i}}{x_i!} * e^{-\mu}$$

zu wählen. – Man beachte bei diesem Ansatz, daß n die Stichprobenlänge ist und die x_i deren Einzelergebnisse sind, also
gewisse Realisierungen von $P(\mu; k)$. $L(\mu)$ soll maximal werden.
Statt $\delta L/\delta \mu = 0$ leiten wir besser und auch einfacher den Logarithmus ln L nach μ ab:

$$\ln L = \sum_{i=1}^{n} (x_i * \ln \mu - \ln (x_i!) - \mu) .$$

Mit dieser Umformung findet man nach dem Differenzieren

$$\sum_{i=1}^{n} (x_i/\mu - 1) = 0 \quad \text{oder} \quad \mu = \frac{1}{n} * \sum_{i=1}^{n} x_i ,$$

wie im "Hufschlag"-Beispiel vorne intuitiv ausgeführt ... In
der letzten Formel ist μ als bester Schätzwert für das unbekannte μ aufzufassen.

Mit unterschiedlichen Betrachtungsweisen (und Intensionen)
könnte man vielleicht zu ganz verschiedenen Schätzfunktionen
gelangen (ein Beispiel folgt); sinnvoll und notwendig sind daher einige Beurteilungskriterien zur Auswahl solcher Schätzfunktionen aus u.U. mehreren Möglichkeiten. – R. FISHER hat
solche Kriterien angegeben:

Eine Schätzfunktion d_n für einen Parameter δ heißt <u>erwartungs-
treu</u>, wenn gilt $\mathcal{E} d_n = \delta$. Statt erwartungstreu werden auch die
Begriffe *unverzerrt* oder *biasfrei* (von engl. *bias* = Tendenz)
gebraucht.

Anschaulich drückt diese Definition die Hoffnung aus, daß die
Werte der Schätzfunktion um den unbekannten Parameter δ derart
streuen, daß der Mittelwert aus all diesen Schätzungen δ ist.
Andernfalls würde man z.B. tendenziell zu klein oder zu groß
(d.h. also zu wenig/viel) schätzen, also offenbar systematisch
"danebenlangen".

Die Schätzfunktion verhält sich etwa wie ein Meßinstrument mit
jeweils zufälligen Ablesefehlern, jedoch keinem systematischen
Gerätefehler. – Weiter:

Eine Schätzfunktion d_n für einen Parameter δ heißt <u>konsistent</u>
oder auch asymptotisch zutreffend (für δ), wenn gilt

$$\lim P(\; |d_n - \delta| \geq \alpha) = 0 \qquad (n \longrightarrow \infty)$$

für jedes noch so kleine positive α . Hinter dieser Definition steht die Vorstellung, daß mit Vergrößerung der Stichprobenlänge der Schätzwert d immer näher an den wahren Wert δ der Verteilung heranrückt. - Man kann sich überlegen, daß Erwartungstreue nicht unbedingt Konsistenz nach sich ziehen muß.

Die oben gewonnene Funktion p_n zur Schätzung des Urnenparameters π ist erwartungstreu und konsistent: Eine Stichprobe der Länge n wird über die Zufallsgröße

$$H := \frac{1}{n} * \sum_{i=1}^{n} X_i$$

ausgewertet, wo die nach B(1; p) verteilten Zufallsgrößen X_i die Werte 0 oder 1 annehmen können. Alle diese X_i haben den Erwartungswert p , ferner die Varianz $p*(1-p)$. (Außerdem sind die X_i stochastisch unabhängig.) Nach zwei Formeln von Seite 93 oben für Erwartungswerte gilt daher

$$\mathcal{E} H = \frac{1}{n} * \sum_{i=1}^{n} \mathcal{E} X_i = \frac{1}{n} * n * p = p \; .$$

Um die Konsistenz von H nachzuweisen, verwenden wir nach einigen Vorbereitungen die TSCHEBYSCHOW-Ungleichung:

Zuerst berechnen wir (wiederum mit Formeln von Seite 93 weiter unten, diesmal zur Varianz, ferner mit dem auf n Summanden ausgedehnten Satz von Seite 108 zur Varianz der Summe von unabhängigen Zufallsgrößen)

$$\text{VAR } H = \text{VAR } (\frac{1}{n} * \sum_{i=1}^{n} X_i) = \frac{1}{n^2} * \text{VAR } (\sum_{i=1}^{n} X_i) =$$

$$= \frac{1}{n^2} * n * \text{VAR } X_i = \frac{1}{n} * p * q \; .$$

Mit der TSCHEBYSCHOW-Ungleichung von Seite 113 ergibt sich nunmehr

$$P (\; |H_n - \pi| \geq \alpha) \leq \frac{p * q}{n * \alpha^2} \quad \longrightarrow 0 \quad \text{mit } n \longrightarrow \infty$$

für jedes kleine (aber feste) α . Also ist die Schätzfunktion H konsistent.

Auch das <u>Stichprobenmittel</u>, das wir auf Seite 109 untersucht haben, hat diese beiden wichtigen Eigenschaften. Es ist eine erwartungstreue und konsistente Schätzfunktion für den Parameter μ einer Verteilung:

Der Beweis verläuft ganz ähnlich wie eben. Daß X gemäß

$$\mathcal{E}X = \mathcal{E}[(\Sigma\, X_i)/n]$$

den Erwartungswert μ hat, haben wir dort schon bewiesen. Mit dem dort noch berechneten Wert für die Varianz von X, nämlich σ^2/n, folgt für die rechte Seite der TSCHEBYSCHOW-Ungleichung sofort

$$\frac{\sigma^2}{n * a^2} \;\; \text{---> 0 mit n ---> }\infty.$$

In beiden eben vorgerechneten Fällen für π bzw. μ ist noch eine andere wichtige Eigenschaft erfüllt, die sog. Effizienz:

Eine Schätzfunktion heißt effizient, wenn sie unter allen möglichen Schätzfunktionen die kleinste Varianz hat, also den gesuchten Parameter δ mit einer besonders kleinen Streuung trifft. Der Nachweis dieser Eigenschaft ist allerdings wegen der großen Allgemeinheit dieser Definition in unseren beiden Beispielen wesentlich schwieriger ...

Mit den Definitionen dieses Kapitels läßt sich - wenn auch mit einiger Rechenmühe - auch eine Schätzfunktion für die Varianz einer Stichprobe ableiten.

Im Zusammenhang mit der t-Verteilung auf Seite 179 ff. waren wir schon auf diesen feinen Unterschied gestoßen, obwohl wir bisher der Einfachheit halber bei unbekanntem σ einer Grundgesamtheit dafür in Näherung den Wert s aus der (endlichen) Stichprobe genommen hatten, insbesondere im vorigen Kapitel.

Es gilt nämlich der folgende Satz:

Sind x_1, x_2, ..., x_n die Werte einer Stichprobe der Länge n zur Zufallsgröße X, so ist

$$s^2 := \frac{\Sigma\, (x_i - \overline{x})^2}{n-1} \quad \text{mit } \overline{x} = \frac{1}{n} * \Sigma\, x_i \quad (n \geq 2)$$

eine erwartungstreue Schätzfunktion für die Varianz σ^2 der Verteilung in der Grundgesamtheit. - Dies ist die Formel von Seite 180, die für größere n in die alte (empirische) Varianz aus der Deskriptiven Statistik übergeht.

Unter gewissen Umständen (d.h. mit Zusatzinformationen) läßt sich sogar die Größe einer Grundgesamtheit schätzen, also N. Wir betrachten dazu das folgende Urnenmodell:

Die in einer Urne befindlichen Kugeln seien fortlaufend von 1 bis N durchnumeriert. – Wenn wir eine Anzahl k von Kugeln mit den Nummern $x_1, \ldots, x_k$ ohne Zurücklegen ziehen, so ist eine gute Schätzgröße für N der Wert

$$N_k \approx 2 * \frac{1}{k} * \sum_{i=1}^{k} x_i \; ,$$

das doppelte arithmetische Mittel aus der Summe der gezogenen Nummern. Als erwartungstreue Schätzfunktion sollte dies gegen N streben. Nun gilt aber im Grenzfall aller N gezogenen Kugeln (ohne Zurücklegen!) für die Summe aller Kugelnummern

$$1 + 2 + \ldots + N = \frac{N * (N+1)}{2} \; .$$

Setzt man dies in die Schätzfunktion N_k von eben ein, so erhält man den Wert

$$N_k = 2 * \frac{N*(N+1)}{2} * \frac{1}{N} = N + 1 \; .$$

Unsere Schätzfunktion fällt geringfügig, aber systematisch zu groß aus:

$$N_k(x_1, \ldots, x_k) := 2 * \frac{\sum x_k}{k} - 1$$

ist demnach die erwartungstreue Schätzfunktion.

Naiverweise könnte man glauben, daß diese Schätzfunktion kaum mehr hergibt als die Nummer der größten gezogenen Kugel (denn soviele sind es ja auf jeden Fall). Computersimulationen zeigen jedoch sofort, daß schon bei recht kleinen Stichproben erstaunliche gute Schätzungen für N kommen:

Mit N = 1000 und einer Stichprobenlänge n = 10 ergaben einige Versuche mit dem zugehörigen Programm aus Kapitel 28 dieses Textes folgende Schätzwerte für N:

1209, 946, 1374, 1165, 990, 827, 770, 1180, ...

Der Zufall streut einfach "präzise genug".

Eine andere erwartungstreue Schätzgröße für N wäre zum Beispiel auch die Funktion

$$g_n := \frac{n + 1}{n} * g - 1 \; ,$$

wo g die größte gezogene Nummer unter den n Kugeln der Stichprobe ist. Werden alle Kugeln gezogen, so wird g_n gleich N, woraus man (fast) die Erwartungstreue erkennt. Diese Funktion g_n ist bei Computersimulationen der zuerst angegebenen durchaus ebenbürtig!

Die angeschnittene Frage spielte übrigens eine Rolle im Zweiten Weltkrieg, als man versuchte, aus den Seriennummern erbeuteter Waffen auf die Größenordnung der entsprechenden Produktion beim Gegner zu schließen.

Zu einem auf Seite 198 beschriebenen Testverfahren ist hier die Lösung angegeben: Die chinesischen Wörter des Testblatts auf Seite 199 bedeuten der Reihe nach von oben nach unten

> Erwachsener Autobus Schrank Straße Kleinkind
> Phosphor Ausgang Überschwemmung Fernsehen Diplomat
> Universität Vulkan Telefon Land Fremdsprache

(im Original auf dem Kopf stehend gedruckt)

entsprechend den Auswahlen am Testblatt.

Der Test ist nicht "kulturfrei", d.h. seine Bearbeitung setzt neben der Fähigkeit des Lesens (die allerdings mit Testhelfer durch Vorlesen der deutschen Wörter ersetzt werden könnte) vor allem bildhaftes Denken und Fähigkeiten zu optischem Zeichenvergleich voraus. – Der Test wurde schon vor etlichen Jahren mehrmals auf Fortbildungsveranstaltungen von mir durchgeführt und mittlerweise ausgebaut. Für sprachliche Beratung und das Schönschreiben der Zeichen danke ich besonders Frau Mag. Zhao Hong (z.Z. München) aus Lin-he (VRC), ferner einer langjährigen Bekannten, Frau Fang Hong-Härtl (Holzkirchen).

Es folgt ein Blatt, das erst nach dem ersten Testdurchlauf in Kopie an die Teilnehmer ausgegeben wird ...

Die chinesische Schrift ist aus einer alten Bilderschrift entstanden. Noch heute bildet sie neue Wörter als Zeichenfolgen
aus einigen tausend "Basis-Charaktern", wodurch (jedenfalls
aus unserer Sicht) die Blumigkeit der unserem Sprachgefühl ansonsten sehr fremden Sprache entsteht.

Mit den aufgegliedert angegebenen Wortbedeutungen zur nachfolgenden Liste einiger häufiger Wörter kommt es darauf an, durch
Zeichenvergleich (und mit Phantasie) hinter die Bedeutung unbekannter Zeichenfolgen des Testblatts zu kommen: Dort ist genau eine der jeweils angegebenen Wortbedeutungen auch richtig.

Grundwortschatz ...

火 车 头	Feuer-Wagen-Kopf	Lokomotive
电 路	elektrisch-Weg	Stromkreis
外 国	außerhalb-Land	Ausland
山 水	Berg-Wasser	Landschaft
口 红	Mund-rot	Lippenstift
工 人	arbeitend-Mensch	Arbeiter
大 衣	groß-Kleidung	Mantel
小 学	klein-Lernen	Grundschule

25 VERTEILUNGSFREI

Häufig steht der Statistiker vor der Frage, ob eine gegebene empirische Verteilung durch eine theoretische hinreichend gut angenähert werden kann oder die empirischen Daten, naturgemäß mit Zufallsabweichungen, tatsächlich sogar einer theoretischen Verteilung folgen.

Oder eine andere Situation: Zu einem vorgefundenen Phänomen kann eine plausible Nullhypothese formuliert werden, aber mangels jeglicher Kenntnis der zugrunde liegenden Verteilung findet sich im bisherigen Fundus keinerlei anwendbares Testverfahren.

Gegeben sei beispielsweise das folgende Zahlenmaterial aus dem Statistischen Jahrbuch für Bayern Ausgabe 1987 zur Säuglingssterblichkeit in Bayern 1984:

Erstes Lebensjahr	Kinder nach Legitimität		
	ehelich	nichtehelich	
überlebt ...	100 635	9 642	110 277
gestorben ...	790	116	906
	101 425	9 758	111 183 .

Nach diesen Zahlen starben im ersten Lebensjahr 1.2 Prozent der nichtehelich, aber nur 0.8 Prozent der ehelich geborenen Kinder. (Zehn Jahre früher, also 1974, lagen diese Prozentsätze bei einer Geburtenziffer um 114 000 bei sogar 3.1 bzw. 1.9 Prozent ...) Ist dieser Unterschied noch zufällig oder sollte man nach Gründen suchen?

Unter der Annahme, daß die Sterblichkeit nicht von der Legitimität abhängen sollte, müßte man die 906 Gestorbenen unter den insgesamt 111 183 Geborenen auf beide Gruppen entsprechend den unteren Randhäufigkeiten anteilig verteilen und erhielte als plausible Nullhypothese H_0 folgende <u>Kontingenztafel</u>, in unserem Fall eine "Vierfeldertafel"

100 599	9 678	
826	80	(111 183)

Würde der Zufall regieren, dann sollten sich die Randhäufigkeiten als "schicksalhafte Konstanten" ungefähr auf diese Weise verteilen. In der zweiten Zeile sind die Veränderungen deutlich sichtbar ...

Beim Nachrechnen (oder Überlegen) fällt auf, daß nur eine der vier neuen Zahlen über die Randhäufigkeiten per Dreisatz berechnet werden muß; die anderen drei ergeben sich zwangsläufig durch Differenzbildungen. Allgemeiner: Eine der vier Zahlen innerhalb des Tableaus ist frei wählbar, die anderen folgen aus den Randbelegungen. Man sagt daher, daß die Vierfeldertafel einen Freiheitsgrad habe: $f = 1$.

Ein Verfahren, den Unterschied zwischen beiden Tafeln, dem Befund also und der Nullhypothese, statistisch meßbar zu machen, liefert der sog. Chi-Quadrat-Test. Er bietet sich deswegen besonders an, weil wir über die hinter den Tafeln stehende Verteilung nichts wissen.

Ehe wir etwas zum theoretischen Hintergrund ausführen, ganz schematisch die Anwendung: Man summiere die an H_0 normierten Differenzquadrate der jeweiligen Belegungszahlen auf und vergleiche diese sog. Testgröße χ^2 mit den Werten in einer entsprechenden Tabelle:

$$\chi^2 := \frac{(100\ 635 - 100\ 599)^2}{100\ 599} + \dots + \frac{(116 - 80)^2}{80} > \frac{36^2}{80} = 16.2$$

Es reicht hier, den letzten aller positiven vier Summanden zu betrachten und unter $f = 1$ nachzusehen:

Quantilen t(f, α) der Chi-Quadrat-Verteilung

f	S α	0.8 0.2	0.9 0.1	0.95 0.05	0.975 0.025	0.99 0.01	0.999 0.001
1		1.6416	2.7048	3.8405	5.0225	6.6327	10.8223
2		3.2189	4.6052	5.9915	7.3778	9.2103	13.8155
3		4.6416	6.2514	7.8147	9.3484	11.3448	16.2653
4		5.9886	7.7794	9.4877	11.1433	13.2767	18.4672
5		7.2893	9.2364	11.0705	12.8326	15.0862	20.5158
6		8.5581	10.6446	12.5916	14.4494	16.8119	22.4600
10		13.4420	15.9872	18.3070	20.4832	23.2096	29.5875
15		19.3107	22.3072	24.9959	27.4883	30.5781	37.6985
20		25.0375	28.4120	31.4105	34.1697	37.5665	45.3212
40		47.2686	51.8054	55.7586	59.3422	63.6925	73.3971

Abb.: Auszug aus der χ^2 - Verteilung (nach [19])

In der Zeile für $f = 1$ kommt ein Wert oberhalb 11 überhaupt nicht mehr vor, d.h. die Nullhypothese ist ohne jegliches

Risiko α <u>abzulehnen</u>: Der Befund ist nicht zufällig, sondern äußerst signifikant. +)

Der χ^2-Test ist ein <u>zweiseitiger Signifikanztest</u> ohne Aussagen zum β-Fehler. - Die Wahl der Nullhypothese muß daher, wie auch früher schon betont, sorgfältig erwogen werden: Ihre Ablehnung führt in einem Fall wie dem vorliegenden vielleicht zu gesundheits- oder auch sozialpolitischen Aktivitäten, die selbst im Irrtumsfalle (also wenn in Wahrheit die Nullhypothese gilt und der tatsächliche Befund nur zufällig sein sollte) möglichst nicht schädlich sein sollten ...

Im übrigen deckt das χ^2-Testverfahren keine Gründe für die Abweichung auf; vor unüberlegter Anwendung dieses sehr beliebten Tests gar mit irgendwelchen passend erfundenen und dann widerlegbaren Nullhypothesen in den Sozialwissenschaften kann nicht genug gewarnt werden!

Der χ^2-Test ist ein sog. <u>verteilungsfreier Anpassungstest</u>: Gegeben seien n stochastisch unabhängige (0,1)-normalverteilte Zufallsgrößen U_i. Dann heißt die Verteilung der Zufallsgröße

$$X := U_1{}^2 + U_2{}^2 + ... + U_n{}^2 = \Sigma \; U_i{}^2$$

χ^2 - Verteilung mit dem Freiheitsgrad $f = n$.

Die Theorie liefert

$$\mathcal{E}[\chi^2] = n \quad \text{und} \quad VAR \; \chi^2 = 2 * n \; .$$

Für kleine Werte $f = n$ ist die Verteilung extrem linkssteil, für größere n jedoch nähert sich χ^2 einer Normalverteilung mit den Parametern $\mu = n$ sowie $\sigma^2 = 2 \cdot n$ an (vgl. die Tabelle). Bei größeren n ist es daher möglich, Näherungswerte einfach aus der Normalverteilung abzuleiten.

Die χ^2-Verteilung wird oft als <u>parameterfreie Schätzfunktion</u> eingesetzt, d.h. für Hypothesenprüfungen, bei denen man die zugrunde liegende Verteilung und insbesondere deren Parameter nicht kennt. - Zu diesem Zweck wird der Ergebnisraum

$$\Omega = A_1 \cup A_2 \cup \; ... \; \cup A_n$$

in passende Teilräume A_i zerlegt, die sich nicht überdecken.

+) H_0 muß "außerhalb der Mathematik" formuliert werden und eine sinnvolle Begründung haben. Im vorliegenden Fall machen sich Mediziner wie Soziologen Gedanken darüber, ob und warum die Sterblichkeit so deutlich von der "Legitimität" abhängt: Nicht-eheliche Säuglinge haben wesentlich schlechtere Chancen.

Wir formulieren nunmehr das <u>Verfahren allgemein</u>:

n_{11}	n_{12}	$\ldots$	n_{1k}	Befund
n_{21}	n_{22}	$\ldots$	n_{2k}	
$\ldots$				$\Sigma\Sigma\ n_{ij} = n$ (!)
n_{s1}	n_{s2}	$\ldots$	n_{sk}	

ist der experimentelle Befund, die vorgefundene Belegung der
Zufallsgröße. – Ihr wird die Nullhypothese gegenübergestellt:

$n * p_{11}$	$n * p_{12}$	$\ldots$	$n * p_{1k}$	Nullhypothese
$n * p_{21}$	$n * p_{22}$	$\ldots$	$n * p_{2k}$	
$\ldots$				$\Sigma\Sigma\ p_{ij} = 1$ (!)
$n * p_{s1}$	$n * p_{s2}$	$\ldots$	$n * p_{sk}$	

Die Stichprobe $n = \Sigma\Sigma\ n_{ij}$ ist in $s*k$ Merkmalsklassen aufgegliedert; für die Nullhypothese gilt die Beziehung $\Sigma\Sigma\ p_{ij} = 1$.
Diese Bedingung wird über die Randhäufigkeiten des Befundes
eingehalten. – Testgröße ist die stets positive Summe

$$\chi^2 := \sum_{i=1}^{s} \sum_{j=1}^{k} \frac{(n_{ij} - n*p_{ij})^2}{n * p_{ij}} \ .$$

Die Nullhypothese kann mit der Irrtumswahrscheinlichkeit α
beim Freiheitsgrad f abgelehnt werden, wenn gilt

$$\chi^2 > t(f, \alpha) \ . \ *)$$

Als Minimalforderung zur Anwendung des Tests soll

$n * p_{ij} > 5$ für alle Positionen i, j

der Nullhypothese eingehalten werden; *auf keinen Fall darf der
Test mit Prozentwerten durchgeführt werden!*

Zur Anzahl f der <u>Freiheitsgrade</u>:
Bei Kontingenztafeln mit ein oder zwei Zeilen gilt $f = k - 1$,
wo k die Anzahl der Spalten ist. – Bei Vierfeldertafeln (also
$s = k = 2$) ist demnach $f = 1$.

---

*) Anschaulich mißt χ^2 (ähnlich wie s!) an der Stichproben-
größe n normierte Differenzquadrate, so daß gerade die großen
Abweichungen stark "durchschlagen".

Der χ^2-Test ist für größere n äußerst <u>trennscharf</u>; die Abhängigkeit von den einzelnen p_{ij} verschwindet und der Test wird "verteilungsfrei".

Er kann zur Prüfung eines Würfels benutzt werden: Es sei

| 17 | 23 | 21 | 18 | 19 | 22 |

120

das Ergebnis einer Testreihe aus 120 Würfen, zu der die naheliegende Nullhypothese

| 20 | 20 | 20 | 20 | 20 | 20 |

120

formuliert wird: Gleichverteilung aller Augenzahlen. Zum Freiheitsgrad f = 5 findet man

$$\chi^2 = (9 + 9 + 1 + 4 + 1 + 4)/20 = 1.4$$

und damit aus der Tafel, daß der Würfel mit hoher Wahrscheinlichkeit in Ordnung ist, die Nullhypothese *nicht* abgelehnt werden kann. Nebenbei: Eine Streuung wie in der Testreihe ist bei nur 120 Versuchen völlig normal. Ja im Gegenteil: Würden sich nur Werte nahe bei 20 ergeben haben, so wäre durchaus Verdacht auf Manipulation angebracht (z.B. erfundene Zahlen)!

Um mit dem χ^2-Test die <u>Anpassung einer empirischen Verteilung</u> an eine vermutete theoretische zu prüfen, geht man wie folgt vor: Die empirisch gefundenen Häufigkeiten f_i werden mit den nach der vermuteten Verteilung berechneten "idealen" Häufigkeiten n_i verglichen, mit diesen die Anpassung ausgetestet. Wir nehmen dazu unsere Zahlen von Seite 41 zur Körpergröße her und führen diese Rechnung schematisch vor:

In der folgenden Tabelle haben wir wegen $\overline{x}$ = 164.6 je zwei Größenklassen so zusammengefaßt, daß $\overline{x}$ recht gut die Mitte der "mittleren" Klasse darstellt; vergleichen Sie zur weiteren Bearbeitung die Abbildung zur Transformation:

Diese Klasse geht also von 163.5 [cm] bis 165.5 [cm]. – Diese und alle übrigen <u>Klassengrenzen</u> (159.5, 161.5, ..., 173.5) werden auf $u = (x - \overline{x})/s$ transformiert, sodann die Werte $\Phi(u)$ der Klassengrenzen aus einer Tabelle zur Normalverteilung entnommen und damit die "Idealbelegungen" der Klassen in Prozent durch Differenzbildung ermittelt. Mit n = 56 rechnet man dann die Idealwerte n_i aus.

mittlere Klasse

```
         |              164              165              166         > x
                                          x̄

                                                x - x̄
         Transformation              u = ─────────
                                                  s

                         0

         |
     - 0.25              - 0.02              + 0.20     usw.        > u
```

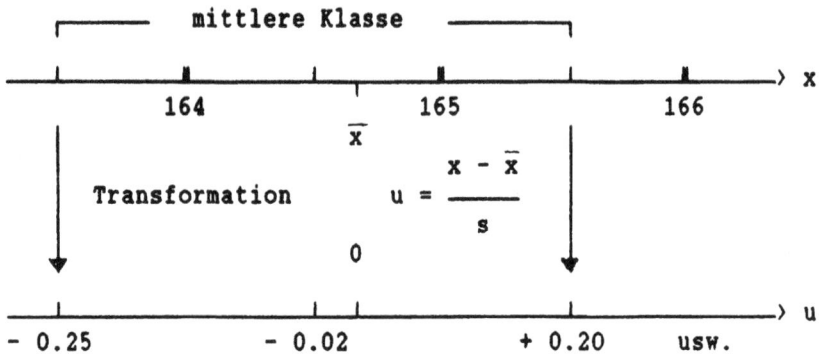

Abb.: Transformation der Klassengrenzen:
      im Beispiel x = 164.5 mit x̄ = 164.6 und s = 4.4

Dies ist die Arbeitstabelle:

Klasse x	f_i	u	$\Phi(u) \approx$	%	n_i	
≤ 157	5			5.4	3.0	
		- 1.61	0.054			
158/59	3			6.9	3.9	
		- 1.16	0.123			
160/61	8			11.9	6.7	
		- 0.70	0.242			
162/63	6			15.9	8.9	
		- 0.25	0.401			
164/65	10 <<<			17.8	10.0	<<< Mitte
		+ 0.20	0.579			
166/67	6			16.6	9.3	
		+ 0.66	0.745			
168/69	8			12.2	6.8	
		+ 1.11	0.867			
170/71	4			7.5	4.2	
		+ 1.57	0.942			
172/73	3			3.6	1.7	
		+ 2.02	0.978			
≥ 174	3			2.2	1.2	
n = 56			(Σ)	100.0	55.7 ≈ 56	

Abb.: Beispiel : Anpassung einer empirischen Verteilung an
      eine Normalverteilung

Nun bildet man χ^2 als Summe von zehn Summanden durch Vergleich
der f_i mit den berechneten n_i :

$$\chi^2 = (3.0 - 5)^2/3.0 + \ldots + (1.2 - 3)^2/1.2 \approx 7.83 .$$

Der Freiheitsgrad der Arbeitstabelle ist $f = 10 - 1 = 9$. – Ein
Blick in die Tabelle Seite 192 ersatzweise unter $f = 10$ zeigt,
daß dieser χ^2-Wert viel zu klein ist, um die Nullhypothese
abzulehnen:

Wir dürfen annehmen, daß die empirische Verteilung in unserer
Stichprobe $n = 56$ einer Normalverteilung sehr gut folgt. Vergleichen Sie dazu nunmehr die Bemerkung von Seite 136 bei der
Normalverteilung: Wegen des im Vergleich zu s sehr großen $\bar{x}$
kommen als Körpergrößen negative Werte x nicht vor, wie es
theoretisch erforderlich wäre ...

Im Kapitel zur POISSON-Verteilung haben wir einen solchen Vergleich ebenfalls durchgeführt: Tabelle Seite 124. – Diese enthält in der letzten Zeile die Idealwerte im obigen Sinn, in
der ersten Zeile die empirische Verteilung. Bildet man χ^2 einmal nur in Gedanken aus dem ersten Summanden, so wird sofort
klar, daß die Anpassung hervorragend ist, das dortige N_k also
einer POISSON-Verteilung folgt.

> Die Wahrscheinlichkeitsrechnung lehrt, wie man
> mit Wahrscheinlichkeiten rechnet, die Statistik,
> wie man sie bestimmt ....

(Fischer Lexikon Mathematik, 1966)

Zum Abschluß sei ein Test angeboten, der den Anspruch hat, ein
bescheidener (allerdings nicht kulturfreier) "Intelligenztest"
zu sein. – Übungshalber können die Ergebnisse des ersten und
zweiten Durchgangs mit den χ^2-Verfahren verglichen werden.

Auf Seite 199 ist ein Testbogen abgebildet, den man zur Durchführung des Tests (leicht vergrößert) kopieren kann.

Viel Spaß beim Ausprobieren ...

Kurzbeschreibung (für den Testleiter) zum Testblatt der nachfolgenden Seite:

In der Annahme, daß die Mehrzahl der Leser die chinesische
Sprache bzw. Schrift nicht beherrscht, soll im ersten Durchgang angekreuzt werden, welche von den jeweils drei mitgeteil-
ten Bedeutungen für das aus zwei Zeichen bestehende chinesische Wort links wohl die richtige sein könnte (eine ist es!):

Schriftzeichen	Bedeutung			Lauf:	(1)	(2)
	1	2	3			
工 人	Ingenieur	Bauer ???	Arbeiter		1 X 3	1 2 3

(Diese Zeichenfolge heißt Arbeiter ...)

Bei 15 Zeilen und je drei Möglichkeiten ($p = 1/3$) ist der Erwartungswert beim Raten fünf Richtige. Also sollte bei einer
größeren Teilnehmerzahl N die Summe aller insgesamt erzielten
Punkte etwa bei 5 · N liegen.

Nach dem ersten Durchgang wird eine Kopie der "Lernseite" 190
an jeden Teilnehmer ausgegeben. Dort findet sich eine Liste
von Wörtern, jeweils mit richtiger Bedeutung.

Durch Nachdenken und Schriftzeichenvergleich mit der Lernseite
kann man nun im zweiten Durchgang mit dem Testblatt erneut an-
kreuzen. Man sollte dazu gute zehn Minuten Zeit lassen, nicht
wesentlich mehr. Jedwelche Erläuterungen oder Hinweise seitens
des Testleiters sind nicht erlaubt; die Lernseite muß als Vorgabe ausreichen ...

Jetzt erst kann die Testauswertung für beide Läufe durchgeführt werden. Die richtige Lösungsreihenfolge für das Blatt
Seite 199 findet sich auf Seite 189.

Bei N Teilnehmern lauten Null- bzw. Lernhypothese H_0 bzw. H_1:

5 * N 10 * N	15 * N	richtig falsch

wobei rechts die richtig bzw. falsch getroffenen Lösungen des
zweiten Durchgangs bei allen Teilnehmern zusammen einzutragen
sind. – Zum Freiheitsgrad $f = 1$ kann mit dem χ^2-Test festgestellt werden, ob ein Lernerfolg eingetreten ist oder nicht
und auf welchem Niveau. Hoffentlich gibt es einen ...

Kreuzen Sie im ersten Durchgang die nach Ihrer Meinung rich-
tige Wortbedeutung des chinesischen Wortes an:

Schriftzeichen		Bedeutung 1	2	Lauf: 3	(1)	(2)
大	学	Bahnhof	Universität	Büro	1 2 3	1 2 3
火	山	Insel	Fluß	Vulkan	1 2 3	1 2 3
电	话	Brief	Telefon	Paket	1 2 3	1 2 3
国	家	Himmel	Hölle	Land	1 2 3	1 2 3
外	语	Gedicht	Fremdsprache	Lied	1 2 3	1 2 3
红	磷	Phosphor	Kochsalz	Zucker	1 2 3	1 2 3
出	口	Treppe	Ausgang	Fahrstuhl	1 2 3	1 2 3
水	灾	Unfall	Überschwemmung	Tod	1 2 3	1 2 3
电	视	Bild	Zeitung	Fernsehen	1 2 3	1 2 3
外	交	Diplomat	Lehrer	Architekt	1 2 3	1 2 3
大	人	Erwachsener	Kind	Jüngling	1 2 3	1 2 3
汽	车	Autobus	Schiff	Flugzeug	1 2 3	1 2 3
衣	柜	Tisch	Stuhl	Schrank	1 2 3	1 2 3
马	路	Straße	Kanal	Fabrik	1 2 3	1 2 3
小	孩	Zwilling	Kleinkind	Ehepaar	1 2 3	1 2 3

26   INFORMATION

In der sog. Nachrichtentheorie befaßt man sich mit dem Informationsgehalt von Mitteilungen, mit deren Übertragungsmodalitäten und dergleichen mehr. Die Informationseinheit 1 Bit (von 'binary digit') ist dabei der Gewinn an Information beim Beantworten einer Frage mit Ja/Nein-Charakter.

Offenbar ist dieser Gewinn dann am größten, wenn die beiden Antwortmöglichkeiten in etwa gleich wahrscheinlich sind. Denn die Antwort auf die Frage *Hat das Schreiben dieses Manuskripts länger als z.B. 50 Stunden gedauert?* ist leicht mit *Ja* zu beantworten, also wenig gewinnbringend ... Bemerkens- und damit mitteilenswert erscheinen uns nur Fakten, die im Sinne der Wahrscheinlichkeitsrechnung auf eher seltene und schwer einschätzbare Ereignisse bezogen sind.

Bekanntlich kann man (Thema von Fragespielen im Fernsehen) einen Sachverhalt durch eine Folge von Fragen mit Ja/Nein-Antworten schnell einkreisen, abstrakt gesagt: Mit insgesamt n Fragen läßt sich eine Zahl aus dem Intervall $0 \ldots 2^n - 1$ sicher finden:

Soll z.B. $a = 8 < 16$ (also $n = 4$) erraten werden, so beginnt man mit *Ist die Zahl höchstens 8? Ist a höchstens 4? Ist a höchstens 6? Ist es 7? Nein, ..., Ja:* Dann ist es $a = 8$ ... Dabei haben die Zahlen 0 ... 16 alle die gleiche Wahrscheinlichkeit, nämlich $1/16 = 1/2^4$. Diese Fragetechnik entspricht dem Abfragen der Nullen und Einsen in dualer Schreibweise, hier nach den vier Positionen in $8_{dual} = 1000$.

Gewinn an Information ist also Beseitigung von Ungewißheit: Daher kann in unserem Beispiel $n = 4$ anfangs als Maß für die Unsicherheit des Problems angesehen werden, als Entropie. +) Damit bietet sich als erste Definition an: Ist eine Menge von 2^n gleichwahrscheinlichen Ereignissen gegeben, so hat dieses System die Entropie n.

Nun ist mit dem Zweierlogarithmus: $n = ld (2^n)$. Allgemein definiert man daher auch für die Situation, wo kein LAPLACE-Experiment vorliegt:

Gegeben sei ein System mit n Ereignissen und deren Wahrscheinlichkeiten p_i ($i := 1, \ldots, n$; $\Sigma p_i = 1$); dann heißt

---

+) Das Kunstwort Entropie ist aus der Thermodynamik entlehnt, wo es die Wahrscheinlichkeit beschreibt, ein System in einem gewissen Zustand anzutreffen: Bei (idealen) reversiblen Prozessen bleibt die Entropie konstant; ansonsten wird sie stets größer. Die Einheit ist das o.g. Bit.

$$E := \sum_{i=1}^{n} p_i * ld\ (1/p_i) \qquad (sog.\ SHANNON\text{-}Formel)$$

die Entropie dieser Verteilung. Damit ist gleichzeitig die Additivität der Entropie postuliert.

Unser obiges Beispiel ist als Sonderfall der Gleichverteilung bei genau 2^n Ereignissen zu betrachten:

$$\sum \frac{1}{2^n} * ld\ (2^n) = \frac{1}{2^n} * \sum n\ = n\ ,$$

denn wir haben n insgesamt 2^n-mal zu summieren von $k = 0$ bis $2^n - 1$ ...

Betrachten wir als Beispiele die Verteilungen

(1/3, 1/3, 1/3) bzw. (1/2, 1/4, 1/4),

so ergeben sich die Entropien +)

3 * 1/3 * ld (3) $\approx$ 1.57 bzw.
1 * 1/2 * ld (2) + 2 * 1/4 * ld (4) = 1.5 ,

d.h. das System mit der größeren Unordnung hat die kleinere Entropie. In einem Extremfall wie

(255/256, 1/256)   (Lotterie: 255 Nieten, ein Treffer)

erhalten wir E = 255/256 $\cdot$ ld (256/255) + 1/256 $\cdot$ ld (256) $\approx$ 0.037, also schon fast Null.

Man kann allgemein den Satz beweisen, daß unter allen Systemen der Größe n das "gleichverteilte" die größte Entropie hat. Im letzten Beispiel ist bei fast verschwindender Entropie gleichwohl genau eine Frage notwendig, um zu erfahren, ob eine Niete oder ein Treffer vorliegt, d.h. die "wirkliche" Entropie E_w ist eins, demnach deutlich größer als die nach der obigen Formel berechnete. Man nennt daher jene Entropie genauer die sog. ideelle Entropie und hat den Zusammenhang

$E_w \geq E$,

wobei das Gleichheitszeichen genau für den Fall des LAPLACE-Experiments gilt.

+) Zwischen Zweier- und natürlichem Logarithmus gilt der Zusammenhang ld (a) $\approx$ 1.4427 $\cdot$ ln (a) .

Nachrichten können stetige Signale (wie Sprache oder Musik)
sein, aber auch Folgen von Symbolen aus einem (endlichen)
Zeichenvorrat. In der Informationstheorie untersucht man das
letztere; die Nachrichtenquelle heißt in diesem Fall <u>diskret</u>
(und stationär). Dabei interessiert den Theoretiker nur das
formale Kommunikationssystem, aber nicht der konkrete Inhalt
der Nachricht.

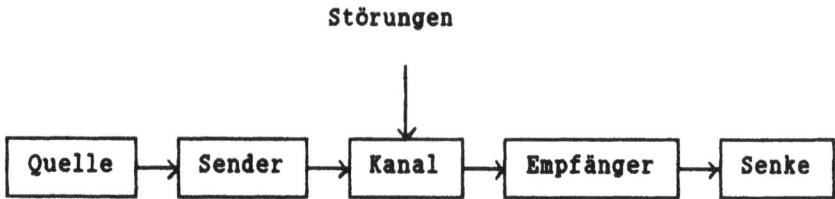

Störungen

```
┌─────────┐   ┌─────────┐   ┌─────────┐   ┌──────────┐   ┌─────────┐
│ Quelle  │──▶│ Sender  │──▶│  Kanal  │──▶│ Empfänger│──▶│  Senke  │
└─────────┘   └─────────┘   └─────────┘   └──────────┘   └─────────┘
```

Abb.: Nachrichtenübertragung schematisch

Insbesondere beim Übertragungskanal können allerhand Störungen
einwirken, die das empfangene Signal verfälschen und u.U. die
Nachricht unkenntlich machen: Die Nachricht kommt also nur mit
einer bestimmten Wahrscheinlichkeit beim Empfänger richtig an,
und das ist ein weiterer Berührpunkt mit der Wahrscheinlichkeitsrechnung und Stochastik.

Im Sender wird die Nachricht codiert, d.h. in eine Folge von
übertragbaren Zeichen umgesetzt; die (subjektive) Nachricht
entsteht durch Beobachtung und Decodierung dieser Folge, und
zwar dann, wenn "Abwechslung" erkennbar wird: Ein Dauerton von
1000 Hz ist in diesem theoretischen Sinn kein Signal, sondern
bestenfalls eine Art Kennung (z.B. eines Peilsenders).

Unter einem <u>Code</u> versteht man eine Abbildung einer Menge von
Zeichen (z.B. des Alphabets) in eine andere, in der Regel aus
sendetechnischen Gründen ein Binärcode wie das Morsealphabet
(Punkt/Strich/Zwischenraum): +)

    a .-   b -...   c -.-.   d -..   e .   f ..-.   usw.
    1 .---- 2 ..--- 3 ...-- 4 ....- 5 ..... 6 -.... usw.

Man nennt die einzelnen "Übersetzungen" Codewörter. Ist eine
bestimmte Zeichenmenge vorgegeben, so möchte man i.a. mit

+) Samuel MORSE (1791 - 1872), Portraitmaler und Erfinder,
entwickelte um 1835 einen funktionsfähigen elektromagn. Telegrafen: erste Sendungen zwischen Washington und Baltimore
1844. – Jedem ist bekannt: SOS ... --- ... , mnemotechnisch
"Save our souls", in Wahrheit aber gewählt, weil auch bei
schlechter Übertragung ("Rauschen") eindeutig erkennbar ...

geringstem Aufwand möglichst viel Information übermitteln. Der häufig vorkommende Buchstabe e ist daher sehr kurz codiert.

Nehmen wir an, daß die Ausgangsmenge 26 Zeichen (also die Buchstaben) enthält, so ist die Entropie maximal

$$26 * 1/26 * \text{ld} (26) \approx 4.70 < 5 ,$$

d.h. wir kommen im Binärcode mit einer Verschlüsselung von fünf Bit je Zeichen aus. Dieser Zusammenhang erklärt auch die Verwendung des Bit als Einheit für die Entropie ...

Rein schematisch können wir daher zum Aufbau eines Codes zunächst einen Baum der Tiefe fünf verwenden und einen ersten Code systematisch von oben nach unten eintragen:

Abb.: einfacher Binärbaum für Codegenerierung

Allerdings liefert dieser Baum keine optimale Lösung, denn wir könnten insgesamt 32 Zeichen codieren, benötigen aber nur 26. Häufiger benutzte Zeichen könnten also kürzer codiert werden: Verschlüsseln wir die Buchstaben des Alphabets gemäß diesem Baum, so besteht jedes Zeichen genau aus einer Fünferfolge.

Das Wort *BANANE* benötigt also 30 Signale. Nun ist im Deutschen der Buchstabe *e* mit Abstand der häufigste, gefolgt von *n*. Im ersten Baum sind 32 - 26 = 6 Positionen (ganz "unten" nämlich) nicht benutzt. - Wir könnten also oben einmal vier, dann noch einmal zwei Positionen zusammenfassen und den Buchstaben *e* bzw. *n* zuordnen. Der Rest von 24 Buchstaben wird einfach fortlaufend codiert:

$$
\begin{array}{l}
e = 000 \\
n = 0010 \\
a = 00110 \\
b = 00111 \\
c = 01000
\end{array}
$$

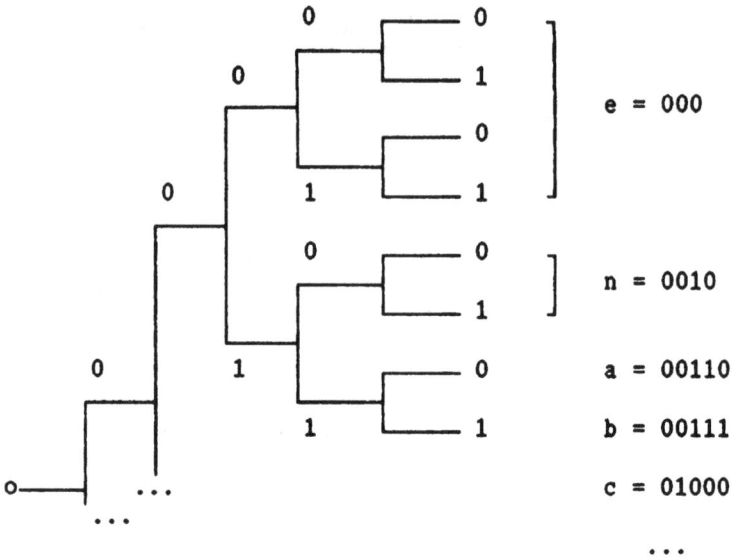

Abb.: Primitiv(!) modifizierte Codierung

Jetzt hat das Wort *BANANE* den Code

    00111 00110 0010 00110 0010 000 ,

also nur noch 26 Signale und nicht 30. Wir müssen den Text
freilich noch mit Zwischenräumen schreiben (oder beim Senden
also Pausen oder dgl. verabreden). Der Morsecode heißt daher
"Kommacode", aber das läßt sich verbessern ...

Der soeben generierte Code ist alles andere als optimal, aber
er zeigt den wesentlichen Trick: Unter Benutzung einer Häufigkeitstabelle zu den Buchstaben und Zeichen läßt sich ein Code
angeben, der für sehr seltene Zeichen längere, für häufige
Zeichen kürzere Folgen verwendet, so daß ein sog. optimaler
(unverkürzbarer) HUFMANN-Code entsteht. − Der nachfolgend
wiedergegebene sog. SHANNON-Code für die deutsche Sprache
(ohne Ziffern) aufgrund der Buchstabenhäufigkeit hat mit 30
Zeichen die Entropie

$$E = \Sigma\ f_i * ld\ (1/f_i) \approx 4.115\ \text{Bit} ,$$

also deutlich weniger als ld (30) ≈ 4.9, den maximalen Wert
bei unterstellter Gleichverteilung aller Buchstaben. Man benötigt für einen Buchstaben im laufendem Text im Mittel nur
noch 4.12 Bit.

Dieser Code ist auch nicht optimal, aber er hat den Vorteil,
sehr <u>übertragungssicher</u> zu sein: Werden einzelne Zeichen beim
Empfänger nicht erkannt, so kann man − da die Anfänge neuer

Nr.	Zeichen	f_i	SHANNON-Code [*]
1	blank	0.151490	000
2	e	0.147007	001
3	n	0.088351	010
4	r	0.068577	0110
5	i	0.063770	0111
6	s	0.053881	1000
7	t	0.047310	1001
8	d	0.043854	1010
9	h	0.043554	10110
10	a	0.043309	10111
11	u	0.031877	11000
12	l	0.029312	11001
13	c	0.026733	11010
14	g	0.026672	11011
15	m	0.021336	111000
16	o	0.017717	111001
17	b	0.015972	111010
18	z	0.014225	111011
19	w	0.014201	111100
20	f	0.013598	1111010
21	k	0.009558	1111011
22	v	0.007350	1111100
23	ü	0.005799	1111101
24	p	0.004992	1111110
25	ä	0.004907	11111110
26	ö	0.002547	111111110
27	j	0.001645	1111111110
28	y	0.000173	11111111110
29	q	0.000142	111111111110
30	x	0.000129	111111111111

Abb.: SHANNON-Code für die deutsche Sprache (nach [18])

Zeichen früher oder später eindeutig erkennbar sind – beim Decodieren wieder neu "aufsetzen", auch wenn es kein Trennzeichen zwischen den einzelnen Buchstaben gibt (was dieser Code noch vorsieht). Ein Beispiel: Die Codierung für *ECHO* lautet:

001 11010 10110 111001 ...

Sei z.B. das allererste Signal 0 verloren gegangen und wir lesen jetzt ohne Blanks: Die Folge 0111 ist eindeutig (wenn

---

[*] Claude Elwood SHANNON (1916 – ????); Prof. am MIT (Boston), um 1948 Begründer der Informationstheorie.

auch falsch) ein I, dann folgt eindeutig (und weiter falsch)
010 als N (da es 0101... nicht gibt), und jetzt hat sich die
richtige Decodierung mit der Zeichenfolge 10110 als H wieder
eingestellt. Für Textübertragung reicht das aus ...

Tatsächlich liegt der Informationsgehalt eines Buchstabens im
Deutschen noch weit unter 4 Bit, da gewisse Buchstabenfolgen
wie *c* und *h* (aber auch weit längere) inneren Zusammenhängen
folgen. Schrift (und umgekehrt Sprache) enthalten viele "Über-
flüssigkeiten". Man nennt diese Differenz <u>Redundanz</u>. Ein Text
kann i.a. noch einwandfrei bis gut gelesen werden, wenn (etwas
abhängig vom Schwierigkeitsgrad) bis zu 30 Prozent der Buchstaben ausfallen:

   Wr wß, wvle Drkflr dss Bch wrklch ethäl?

Genaue Untersuchungen ergeben, daß im Deutschen ein Buchstabe
≈ 1.6 Bit oder gar weniger wert ist: Mehr als die Hälfte eines
Textes ist durch die statistische Struktur der Sprache vorab
festgelegt! Manche Autoren behaupten sogar eine Redundanz von
mehr als 70 % .

Die englische Sprache ist übrigens etwas kompakter, und die
russische weitschweifiger als die deutsche Sprache, jedenfalls
aus der Sicht der Informationstheorie ...

Redundanz wird gezielt eingesetzt, um Fehler beim Übertragen
von Nachrichten zu erkennen, ja u.U. sogar zu verbessern. Man
denke z.B. an Steuersignale für interplanetarische Sonden ...

Zu diesem Zweck werden grundsätzlich Codewörter gleicher Länge
verwendet (sog. Blockcode) und an jedes Zeichen (mindestens)
ein <u>Prüfbit</u> angehängt: Im einfachsten Fall könnte das Prüfbit
die Summe der Codebits mod 2 sein. Also wird

   10010 zu 100100 , aber 11111 zu 111111 .

Statt fünf Signalen (der eigentlichen Nachricht) werden also
stets sechs pro Zeichen übertragen. Ein Fehler pro Zeichen
wird damit erkannt (zwei, was sicher selten vorkommt, jedoch
nicht). Soll die Übertragung sicherer sein, so überträgt man
mit mehr Redundanz, also langsamer. Soll neben der Fehler-
erkennung zusätzlich sogar eine Korrektur möglich werden, so
setzt man aufwendigere Verfahren (HAMMING-Code) ein ...

27   ÜBUNGEN 20-26

/1/ Zwei Urnen, von denen die eine den Anteil $p_0 = 0.3$, die andere $p_1 = 0.6$ an schwarzen Kugeln enthält, sollen per Stichprobe n = 20 <u>mit Zurücklegen</u> verglichen werden. Skizzieren Sie alle OC-Kurven zu Annahmebereichen $A_{20} = \{Z \leq k\}$, die für geeignete k überhaupt in Frage kommen! Wählen Sie dann jenes k, für das die Summe aus α- und β-Fehler minimal wird! Formulieren Sie umgangssprachlich die Bedeutung der beiden Fehler am Beispiel so, daß auch ein Nichtstatistiker das Problem verstehen kann!

/2/ Eine Urne mit dem Anteil $p_0 = 0.50$ schwarzer Kugeln soll per Stichprobe der Länge n = 10 in einem Signifikanztest von Urnen $H_1 : p_1 <> p_0$ unterschieden werden. Der α-Fehler soll höchstens 10 Prozent betragen. Wie ist dann der Annahmebereich $A_{10} = \{k_1 \leq Z \leq k_2\}$ zu wählen? – Vorsicht: Wird als Annahmebereich z.B. $A_{10} = \{4 \leq Z \leq 7\}$ o. ä. gewählt, so ist der geplante Test verfälscht!

Welches ist der kritische Bereich des schließlich gewählten Verfahrens? – Nun angenommen, es sei bekannt, daß für andere Urnen, sofern angeboten, $|p_1 - p_0| \geq 0.05$ gilt: Welches ist der β-Fehler dieses Testverfahrens?

/3/ Mit Blick auf die OC-Kurven von S. 167: Wie sehen ideale OC-Kurven für einen einseitigen bzw. zweiseitigen Test (obere Abbildungen) im Grenzfall n ---> ∞ aus?

/4/ Bekannt sei vorweg: Eine Urne enthält entweder den Anteil $p_0 = 0.2$ oder aber 0.8 schwarzer Kugeln. Nun wird das folgende Prüfverfahren vorgeschlagen: Sind in irgendeiner Stichprobe mit Zurücklegen die ersten beiden Kugeln schwarz, so wird auf 0.8 getippt, sonst aber auf 0.2. Beurteilen Sie dieses Verfahren mittels OC-Kurve und Angabe der auftretenden Fehlerwahrscheinlichkeiten!

/5/ Eine Firma behauptet, ein von ihr hergestelltes Mittel heile in wenigstens 70 % aller Fälle ein bestimmtes Leiden. Stellen Sie für die Stichprobenlänge n = 20 eine Entscheidungsvorschrift zum Testen dieser Hypothese auf und zwar so, daß der Irrtum 2. Art (β-Fehler: Behauptung wird wahrheitswidrig geglaubt) nicht mehr als fünf Prozent ausmacht!

/6/ Eine Konzertagentur verkauft Karten für eine Veranstaltung mit 1200 Plätzen. Im Vorverkauf sind bereits 980 Karten verkauft worden; aus langjähriger Erfahrung ist bekannt, daß 10 % dieser Karten nicht genutzt werden. Wieviele Karten dürfen an der Abendkasse höchstens noch unter die Leute gebracht werden, wenn mit 99 % Sicherheit jeder anwesende Gast einen Sitzplatz erhalten soll?

/7/ Bei einer Umfrage soll ein Prozentsatz auf ca. 2.5 Prozentpunkte genau ermittelt werden, dies mit einer Sicherheit von 90 Prozent. Wie groß muß die Stichprobe n mindestens gewählt werden?

/8/ Zeigen Sie durch exakten Beweis, daß die auf Seite 188 angegebene Funktion N_k eine erwartungstreue Schätzfunktion zur Urnengröße N ist! (Für g_n ist der Beweis schwierig!)

/9/ Gregor MENDEL (1822 - 1884) [*]) erhielt bei einem bestimmten Kreuzungsversuch mit Erbsen 315 runde gelbe, 108 runde grüne, 101 kantige gelbe sowie 32 kantige grüne Erbsen. Nach seiner Theorie hätten sich die Werte wie 9 : 3 : 3 : 1 verhalten sollen. – Ist damit die Theorie durch den Versuch widerlegt?

/10/ Bei einer Wahl ergaben sich folgende Zahlen

	Wähler insg.	Anteil der Wähler in % für ...		
		A	B	C
Region A	50 300	55	27	18
Region B	60 200	51	29	20

Sind die erkennbaren regionalen Unterschiede eher zufällig oder auf dem Niveau von 95 % signifikant?

/11/ Die folgende empirische Verteilung soll nach dem Beispiel von Seite 196 auf dem Niveau 95 % darauf überprüft werden, ob die Anpassung an eine POISSON-Verteilung zum Parameter 0.5 zulässig ist:

Fälle k	0	1	2	3	4	5
Vorkommen	575	298	87	12	2	1 .

/12/ Auf Seite 205 ist eine Häufigkeitstabelle der Buchstaben in deutschen Texten abgedruckt. Man kann davon ausgehen, daß die häufigsten Buchstaben in "Normaltexten" die unwichtigsten sind. – Läßt man den Zwischenraum als doch wichtiges Trennzeichen im Zeichenvorrat, so könnte man die ersten vier Buch-

---

[*]) Augustinerabt in Brünn: grundlegende Forschungen zu den Vererbungsgesetzen anhand von Erbsen und Bohnen; M. entdeckte um 1865 die nach ihm benannten MENDELschen Gesetze, wonach sich Erbanlagen nicht vermischen, sondern in der Generationenfolge später wieder getrennt werden können. Mehr als 100 Jahre früher war dies zwar schon vermutet worden, konnte aber doch nicht schlüssig bewiesen werden.

staben (e, n, r und i) demnach aus einem Text streichen und diesen auf Noch-Verständlichkeit testen ... Nehmen Sie einen durchschnittlichen Text (ohne Eigennamen, komplizierte Fremdwörter u. dgl.), streichen Sie aus diesem Text die genannten Buchstaben und geben Sie die komprimierte Fassung jemandem als Test zum Lesen weiter ...

Lösungen zu Kap. 8, Seite 62 ff.

/1/ Aus $d/\delta m\ \Sigma(m - r_i)^2 = 2\ \Sigma\ (m - r_i) = 0$ folgt $m = (\Sigma r_i)/n$.

/2/ $\overline{x} = p \cdot \overline{x}_\blacksquare + (1-p) \cdot \overline{x}_w$.
Gesamtverteilung bimodal,
wenn $\overline{x}_\blacksquare$ von $\overline{x}_w$ deutlich
verschieden ist.
Wenn in einer Untersuchung
bimodale oder tafelförmige
Verteilungen auftreten, ist

Abb.: Summe tafelförmig

das untersuchte Merkmal u.U. nach einem zusätzlichen Kriterium zu untergliedern.

/3/ In $(n-1)^2 + (n-3)^2 + \ldots = \Sigma\ d_i^2 = n \cdot (n^2-1)/6$ geht man von n am besten auf n+2 über; dann kommt zur Summe links noch der Summand $(n+1)^2$ hinzu und es ist unter Benutzung der Ausgangsformel

$$(n+1)^2 + n \cdot (n^2-1)/6 = (n+2)((n+2)^2 - 1)/6$$

zu beweisen ... Beide Seiten sind $n^3 + 6n^2 - 11n + 6$ gleich.

/4/ Nach S. 46 ist $r \approx 0$ mit $\Sigma(x_i - \overline{x}) \cdot (y_i - \overline{y}) \approx 0$ gleichbedeutend. Mit einer Formel von S. 39 ergibt sich damit $m \approx 0$ für die Gerade $Y = Y(X)$; die andere Gerade $X = X(Y)$ steht auf dieser in diesem Fall senkrecht! Sucht man aber die
"Ausgleichsgerade" über
die tatsächlichen Punktabstände, so ergeben sich
im angesprochenen Sonderfall bereits für $Y = Y(X)$
zwei Lösungen (Skizze) ...

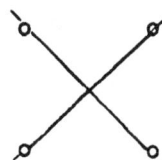

/5/ Die Passagiere wiegen zusammen $400 \cdot 78 = 31\ 200$ [kg], und zwar sehr genau, da sich Unter- und Übergewichte ausgleichen (siehe später Satz S. 109 und Aufg. /17/, Kap. 19).

/6/ Die Zugfestigkeit σ folgt mit $r = 0.997$ der lin. Beziehung $\sigma = \sigma(X) = 94.091 \cdot X + 25.804$; der Zusammenhang entspricht im C-Bereich der Tabelle einem funktionalen.

/7/ Die Trendgerade ist Y [hl] = 342.857 ' T - 22309.524; mit
T = 92 bzw. 93 folgen ca. 9230 bzw. 9570 [hl] als Biermenge.

/8/ Von 1890 bis 1910 stieg die Bevölkerung sprunghaft an, ein
plausibler Schätzwert für 1900 ist etwa 6.2 Mio. Für das Jahr
2000 darf eine Stabilisierung um 11 Mio. vermutet werden. Geeignet wäre eine Funktion mit horizontaler Asymptote.

/9/ Ergäbe sich als Lorenzkurve die Gleichverteilungsgerade,
so hätten die Bevölkerungen übereinstimmende Altersstruktur.
Als Durchschnittsalter findet man aus der Tabelle für die BRD
(5'10.5+15'13.3+...+ 75'11.1)/100 = 38.5 [Jahre], für China
jedoch nur 27.1 Jahre.

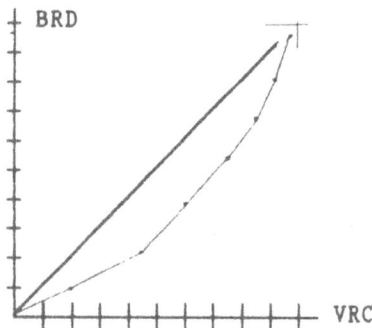

Abb.: Lorenzkurve   **Alterspyramide(n)**

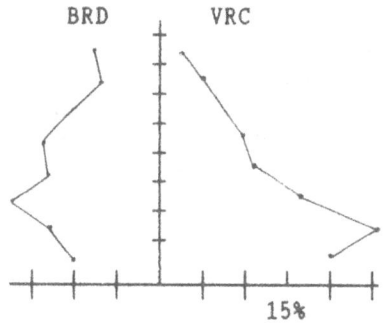

Lösungen zu Kap. 13, Seite 101 ff.

/1/ LAPLACE-Münze: Der Ergebnisraum $\Omega := \{00, 01, 10, 11\}$ hat
vier Elemente. Die Kurzschreibweise der möglichen Ergebnisse
(Elementarereignisse) ohne eigene Klammern sei hier aus Platzgründen gestattet. Der Ereignisraum $P(\Omega)$ hat 16 Elemente:
$\emptyset$ / 00 / 01 / 10 / 11 / 00,01 / 00,10 / 00,11 / 01,10 / 01,11
/ 10,11 / 00,01,10 / 00,10,11 / 00,01,11 / 01,10,11 / S (= Ω),
wobei es auf die Reihenfolge in den angegebenen Mengen nicht
ankommt. – Aus einem Baum entnimmt man die Werte p = 1/4 bzw.
beidemale 3/4 für die drei gefragten Ereignisse.

/2/ Die Differenz D der Augenzahlen hat die Verteilung

d	0	1	2	3	4	5
P(D=d)	6	10	8	6	4	2.. ../36

mit $E D = (10 + 16 + ... + 10)/36 = 70/36$. Für die Varianz benutzt man den Verschiebungssatz (Seite 93) und findet VAR D =
= $(10 + 4·8 + 9·6 + 16·4 + 25·2)/36 - (70/36)^2 \approx 2.05$.

/3/ Mit drei Würfeln gibt es 6^3 = 216 LAPLACE-Fälle. Unter diesen kommt 25mal die Augensumme 9, 27mal die Summe 10:

9 ist	1+2+6	6 Fälle	10 ist	1+3+6	6 Fälle
	1+3+5	6		1+4+5	6
	1+4+4	3		2+2+6	3
	2+2+5	3		2+3+5	6
	2+3+4	6		2+4+4	3
	3+3+3	1		3+3+4	3 .

/4/ Zu codieren sind 63 Zeichen. k muß so gewählt werden, daß die Beziehung $2^{k-1} < 63 \leq 2^k$ erfüllt ist: k = 6.

/5/ Die Reisegesellschaft sei {A, B, C, S, M} mit S und Maier als Schmugglern. Es gibt 5 über 3 oder 10 Auswahlmöglichkeiten bei der Kontrolle. Die einzige ohne Schmuggler ist (A, B, C). Also ist p = 9/10 dafür, mindestens einen zu erwischen. Für die folgenden Fragen schreibt man sich am besten alle zehn Auswahlen auf und zählt ab: Maier kommt in sechs Kontrollgruppen vor, drei Gruppen enthalten beide Schmuggler ...

/6/ Die Formel zu den Binomialkoeffizienten folgt sofort aus der Summe 1 = Σ B(n; p; k) mit p = q = 1/2.

/7/ Für die Familie mit fünf Kindern sind die Werte B(n; p; k) mit p = 0.51 und q = 0.49 zu berechnen und zusammenzufassen. Das mittlere Kind ein Bub, sonst Mädchen: $0.51 \cdot 0.49^4$ = 2.9 %. Aber mittl. Kind Junge, sonst beliebig: 51 % . – Zwei Mädchen und drei Buben, k = 3: 31.8 %. Alle Mädchen: 0.49^5 = 2.8 %.

/8/ Es gibt zehn Ziffern, so daß je Zug mit p = 0.9 nicht die gewünschte kommt. – Daher muß $1 - 0.9^k > 0.99$ sein. Man findet durch Probieren (oder Logarithmieren) k ≥ 44. Vgl. dazu auch den Spielbaum von S. 72.

/9/ Zur L-Münze ist die Verteilung B(200; 0.5; k) kumulativ zu betrachten. Man beachte dabei F(70 ≤ X ≤ 130) = F(130) – F(69) usw. Die Funktion P(a) nähert sich mit mit wachsendem a asymptotisch dem Wert eins an (letzte Zeile der Tabelle):

69/130	79/120	89/110	94/105	100
1.0000	0.9982	0.9313	0.7816	↓
0.0000	0.0018	0.0687	0.2184	
1.000	0.996	0.863	0.563	0.056

/10/ Am Taxistandplatz ist B(10; 0.2; 3) zu betrachten, dies mit p = 12/60. P(X > 3) = 1 – P(X ≤ 3) = 1 – 0.8791 = 0.12 . Also reichen drei Plätze aus.

/11/ U_1 : p_{1w} = 4/6. Gleiche Farbe aus beiden Urnen ziehen: $p_{2w}\cdot p_{1w}$ + $p_{2s}\cdot p_{1s}$ = 0.5·4/6 + 0.5·2/6 = 0.5 < p_{1w} . Er sollte das erste Angebot wählen ...

/12/ Der Sechserrat wird mit der hypergeometrischen Verteilung H(15; 10; 6; k) beschrieben, also mit der Tabelle

k	0	1	2	3	4	5	6	
P(k)	0	10	225	1200	2100	1260	210..	../5005

wonach der Fall "vier Männer" der wahrscheinlichste ist. Man findet μ = 4 und σ^2 = 4290/5005 $\approx$ 0.86.

/13/ <u>Ziehen mit Zurücklegen</u>: Im ersten Fall beträgt p = 0.2 für alle drei Personen, also u.U. drei Gewinne. Ist das Spiel nach einem Zug weiß zu Ende, so gilt p(A) = 0.2, und weiter p(B) = 0.8·0.2 und p(C) = 0.8²·0.2, d.h. je später einer zum Zuge kommt, desto geringer ist seine Chance. - Wird das Spiel solange fortgesetzt, bis erstmals eine weiße Kugel gezogen wird, so ergibt sich

$$P(A) = 0.2 + 0.8^3 \cdot 0.2 + 0.8^5 \cdot 0.2 + \ldots = 0.2 \cdot \frac{1}{1 - 0.8^3} ,$$

oder 41 % über eine geom. Reihe. Analog findet man

$$P(B) = 0.8 \cdot P(A) \ (32.8 \ \%) \ \text{und} \ P(C) = 0.8^2 \cdot P(A) \ (26.2 \ \%)$$

mit P(A) + P(B) + P(C) = 1. Der Baum entartet zu einer Kette.

Der Fall <u>Ziehen ohne Zurücklegen</u> ist komplizierter: Im ersten Fall ziehen die Spieler in der Reihenfolge A, B, C. Dabei dürfen B bzw. C auch noch ziehen, wenn ihr Vorgänger schon Erfolg hatte. Entsprechend dem Baum von S. 72 (erste Stufe A, zweite B, dann C) findet man P(A) = P(B) = P(C) = 0.2 durch Produktbildung längs der Pfade. Die Wahrscheinlichkeiten sind also gleich, wenn auch ganz verschieden "produziert". Im Fall zwei dürfen höchstens drei Züge gemacht werden. Hier ist der Anfang des Baums:

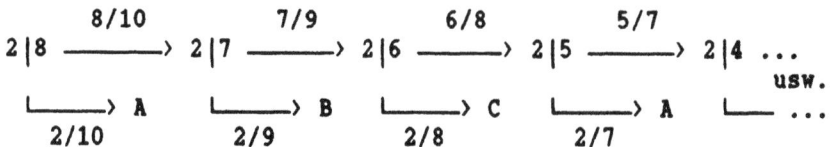

```
       8/10          7/9          6/8          5/7
 2|8 ────────> 2|7 ────────> 2|6 ────────> 2|5 ────────> 2|4 ...
                                                              usw.
   └────> A      └────> B      └────> C      └────> A    └── ...
   2/10           2/9          2/8           2/7
```

Danach ist P(A) = 0.2; P(B) = 0.8 · 2/9 = 0.178 und zuletzt P(C) = 8/10 · 7/9 · 2/8 = 0.156. Der Beginner hat die größten Chancen. - Wird solange in der Reihenfolge A, B, C, A, ... gezogen, bis erstmals eine weiße Kugel kommt (spätestens beim neunten Versuch), so ergeben sich durch Fortsetzen des Baums die Werte $P(A) = 36/90$, $P(B) = 30/90$ und $P(C) = 24/90$. Die Summe dieser drei p-Werte ist eins!

/14/ Ohne Umverteilung gilt $p(w) = 0.5$. Enthält aber die Urne U_1 nur eine weiße Kugel, die Urne U_2 dann n schwarze und n-1 weiße Kugeln, so ist für größere n die Chance deutlich besser:

$$p(w) = 0.5 + 0.5 * \frac{n-1}{n + (n-1)} = 0.5 + \frac{n-1}{4n - 2} > 0.5.$$

/15/ Man beweist

$$P_B(A \cap B) = \frac{P(A \cap B)}{P(B)} = \frac{P_B(A) * P(B)}{P(B)} = P_B(A) ,$$

sofern $P(B) > 0$. Wenn aus der Teilbarkeit durch b die Teilbarkeit durch a folgt, dann ist n auch durch gemeinsame Teiler von a und b teilbar.

/16/ Es ist $P(H) = 0.8$ und $P(C) = 0.7$. Nach dem allg. Produktsatz gilt

$$P_C(H) = \frac{P(H \cap C)}{P(C)} \quad \text{bzw.} \quad P_H(C) = \frac{P(H \cap C)}{P(H)} .$$

Sofern $P(H \cap C) = 0.56$, ist das Zusammentreffen zufällig, für kleinere Werte meiden sich Hans und Claudia, für größere besteht eine Affinität. Ist $P(H \cap C) = 0.7$ maximal, so heißt das $P_C(H) = 1$ oder: Immer wenn Claudia da ist, dann auch Hans.

/17/ Die Wahrscheinlichkeiten, die Größe $g = 175$ cm zu <u>übertreffen</u>, sind für Männer bzw. Frauen

$$P_M(g) = 0.4 \quad \text{bzw.} \quad P_F(g) = 0.1.$$

Bekannt ist weiter $P(M) = 0.4$ und $P(F) = 0.6$. Nach dem Satz von der totalen Wahrscheinlichkeit ist daher

$$P(g) = P(M) * P_M(g) + P(F) * P_F(g) = \ldots = 0.22.$$

Damit wird über den allg. Produktsatz

$$P_g(F) = \frac{P(F) * P_F(g)}{P(g)} = \frac{0.1 * 0.6}{0.22} = 6/22$$

die Wahrscheinlichkeit, daß ein Bewohner größer g eine Frau ist. Also lautet die Antwort 16/22 oder 73 % .

/18/ <u>Lebensversicherung</u>: Die Überlebenswahrscheinlichkeiten
für die nächsten zwanzig Jahre sind nach der Tabelle

$$p_w = \frac{96\ 578}{98\ 404} = 0.981 \quad \text{und} \quad p_m = \frac{87\ 963}{96\ 281} = 0.914 \ .$$

Daraus ergibt sich, daß nach 20 Jahren leben ...

noch beide	$p_w * p_m$	0.8966
keiner mehr	$(1-p_w)*(1-p_m)$	0.0016
genau eine(r)	$p_w*(1-p_m) + p_m*(1-p_w)$	0.1017
höchstens einer	$1 - p_w * p_m$	0.1034 .

Die ersten drei Werte sind zusammen eins.

Die beiden letzten Fragen beinhalten, daß <u>einer der beiden
bereits gestorben ist</u>:

Mann überlebt Frau	$p_m * (1 - p_w)$	0.0174
Frau überlebt Mann	$p_w * (1 - p_m)$	0.0844 ,

und sind daher relativ klein.

Die entsprechenden Wahrscheinlichkeiten des Überlebens (und
damit Älterwerdens <u>überhaupt</u>) sind aus der Tabelle nur ungenau
abzuleiten: Daß die Frau den Mann überlebt, ist natürlich der
wahrscheinlichere Fall. Dazu muß der Graph der Funktion p_w mit
dem Graphen von $(1 - p_m)$ geschnitten werden. Dies ist erst
nach mehr als 45 Jahren der Fall:

$$p_w(25 + 45) = \frac{80\ 059}{98\ 404} = 0.8136$$

$$p_m(35 + 45) = \frac{30\ 748}{96\ 281} = 0.3193 \ , \text{ also gestorben mit 0.68.}$$

Und dieser Wert ist noch kleiner als p_w. Die Kurven schneiden
sich also etwas später, d.h. der Mann ist dann (statistisch)
tot, während die Frau noch lebt. Die Wahrscheinlichkeit für
diesen Fall liegt also etwas unter 80 % . Umgekehrt wird der
Mann die Frau nur mit etwas mehr als 20 % überleben.

Die Prämienberechnung für einen 30jährigen Mann bei einer
Laufzeit von 20 Jahren geht von folgender Übersicht aus, in
der <u>10 000 Versicherte</u> betrachtet werden. Von diesen leben
nach 20 Jahren noch 91 689/96 909 = 0,9461 oder 94.61 % . Die
Zwischenwerte ergeben sich analog.

gestorben: 65   157   302   539

```
+ 10 000
        \____ + 9 935
                   \___ + 9 843                Lebende
                            \___ + 9 698
                                     \____ + 9 461
+_____
.
.
.
.              Vollzahler
.
+____|_____|_____|_____|____  Laufzeit [Jahre]
0    5          10          15          20
```

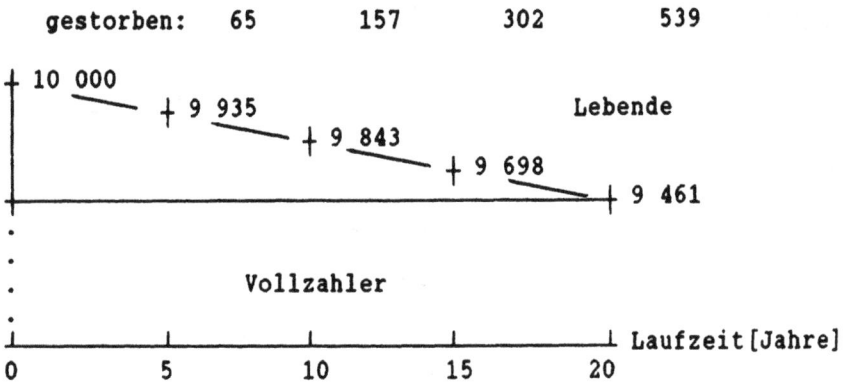

Abb.: Kalkulation der Prämien

Im oberen Teil der Übersicht werden Prämien nur eine gewisse
Zeit bezahlt, andererseits werden insgesamt 539 Auszahlungen
fällig. Näherungsweise sind die zukünftigen Todesfälle unter
Laufzeit mit Einzahlungen wie folgt beteiligt:

65 Personen im Mittel	30 Monate	
92 (= 157 - 65)	90 Monate	
145 (= 302 - 157)	150 Monate	
237 (= 539 - 302)	210 Monate .	

Das sind 65·30 + 92·90 + ... = 81 750 Monatsprämien, was wegen
der Laufzeit von 240 Monaten rund 340 Vollzahlern entspricht.
Also müssen rechnerisch 9 461 + 340 = 9 801 Versicherte für
539 Fälle aufkommen. Je Versichertem ist das ein Anteil von
ca. 0.055 der vereinbarten 100 000 DM. Daraus ergibt sich eine
Monatsprämie von 0.055·100 000/240 oder rund 22.90 DM. – Für
Frauen ist unter gleichen Randbedingungen die Prämie deutlich
niedriger. Das Geschäft ist mit dieser Prämie sicher günstig,
denn im ersten Jahr werden ca. 10 Auszahlungen fällig, also um
eine Mio. DM, während das Prämienaufkommen an die 2.7 Mio. beträgt, demnach schon erhebliche Überschüsse Zins abwerfen. Im
obigen Fall (männlich, 30 Jahre, Laufzeit 20 Jahre) beträgt
die Jahresprämie ca. DM 275.–

Zum Vergleich rechnen wir analog für eine Laufzeit von nur
zehn Jahren:

Dann sind 157 Verträge auf 10 000 auszuzahlen, für die grob
gerechnet 10000 – 160/2 = 9920 Versicherte aufkommen. Daraus
ergibt sich eine Jahresprämie von ca. DM 158. Tatsächlich verlangen Versicherungen in diesem Fall aber mehr als DM 170.–
für Männer und an die DM 140.– für Frauen ... und reden dabei
noch von einer "Überschußbeteiligung" um 40 % . – Das Geschäft
ist offenbar ein recht gutes ...

Lösungen zu Kap. 19, Seite 147 ff.

/1/ Die vier Tafeln sind (0 = weibl. bzw. kein Wehrdienst)

g	0	1
W(g)	0.40	0.60

d	0	1
W(d)	0.40	0.60

mit $\xi G = 0.6$ und $\xi D = 0.6$, ferner

g	d	0	1
0		0	0
1		0	1

g	d	0	1
0		0.16	0.24
1		0.24	0.36 .

Die Tafel für die gemeinsame Verteilung $W_{G,D}$ (links) stimmt
mit der Tafel für das Produkt $G \cdot D$ (rechts) nicht überein: Die
Verteilungen sind stochastisch abhängig. Der Ergebnisraum Ω
für die gemeinsame Verteilung hat vier Elemente, von denen nur
zwei (Frauen ohne bzw. Männer mit Wehrdienst) eine von null
verschiedene Wahrscheinlichkeit aufweisen. – Die Verteilung
$G \cdot D$ mit den beiden Werten 0 und 1 hat die W-Tafel

a	0	1
P(G*D = a)	0.64	0.36

mit $\xi [G*D] = 0.36$.

/2/ $\mu = (0 \cdot 0.2 + 1 \cdot 0.3 + 2 \cdot 0.4 + 3 \cdot 0.1) = 1.4$ ist der Erwartungswert der Anforderungen je Tag. Für σ^2 findet man aus der
Definition $\Sigma (k - \mu)^2 \cdot p$ den Wert 1.272. Die neue Zufallsgröße
W "Anforderungen je Woche" besteht aus den fünf unabhängigen
Summanden "Anforderungen je Tag". Daher gilt $\mu_W = 5 \cdot 1.4 = 7$
und VAR W = $5 \cdot 1.272 = 6.36$. Also ist $\sigma_W \approx 2.5$. Der einfache
Streubereich reicht daher (einseitig) bis ca. 9.5. Das sind
schon ca. 84 % aller Fälle oder: $P(W \geq 10) \approx 15 \%$.

/3/ Für den gewöhnlichen Würfel gilt $\mu = 3.5$ und $\sigma = \sqrt{35/12}$.
Durch "Normalisieren" ergibt sich daraus die Beschriftung

$$12/35 \ (\pm 2.5, \pm 1.5, \pm 0.5).$$

/4/ Das Schwache Gesetz der großen Zahlen für das arithmetische Mittel $\bar{x}_n$ aus der Zufallsgröße X_n lautet

$$\lim P(\ |\bar{x}_n - \mu| < \delta \ ) = 1 \ \text{für } n \longrightarrow \infty$$

und besagt, daß mit wachsendem n die Wahrscheinlichkeit P
wächst, dem unbekannten μ beliebig nahe zu kommen.

/5/ Der Erwartungswert bei der LAPLACE-Münze ist in den beiden Fällen 250 bzw. 1000. Mit der TSCHEBYSCHOW-Ungleichung ist für n = 500 bzw. 2000 zu fordern

$$P(|h_n - 0.5| \geq \delta) < 0.01 \text{ , d.h. } r_T = \frac{0.5*0.5}{n * \delta^2} < 0.01 \text{ .}$$

Daraus folgt $\delta^2 > 0.1$ für n = 250 bzw. $\delta^2 > 0.0125$ für den Fall n = 2000. Mit $\delta \cdot n$ liefert das die Intervalle 250 ± 79.1 bzw. 1000 ± 111.8, d.h. ganzzahlig (!)

[170 ... 330]   bzw. [888 ... 1112].

Mit wachsendem n wird das Intervall relativ kleiner.

/6/ Bei der Befragung (n = 1000) wird das Konfidenzintervall der Befürworter der Todesstrafe durch die Bedingung

$$P(|0.4 - p| \geq \delta) < 0.1 \ (= 1 - 0.9)$$

beschrieben. Wie eben muß daher mit p = q = 0.5 gelten

$$\frac{1}{4 * 1000 * \delta^2} < 0.1 \text{ .}$$

Daraus folgt $\delta > 0.05$, also für das Intervall 0.4 ± 0.05 oder eine Marge (Abweichung) von ± 5 %.

/7/ Der unbekannte Stimmenanteil der A-Partei sei p. Dann soll

$$P(|h_n - p| < 0.02) > 0.99$$

erfüllt sein. Das bedeutet im ungünstigsten Fall

$$\frac{0.5*0.5}{n * 0.02^2} < 0.01 \text{ , also n} > 62\ 500, \text{ kaum praktikabel.}$$

/8/ Der unbekannte Anteil von S in der Urne sei p. Die Anzahl der Ziehungen sei n = 100 mit dem Ergebnis h_n. Aus

$$P(|h_n - p| < \delta) < 0.5 \text{ bzw. } < 0.9$$

folgt für das TSCHEBYSCHOW-Risiko

$$\frac{1}{4 * 100 * \delta^2} < 0.5 \text{ bzw. } < 0.1 \text{ ,}$$

also $\delta > 0.071$ bzw. $\delta > 0.158$ und damit $p = h_n \pm \delta$.

/9/ Ist X POISSON-verteilt, so ergeben sich im ersten Umformungsschritt drei Summanden (zunächst jeweils ab k = 0):

$$\text{VAR } X = \sum_{k=0}^{\infty} (k-\mu)^2 e^{-\mu} \frac{\mu^k}{k!} = e^{-\mu} (\sum k^2 \frac{\mu^k}{k!} - 2*\mu \sum k \frac{\mu^k}{k!} + \mu^2 \sum \frac{\mu^k}{k!}).$$

Der erste Summand in der Klammer hat den Wert

$$\mu \sum_{k=1} k \frac{\mu^{k-1}}{(k-1)!} = \mu (\sum_{k=1} (k-1) \frac{\mu^{k-1}}{(k-1)!} + \sum_{k=1} \frac{\mu^{k-1}}{(k-1)!}) =$$

$$= \mu (\mu * e^\mu + e^\mu).$$

Der zweite und der dritte Summand oben liefern die Beiträge

$$- 2 * \mu * \mu * e^\mu \quad \text{bzw.} \quad + \mu^2 * e^\mu.$$

Faßt man dies alles zusammen, so folgt nun

$$\text{VAR } X = e^{-\mu} * (\mu^2 + \mu - 2*\mu^2 + \mu^2) * e^\mu = \mu.$$

/10/ Die Abwesenheit in der Fabrik ist ein "seltenes" Ereignis mit $\mu = 3$ gemäß POISSON-Verteilung. Dann findet man

$$P(X = 2) = e^{-\mu} * \mu^2/2! = 0.0498 * 4.5 \approx 22.4 \%,$$
$$P(X > 4) = 1 - P(X \le 4) = 1 - 0.8153 \approx 18.5 \%,$$
$$P(X = 0) = 0.0498 \approx 5 \%.$$

/11/ Angenommen, die jährliche Rate unaufgeklärter Morde sei in Zukunft $\mu = 1.5$. Damit wird

$$P(X \ge 3) = 1 - P(X < 3) = 1 - e^{-1.5} (1 + 1.5 + 1.125) \approx$$
$$\approx 0.191 \text{ oder immerhin noch } 20 \%.$$

/12/ Innerhalb zwei Minuten sind $\mu = 12/30$ Anrufe zu erwarten. Also wird $P(X = 0) = e^{-2/5} \approx 0.67$ für die Abwesenheit.

/13/ Es gilt $p = 1/365$ mit $n = 250$. Wir approximieren die Binomialverteilung B(n; p; k) durch die POISSON-Verteilung mit dem Parameter $\mu = n \cdot p = 0.6849 \dots$ und finden mit den Vergleichswerten aus der Binomialtabelle die Übersicht

k	B(n; p; k)	POISSON
0	0.5037	0.5041
1	0.3459	0.3453
2	0.1183	0.1183 .

/14/ Die Wahrscheinlichkeit, daß in einem Rasterquadrat kein Blutkörperchen ist, beträgt $P(\mu; 0) = 12/400 = e^{-\mu}$. Daraus ergibt sich $\mu = \ln(400/12) = 3.5065 \ldots$ als Mittelwert pro Raster, d.h. als Gesamtmenge $3.5 * 400 = 1400$ Blutkörperchen.

/15/ Aus der Tabelle findet man als mittlere Trefferzahl je Quadrat ziemlich genau $\mu = 1$. Die Werte $P(\mu; k)$ für $k = 0, 1, 2, \ldots$ ergeben sich damit zu 197, 197, 98, 33, 8, 2, ... und decken sich recht gut mit dem empirischen Befund: Das Schießen erfolgte daher faktisch ziellos (oder ungenau). (Zum Text der Aufgabe: Die Summe der n_k ist kleiner als 537; $k \geq 5$!)

/16/ Aus der ersten Eichbedingung folgt die Beziehung

$$\Phi\left(\frac{492.5 - \mu}{\sigma}\right) \leq 0.02 \text{ oder } \Phi\left(\frac{\mu - 492.5}{\sigma}\right) = 1 - 0.02 = 0.98$$

da das Argument der Φ-Funktion negativ ist, und analog aus der zweiten Angabe

$$\Phi\left(\frac{\mu - 485}{\sigma}\right) = 1 - 0.005 = 0.995 .$$

In der Tabelle zur Normalverteilung findet man dazu die beiden u-Werte 2.054 bzw. 2.576 (interpoliert); also ergeben sich die Gleichungen

$$\mu - 492.5 = 2.054 * \sigma$$
$$\mu - 485.0 = 2.576 * \sigma$$

mit den Lösungen $\mu = 522$ und $\sigma = 14.4$. Damit wird

$$1 - \Phi\left(\frac{520 - 522}{14.4}\right) = \Phi(0.139) = 0.555 \text{ oder fast } 56 \text{ \%}$$

$$1 - \Phi\left(\frac{500 - 522}{14.4}\right) = \Phi(1.53) = 0.937 \text{ oder fast } 94 \text{ \% .}$$

Die meisten Zuckerpakete übertreffen also das Sollgewicht.

/17/ Nach dem $\sqrt{n}$ - Gesetz beträgt das Gewicht aller Passagiere $280 * 74 = 20\,720$ [kg] mit der äußerst geringen Streuung 0.3 ! Vgl. dazu auch Aufg./5/ von S. 63!

/18/ Bei CATASTROPHICAL werden ca. 17 Passagiere beim Gepäck nachzahlen müssen, denn es ist

$$P(X \le 22) = \Phi\left(\frac{22 - 18.2}{2.4}\right) = \Phi(1.583) \approx 0.943 \ ,$$

d.h. etwa 5.7 % aller 300 Passagiere haben schwereres Gepäck.

/19/ Bei der Versuchslänge n = 100 werden 60 Treffer gefunden. Es soll ein Intervall zur Sicherheit 90 % angegeben werden:

$$P(\ |a - 60| \ < d) \ > 0.9 \ .$$

Mit $\mu = 60$ und $\sigma^2 = n{\cdot}p{\cdot}q = 100{\cdot}0.6{\cdot}0.4 = 24$, also $\sigma \approx 4.9$ liefert das die Bedingung

$$2 * \Phi(d/\sigma) - 1 > 0.9 \ , \text{ d.h. } \Phi(d/\sigma) > 0.95 \ .$$

Damit wird $u = d/\sigma \approx 1.65$, d = 8.09 und somit p = 0.6 ± 0.08.

/20/ Leuchtstoffröhren: Mit n = 1000, p = 0.06 und q = 0.94 haben wir $\mu = 60$ und $\sigma = \sqrt{npq} \approx 7.51$. Damit wird näherungsweise

$$P(X \le 80.5) = \Phi\left(\frac{80.5 - 60}{7.51}\right) = \Phi(2.73) \approx 0.997 \ .$$

Reklamationen sind demnach äußerst selten.

/21/ Aus dem Arbeitsblatt ergibt sich etwa $\overline{x} = 11.99 \pm 0.025$ für den Kugeldurchmesser D der Stichprobe. Damit wird

$$\Phi\left(\frac{11.96 - 11.99}{0.025}\right) = \Phi(-1.2) = 1 - 0.8899 \ .$$

Gut 11 Prozent der Kugeln dürften zu klein sein. Die Maschine muß neu justiert werden ...

/22/ Als Häufigkeit der Farbenblinden wurde h = 16/417 = 0.038 gefunden. Mit $\mu = 16$ und $\sigma^2 = npq = n{\cdot}h{\cdot}(1-h) = 15.39$ ist nach der Normalverteilung symmetrisch um den Mittelwert

$$1 - \Phi(u) - \Phi(u) = 1 - 2 {\cdot} \Phi(u) = 0.95$$

zur Sicherheit S = 95 % zu fordern: $\Phi(u) = 0.975$. Dazu gehört der u-Wert 1.96, d.h. $u = d/\sigma = 1.96$ für die Abweichung d vom Mittelwert μ. Mit $\sigma \approx 3.92$ liefert das $d = 1.96 {\cdot} \sigma = 7.68$. Bezogen auf 417 Fälle ist daher wegen $7.68/417 \approx 0.018...$ das Intervall 3.8 % ± 1.8 % .

/23/ Für die Zufallsgröße $Z := X + Y$ mit $\bar{x} = 120 \pm 15$ sowie $\bar{y} = 54 \pm 5$ gilt für den Mittelwert und für die Varianz eine additive Beziehung, d.h. es ist insb. VAR Z = VAR X + VAR Y. Also ist

$$\sigma_z = \sqrt{225 + 25} = 15.8 \quad \text{und daher} \quad \bar{z} = 174 \pm 15.8 \; .$$

$$\Phi \left(\frac{180 - 174}{15.8} \right) \approx \Phi \; (0.38) = 0.648 \quad \text{d.h. rund 65 \% .}$$

/24/ Die Zufallskörpergrößen X (weiblich) und Y (männlich) sind jedenfalls stochastisch unabhängig. Damit gilt für die Zufallsgröße Differenz $Z := Y - X$

$$\mu_z = 178.8 - 164.6 = 14.2 \; [\text{cm}]$$

$$\sigma_z = \sqrt{4.4^2 + 5.2^2} = 6.8 \; [\text{cm}] \quad (\text{+ bei Varianz!}) \; ,$$

folglich für $P(Z \leq 0)$ die Beziehung

$$\Phi \left(\frac{0 - 14.2}{6.8} \right) = 1 - \Phi \; (2.088) = 1 - 0.9816 \approx 2 \% \; .$$

/25/ Die Verteilungsfunktion $F(x)$ zur Feuerwehrsirene findet man durch Integration zu

$$F(x) = \begin{cases} 0.2 \, x & \text{für } 0 \leq x < 2 \\ (16x - x^2)/60 - 1/15 & \text{für } 2 \leq x < 8 \\ 1 & \text{für } x \geq 8 \; . \end{cases}$$

Dabei ist zu beachten, daß bei $x = 2$ die beiden Zweige nahtlos zusammenpassen müssen, was durch eine passende Konstante geregelt werden kann. Kontrolle: $F(8) = 1$ im mittleren Zweig! (Vgl. dazu auch die nächste Aufgabe.) – Für μ ergibt sich

$$\mu = \int_0^8 x * f(x) \, dx = \ldots = 2.8 \; [\text{km}]$$

durch Zerlegung in zwei Integrale. Analog kommt direkt aus der Definition $\sigma^2 \approx 3.64 \; [\text{km}^2]$. Aus $F(7) = 59/60$ folgt, daß man die Sirene im benachbarten Dorf nur selten hören wird, weiter wegen $F(7.8) = 5996/6000$, daß man sie in dieser Entfernung so gut wie nie hören wird.

/26/ Analog zur Aufgabe /25/ ergibt sich $\mu = 720/9 = 80$ [m]; es gilt $\mu < 180/2 = 90$, da die Verteilung linkssteil ist und die Dichte das Maximum bei $x = 60$ hat. – Wenn Nebel herrscht, dann wird in der Hälfte solcher Fälle der Boden frühestens aus der Höhe μ sichtbar werden. Für die Verteilungsfunktion kommt

$$F(x) = \begin{cases} x^2/10800 & \text{für } 0 \leq x < 60 \\ (x - x^2/360)/60 - a & \text{für } 60 \leq x < 180 \\ 1 & \text{für } x \geq 180 . \end{cases}$$

Bei der Integration von $f(x)$ zum mittleren Zweig $F(x)$ ist der Wert a so festzusetzen, daß $F(60)$ aus dem mittleren Zweig (zunächst 5/6 ohne a) den Wert $F(60) = 1/3$ aus dem ersten Zweig nahtlos übernimmt und so $F(X)$ ohne Sprung bleibt: Damit wird $a = 5/6 - 1/3 = 0.5$. Kontrolle: $F(180)$ muß mit diesem a dann eins werden ... $F(30) = 1/12$, d.h. in etwa 8 % der Fälle muß bei Nebel der Landeanflug abgebrochen werden.

/27/ Aus den fünf Werten ergibt sich eine mittlere Lebensdauer von $\mu = 330$ [Std]. Nach der (nur mit Vorbehalt anwendbaren!) Exponentialverteilung ist

$$P(X < 50) = 1 - e^{-50/330} = 0.14 \text{ oder } 14\%$$
$$P(X > 350) = e^{-350/330} = 0.35 \text{ oder } 35\% .$$

/28/ Während der Wartezeit von 20 Minuten finden 10 Telefonate statt, d.h. die Bedienrate r ist ≈ 0.5 Gespräche pro Minute. Demnach ist

$$F(t) = 1 - e^{-5*0.5} = 1 - 0.08 \text{ oder rund } 92\%$$

die Wahrscheinlichkeit, daß das gerade laufende Gespräch höchstens 5 Minuten dauert. Länger warten muß er also mit ca. 8 % Risiko. Tatsächlich dauert es noch drei Minuten, bis der Wartende drankommt: In 23 Minuten sind also nach ihm weitere fünf Personen gekommen, d.h. die Ankunftsrate μ beträgt 5/23. Da nun $s = \mu/r = 10/23 < 1$ ist, ist die mittlere Warteschlangenlänge $L = s^2/(1-s) \approx 0.3$, während er bei Ankunft selber neun Personen in der Schlange vorfand: Er kam also zu einem äußerst ungünstigen Zeitpunkt.

Lösungen zu Kap. 27, Seite 207 ff.

/1/ Sei $p_0 = 0.3$ und $p_1 = 0.6$. Mit $n = 20$ sind die Erwartungswerte 6 bzw. 12, daher etwa $6 < k < 12$. Die Kurven entsprechen der Abb. S. 162 oben. Zur gezielten Auswahl stellt man sich folgende Tabelle $f(p) = B_{cum}(20; p; k)$ zusammen:

k	p = 0.3	0.6
7	0.7723	0.0210
8	0.8867	0.0565
9	0.9520	0.1275
10	0.9829	0.2447
11	0.9949	0.4044

$\alpha + \beta = 1 - f(0.3) + f(0.6):$

0.1698 ($\alpha \approx 0.11$, $\beta \approx 0.06$)

0.1755

Damit bietet sich als Lösung die OC-Kurve zu k = 8 an. k = 9 wäre aber u.U. wegen des kleineren α günstiger. – In 11 % der Fälle, wo tatsächlich H_0 vorliegt, wird dies nicht erkannt; H_1 wird bei Vorliegen in ca. 6% der Fälle verkannt.

/2/ Gesucht ist eine OC-Kurve vom Typ der Abb. S. 162 unten. Annahmebereich $A_{10} = \{k_1 \leq Z \leq k_2\}$ zu $H_0 : p_0 = 0.5$. Sicher ist $k_1 < 5 < k_2$. Aus der Tabelle der kumulierten Binomialverteilung zieht man sich (mindestens) folgende Werte heraus

p	k = 7	8	9	3	2	1
0.45	0.9726	0.9955	0.9997	0.2660	0.0996	0.0233
0.50	0.9453	0.9893	0.9990	0.1719	0.0547	0.0107
0.55	0.9004	0.9767	0.9975	0.1020	0.0274	0.0045

und bildet versuchsweise Differenzen

7 gegen 2	7 gegen 3	8 gegen 2	8 gegen 3
0.8730	0.8987	0.8987	0.7295
0.8906	0.9346	0.9346	0.8174
0.8730	0.9493	0.9722	0.8747

Die gewünschte OC-Kurve muß bei p = 0.5 ein Maximum besitzen; demnach kommt nur der erste Fall in Frage: $A_{10} := \{3 \leq Z \leq 7\}$. Man beachte die Untergrenze 3 (nicht 2!). In den drei anderen Fällen ist der Test verfälscht, insb. 7 gegen 3 : $\{4 \leq Z \leq 7\}$. Demnach ist $\alpha = 0.11 > 0.10$ zwingend. Der kritische Bereich ist K = $\{0...2\} \cup \{8..10\}$; der β-Fehler u.U. 87 %.

/3/

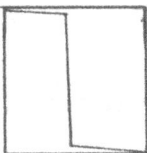

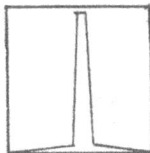

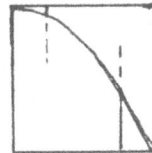

/4/ Es sei $H_0 : p_0 = 0.2$ und $H_1 : p_1 = 0.8$ mit dem Annahmebereich $A_2 := \{Z <> 2\}$, bezogen auf H_0. Die OC-Kurve ist dann in (0, 1) die Parabel $f(p) = 1 - p^2$ (Abb. oben rechts). Damit wird $\alpha = 0.04$ in folgendem Sinne: Liegt H_0 vor, so wird dies in 96 % der Fälle erkannt. $\beta = f(0.8) = 0.36$ besagt, daß bei

Vorliegen von H_1 dies nur in 36 % der Fälle erkannt wird, also sehr oft fälschlich auf H_0 getippt wird.

/5/ $H_0 : p_0 \geq 0.7$ mit $A_{20} := \{Z > k\}$, wo Z die Zahl der Geheilten unter n = 20 sein soll, eine Mindestzahl also. k ist so zu suchen, daß die OC-Kurve $f(p) = 1 - B_{cum}(20; p; k)$ bei p_0 noch kleiner als 0.05 ist: Dies ist für k = 17 (Tafelwert 0.0355) erfüllt. – Mindestens 18 Personen aus der Stichprobe müssen also geheilt werden. Der α-Fehler des Verfahrens ist demnach sehr groß (über 90 %), d.h. beträgt die Heilungsrate tatsächlich nur 70 Prozent, so wird der Test oft negativ ausfallen, obwohl das Mittel tatsächlich schon hilft ..

/6/ Mit n = 980 und p = 0.1 ist μ = 98 mit $\sigma = \sqrt{npq} \approx 9.39$. Die Frage ist, welche Anzahl $a < \mu$ vorab verkaufter Karten mit 99 % Sicherheit (mindestens) unbenutzt bleibt. Also

$$\Phi \left(\frac{a - \mu}{\sigma} \right) = 0.01 .$$

Nach der Tabelle S. 176 ist $u = -2.326 = (a - \mu)/\sigma$ zu setzen. Daraus folgt $a = \mu - 2.326 \cdot \sigma = 98 - 21.8 = 76$ (ganzzahlig!). Es können also 220 + 76 = 296 Karten verkauft werden.

/7/ Nach der Formel von Seite 178 oben ist zu wählen

$$0.025 = u * \frac{1}{\sqrt{4*n}} \qquad (p = 0.5) .$$

Das liefert $n = 400 \cdot u^2$. Nach der Tabelle von Seite 175 führt zur Sicherheit S = 90 % der Wert u = 1.645, also $n \geq 1083$.

/8/ Bei fester Stichprobenlänge k gilt für den Erwartungswert der Funktion N_k von Seite 188 Mitte wegen der Linearität

$$\mathcal{E}[N_k] = \frac{2}{k} * \mathcal{E}[\sum_{i=1}^{k} x_i] - 1 .$$

Sei X die Zufallsgröße, bei einer einzigen Ziehung eine gewisse Nummer x_i aus den vorhandenen 1, ..., N zu ziehen: X hat den Erwartungswert (N+1)/2. Also gilt

$$\mathcal{E}[\sum x_i] = k * \mathcal{E}[X] = k*(N+1)/2.$$

Damit folgt sofort $\mathcal{E}[N_k] = N + 1 - 1 = N$.

Für die Funktion g_s ist der Beweis recht schwierig; er sei zum Nachrechnen hier wiedergegeben: Zunächst ist

$$E[g_n] = \frac{n+1}{n} * E[G] - 1 \quad \text{(G ist mindestens n)} \,,$$

wo G mit den Werten n, ..., N die Zufallsgröße ist, bei einer Stichprobe der Länge n als größte Kugelnummer m aus dem Wertebereich zu ziehen. Nach Definition gilt

$$E[G] = \sum_{m=n}^{N} m * P(G = m) \quad \text{mit} \quad P(G = m) = \frac{\binom{m-1}{n-1}}{\binom{N}{n}} \,.$$

Im Zähler steht die Anzahl aller Stichproben der Länge n, die eine gewisse Kugel enthalten (nämlich m), im Nenner die Anzahl aller möglichen Stichproben n aus N. Also ist weiter

$$E[G] = \frac{1}{\binom{N}{n}} * \sum_{m=n}^{N} m * \binom{m-1}{n-1} = \frac{1}{\binom{N}{n}} * \sum_{m=1}^{N} m * \binom{m-1}{n-1} \,,$$

wobei die Summe auch ab m = 1 genommen werden kann, weil alle Binomialkoeffizienten unter der Summe für m < n Null sind. Mit

$$m * \binom{m-1}{n-1} = n * \binom{m}{n}$$

läßt sich n vor die Summe ziehen. Nun verschiebt man den Laufindex m auf m:= n + s (mit s = 0 ... N − n) und findet

$$E[G] = \frac{n}{\binom{N}{n}} * \sum_{s=0}^{N-n} \binom{n+s}{n} \,. \quad \leftarrow \quad \sum_{s=0}^{r} \binom{n+s}{n} = \binom{n+r+1}{n+1}$$

Die Formel daneben läßt sich durch Induktion beweisen. Daher

$$E[G] = \frac{n}{\binom{N}{n}} * \binom{n+N-n+1}{n+1} = \frac{n}{\binom{N}{n}} * \binom{N+1}{n+1} = \frac{n}{n+1} * (N + 1) \,.$$

Setzt man dies nun ganz oben ein, so ergibt sich $E[g_n] = N$, was zu beweisen war ...

Übrigens ist die Schätzfunktion g_n besser als N_k, weil sie die kleinere Varianz hat. Der Beweis ist ähnlich umständlich ...

/9/ Abzuwägen ist das Versuchsergebnis

315   108   101   32   gegen   313   104   104   35   (Σ 556) ,

die Nullhypothese. Mit $f = 3$ berechnet man $\chi^2 \ldots < 10$. Das Ergebnis ist im Rahmen der Theorie noch mit sehr hoher Sicherheit zulässig.

/10/ Zur Anwendung des χ^2-Tests muß mit <u>Absolutzahlen</u> gerechnet werden:

	A	B	C	
Region A	27 665	13 581	9 054	50 300
Region B	30 702	17 458	12 040	60 200
	58 367	31 039	21 094	110 500
Null-	26 569	14 129	9 602	
hypothese	31 798	16 910	11 492 .	

Mit $f = 2$ ist $\chi^2 > (27\ 665 - 26\ 569)^2/26\ 569 > 45$, d.h. die Unterschiede sind äußerst signifikant.

/11/ Nach der angegebenen Tabelle ist

$\mu = (0*575 + 1*298 + \ldots + 6*1)/(575 + 298 + \ldots + 1) =$
$= 536/975 = 0.55$.

Sei also $\mu = 0.5$ gesetzt. Die POISSON-Verteilung

$$975 * e^{-\mu} * \frac{\mu^k}{k!}$$

liefert die "idealen" Vergleichswerte

k	0	1	2	3	4
	591	296	74	12	2

woraus sich mit $f = 4$ ergibt $\chi^2 = 16^2/591 + \ldots + 0 \approx 2.73$. Die Anpassung ist also sehr gut. Zur Ablehnung müßte ein Wert um 9 erreicht werden.

28   PROGRAMME

Übersicht über die Programme dieses Kapitels:

Die mit (P) bezeichneten Programme benötigen einen Drucker zur Ausgabe. – Sofern Grafiken bearbeitet werden sollen, muß der Treiber EGAVGA.BGI von BORLAND vorhanden sein; vor dem Starten solcher Programme ist zum Ausdrucken zusätzlich das residente Programm GRAPHICS (G) des Betriebssystems DOS zu laden.

Die Quelltexte müssen mit einem TURBO Pascal Compiler (ab 5.5) von BORLAND übersetzt werden. Sie erhalten die Quelltexte einschließlich lauffähiger Maschinenprogramme (also bereits compiliert) auch auf einer Diskette (1.44 Mega) direkt beim Verfasser (H. Mittelbach, Fachhochschule München, Fachbereich 07, Lothstr. 34, 8000 München 2) gegen Zusendung (per Brief) eines Zehnmarkscheins; genaue Absenderangabe nicht vergessen!

Diese Diskette enthält noch ein paar andere für die Statistik nützliche und informative Programme in TURBO Pascal.

In diesem Kapitel werden wichtige Programme vorgestellt, mit denen die im Buch vorkommenden Aufgaben praktisch bearbeitet werden können. Wir beginnen mit der zu Kapitel 4/5 passenden <u>Analyse von Regression und Korrelation</u>:

```
PROGRAM regressionsanalyse;
USES crt;

VAR sumx, sumy, prod, quadx, quady : real;
              x, y, m, a, r : real;
                      n, pos : integer;
                      eingabe : string;

PROCEDURE lesen (VAR wert : real);
VAR code, posx, posy : integer;
BEGIN
eingabe := 'f'; posx := wherex; posy := wherey;
REPEAT
   gotoxy (pos, posy); readln (eingabe);
   val (eingabe, wert, code)
UNTIL (code = 0) OR (eingabe = 'E');
gotoxy (posx + 10, posy)
END;

BEGIN (* ------------------------------------------------ *)
sumx := 0; sumy := 0; prod := 0; quadx := 0; quady := 0;
n := 0;
clrscr;
writeln ('Regressions- und Korrelationsanalyse (X, Y)');
writeln ('Geben Sie die Paare x, y ein ...  Ende mit E');
window (1, 4, 80, 25);
REPEAT
   lesen (x);
   IF eingabe <> 'E' THEN lesen (y);
   IF eingabe <> 'E' THEN
      BEGIN
      sumx := sumx + x; sumy := sumy + y;
      prod := prod + x * y;
      quadx := quadx + x * x;
      quady := quady + y * y;
      n := n + 1
      END
UNTIL eingabe = 'E';
writeln;
write ('>>>>>> ', n, ' Werte ... mit Xm = ');
writeln (sumx/n : 10 : 3, '    Ym =  ', sumy/n : 10 : 3);
writeln;
m := (n * prod - sumx * sumy) / (n * quadx - sumx * sumx);
a := sumy/n - m * sumx / n;
write ('Regression Y = ', m : 10 : 3, '  *   X ');
IF a >= 0 THEN write (' +') ELSE write (' -');
```

```
writeln (abs(a) : 10:3);
m := (n * prod - sumx * sumy) / (n * quady - sumy *  sumy);
a := sumx/n - m * sumy / n;
write ('Regression X = ', m : 10 : 3, '   *   Y ');
IF a >= 0 THEN write (' +') ELSE write (' -'); ;
writeln (abs(a) : 10 : 3);
r := (n*prod - sumx*sumy) / sqrt (n*quadx - sumx* sumx);
r := r / sqrt (n * quady - sumy * sumy);
writeln;
writeln ('mit Korrelationskoeffizient r = ', r : 6 : 3);
readln
END. (* --------------------------------------------------- *)
```

Nach Eingabe beliebig vieler Wertepaare – zur Sicherung gegen
Abstürze als Strings – liefert das Programm die Ergebnisse auf
dem Bildschirm:


```
Regressions- und Korrelationsanalyse (X, Y)
Geben Sie die Paare x, y ein ...   Ende mit E

12          25
4.5         7.2
5.3         11.7
23.4        32.8
E
>>>>>> 4 Werte ... mit Xm =       11.300      Ym =      19.175

Regression Y =       1.288    *   X +       4.616
Regression X =       0.705    *   Y -       2.215

mit Korrelationskoeffizient r =  0.953
```

Abb.: Bildschirm nach Abschluß des Programms

Der Bildschirm kann jetzt mit <Print Screen> gesichert werden.
Da die Eingabearbeit hernach verloren ist, könnte man auch
daran denken, die Zahlenpaare in einem File abzulegen, das
später wieder geladen werden kann.

Die oft benötigte Binomialverteilung wird direkt sowie kumulativ als Programm zum Ausdrucken angeboten. In beiden Fällen
muß der Ausdruck auf Endlospapier im Format DIN A4 quer (oder
mit kleinstmöglicher Schrift) vorgenommen werden, weil andernfalls die wichtigsten p-Werte nicht in eine Zeile gesetzt werden könnten. Die Stichprobengröße n beginnt bei 2 und läuft
über sieben Seiten abgestuft bis n = 200.

Neben den beiden Listings drucken wir den Anfang der Tabellen
ab, die jeweils mit einer Unterzeile abschließen, in der die
p-Werte auf eins ergänzt rückwärts laufen.

```
PROGRAM binomialverteilung;
(* ACHTUNG :
Dieses Programm setzt breiten Drucker DIN A4 quer voraus *)
USES crt, printer;
VAR       n , k : integer;
          p, wert : real;
          binomi : real;      (* unterdrückt kleine B-Werte *)

FUNCTION b (n, k : integer; p : real) : real;
VAR oft, mal : integer;
             a : real;
BEGIN
a := 1; mal := n;
IF k = 0 THEN FOR oft := 1 TO n DO a := a * (1 - p);
IF k = n THEN FOR oft := 1 TO n DO a := a * p;
IF NOT (k IN [0, n]) THEN
   BEGIN
   FOR oft := 1 TO k DO
       BEGIN
       a := a * n / oft * p;
       n := n - 1
       END;
   FOR oft := 1 TO mal - k DO a := a * (1 - p);
   END;
b := a
END;

BEGIN  (* ------------------------------- Tabellenwerk *)
clrscr; (* nur für Test ohne lst *)            (* Kopf *)
writeln(lst, 'Tabelle der Binomialverteilung  B(n; p; k)');
writeln (lst);
writeln(lst, '-------------------------------------------');
write  (lst, 'Nicht ausgedruckte  B-Werte sind < 0.00005');
                                 (* Weiter auf Seite 232 *)
```

Ablesebeispiele für die Tabelle gegenüber:

B(4; 0.02; 3) = 0.0000

B(4; 0.15; 3) = 0.0115

B(4; 0.70; 3) = B(4; 0.30; 1) = 0.4116

(Formel von Seite 83: in der Zeile n−k = 4−3 = 1 von links bei
0.30 lesen oder aber bei k = 3 /zweite Zeile/ von rechts her
lesen und die untere p-Beschriftung der Tabelle beachten ...)

Tabelle der Binomialverteilung B(n; p; k)

Programm TURBO 6.0 Copyright 1992 H. Mittelbach FHM

Nicht ausgedruckte B-Werte sind < 0.0005

n	k	p 0.01	0.02	0.03	0.04	0.05	0.10	0.15	0.20	0.25	0.30	0.35	0.40	0.45	0.50	k
2	0	0.9801	0.9604	0.9409	0.9216	0.9025	0.8100	0.7225	0.6400	0.5625	0.4900	0.4225	0.3600	0.3025	0.2500	2
	1	0.0198	0.0392	0.0582	0.0768	0.0950	0.1800	0.2550	0.3200	0.3750	0.4200	0.4550	0.4800	0.4950	0.5000	1
	2	0.0001	0.0004	0.0009	0.0016	0.0025	0.0100	0.0225	0.0400	0.0625	0.0900	0.1225	0.1600	0.2025	0.2500	0
3	0	0.9703	0.9412	0.9127	0.8847	0.8574	0.7290	0.6141	0.5120	0.4219	0.3430	0.2746	0.2160	0.1664	0.1250	3
	1	0.0294	0.0576	0.0847	0.1106	0.1354	0.2430	0.3251	0.3840	0.4219	0.4410	0.4436	0.4320	0.4084	0.3750	2
	2	0.0003	0.0012	0.0026	0.0046	0.0071	0.0270	0.0574	0.0960	0.1406	0.1890	0.2389	0.2880	0.3341	0.3750	1
	3	....	....	....	0.0001	0.0001	0.0010	0.0034	0.0080	0.0156	0.0270	0.0429	0.0640	0.0911	0.1250	0
4	0	0.9606	0.9224	0.8853	0.8493	0.8145	0.6561	0.5220	0.4096	0.3164	0.2401	0.1785	0.1296	0.0915	0.0625	4
	1	0.0388	0.0753	0.1095	0.1416	0.1715	0.2916	0.3685	0.4096	0.4219	0.4116	0.3845	0.3456	0.2995	0.2500	3
	2	0.0006	0.0023	0.0051	0.0088	0.0135	0.0486	0.0975	0.1536	0.2109	0.2646	0.3105	0.3456	0.3675	0.3750	2
	3	....	....	0.0001	0.0002	0.0005	0.0036	0.0115	0.0256	0.0469	0.0756	0.1115	0.1536	0.2005	0.2500	1
	4	....	....	....	....	....	0.0001	0.0005	0.0016	0.0039	0.0081	0.0150	0.0256	0.0410	0.0625	0
5	0	0.9510	0.9039	0.8587	0.8154	0.7738	0.5905	0.4437	0.3277	0.2373	0.1681	0.1160	0.0778	0.0503	0.0312	5
	1	0.0480	0.0922	0.1328	0.1699	0.2036	0.3280	0.3915	0.4096	0.3955	0.3602	0.3124	0.2592	0.2059	0.1562	4
	2	0.0010	0.0038	0.0082	0.0142	0.0214	0.0729	0.1382	0.2048	0.2637	0.3087	0.3364	0.3456	0.3369	0.3125	3
	3	....	0.0001	0.0003	0.0006	0.0011	0.0081	0.0244	0.0512	0.0879	0.1323	0.1811	0.2304	0.2757	0.3125	2
	4	....	....	....	....	....	0.0005	0.0022	0.0064	0.0146	0.0284	0.0488	0.0768	0.1128	0.1563	1

Abb.: Anfang der Tabelle Binomialverteilung

```
FOR n := 1 TO 33 DO write (lst, ' ');
writeln(lst, 'Programm TURBO 6.0 (C) 1992 Mittelbach FHM');
writeln (lst);
FOR n := 1 TO 126 DO write (lst, '=');
writeln (lst); writeln (lst);
write    (lst, ' n    k    p ');
FOR n := 1 TO  5 DO write (lst, '0.0',    n, '    ');
FOR n := 2 TO 10 DO write (lst, '0.',   5*n, '    ');
writeln (lst); writeln (lst);
FOR n := 1 TO 126 DO write (lst, '=');
writeln (lst); writeln (lst);

n := 2;                              (* Tabellenberechnung *)

REPEAT
   write (lst, n : 3);
   k := 0;
   REPEAT
      binomi := 0.00001;
      IF k = 0 THEN write (lst, k : 4, ' ')
               ELSE write (lst, k : 7, ' ');
      p := 0.01;
      REPEAT
         wert := B(n, k, p);
         IF wert > binomi THEN binomi := wert;
         IF wert < 0.00005 THEN write (lst, '    ....')
                           ELSE write (lst, wert : 8 : 4);
         IF p < 0.045 THEN p := p + 0.01
                      ELSE p := p + 0.05
      UNTIL p > 0.51;
      writeln (lst, ' ', n - k : 5); k := k + 1
   UNTIL (k > n) OR (binomi < 0.00005);
writeln (lst);
IF n < 10
   THEN n := n + 1
   ELSE IF n < 20
           THEN n := n + 5
           ELSE IF n < 50
                THEN n := n + 30 ELSE n := n + 50
UNTIL n > 200;
FOR n := 1 TO 126 DO write (lst, '=');
writeln (lst); writeln (lst);
write    (lst, ' n        p ');
FOR n := 1 TO  4 DO write (lst, '0.', 100 -   n, '    ');
FOR n := 1 TO 10 DO write (lst, '0.', 100 - 5*n, '    ');
writeln (lst, 'k'); writeln (lst);
FOR n := 1 TO 126 DO write (lst, '=');
writeln (lst); writeln (lst)
END. (* ------------------------------------------------ *)
```

```
PROGRAM binomialverteilung_kumulativ;
(* ACHTUNG :
Dieses Programm setzt breiten Drucker DIN A4 quer voraus *)
USES crt, printer;
VAR        n , k : integer;
         p, wert : real;
           binomi : real;    (* unterdrückt kleiner B-Werte *)
                s : integer;
            summe : ARRAY [1..14] OF real;


FUNCTION b (n, k : integer; p : real) : real;
VAR oft, mal : integer;
            a : real;
BEGIN
a := 1; mal := n;
IF k = 0 THEN FOR oft := 1 TO n DO a := a * (1 - p);
IF k = n THEN FOR oft := 1 TO n DO a := a * p;
IF NOT (k IN [0, n]) THEN
   BEGIN
   FOR oft := 1 TO k DO
       BEGIN
       a := a * n / oft * p; n := n - 1
       END;
   FOR oft := 1 TO mal - k DO a := a * (1 - p);
   END;
b := a
END;


BEGIN  (* --------------------------------- Tabellenwerk *)
clrscr; (* nur für Test ohne lst *)                (* Kopf *)
writeln(lst, 'Tabelle zur Binomialverteilung : kumulativ');
writeln(lst, 'F(n; p; k) := Σ B(n; p; i) über i := 0...k');
writeln(lst, '-------------------------------------------');
write(lst, 'Nicht ausgedruckte  F-Werte sind ≈ Null/Eins');
FOR n := 1 TO 31 DO write (lst, ' ');
writeln(lst, 'Programm TURBO 6.0 (C) 1992 Mittelbach FHM');
writeln (lst);
FOR n := 1 TO 126 DO write (lst, '=');
writeln (lst); writeln (lst);
write    (lst, ' n    k    p ');
FOR n := 1 TO  5 DO write (lst, '0.0',   n, '     ');
FOR n := 2 TO 10 DO write (lst, '0.', 5*n, '     ');
writeln (lst); writeln (lst);
FOR n := 1 TO 126 DO write (lst, '=');
writeln (lst); writeln (lst);

n := 2;                                (* Tabellenberechnung *)

REPEAT
   write (lst, n : 3); k := 0;
   FOR s := 1 TO 14 DO summe [s] := 0;
```

```
    REPEAT
       binomi := 0.00001;
       FOR s := 1 TO 14 DO
          IF summe[s] >= 0.99995 THEN summe [s] := 0;
       s := 1;
       IF k = 0 THEN write (lst, k : 4, ' ')
                ELSE write (lst, k : 7, ' ');
       p := 0.01;
       REPEAT
          wert := B(n, k, p);
          IF wert > binomi THEN binomi := wert;
          summe [s] := summe[s] + wert;
          IF summe[s] < 0.00005
                     THEN write (lst, '    ....')
                     ELSE write (lst, summe[s] : 8 : 4);
          IF p < 0.045 THEN p := p + 0.01
                       ELSE p := p + 0.05;
          s := s + 1
       UNTIL p > 0.51;
       writeln(lst, ' ', n - k - 1 : 5); k := k + 1; s := 1;
    UNTIL (k > n - 1) OR (binomi < 0.00005);
    writeln (lst);
    IF n < 10
       THEN n := n + 1
       ELSE IF n < 20
                THEN n := n + 5
                ELSE IF n < 50
                         THEN n := n + 30 ELSE n := n + 50
  UNTIL n > 200;                          (* Weiter auf Seite 236 *)
```

(* Weiter auf Seite 236 *)

Ablesebeispiele für die Tabelle gegenüber:

Aufwärts ... (Vgl. auch Formel S. 83)

$B_{cum}(5; 0.04; 2) = 0.9944$
$B_{cum}(5; 0.60; 3) = 1 - B_{cum}(5; 0.40; 1) = 1 - 0.3370 = 0.6630$

Abwärts ...

$B_{cum}(5; 0.30; 5...2) = 1 - B_{cum}(5; 0.30; 1) = 1 - 0.5282 = 0.4718$
$B_{cum}(5; 0.60; 5...2) = 1 - B_{cum}(5; 0.60; 1) = B_{cum}(5; 0.40; 3)$
$= 0.9130$

Ausschnitte ...

$B_{cum}(5; 0.30; 2...4) = B_{cum}(5; 0.30; 4) - B_{cum}(5; 0.30; 1) =$
$= 0.9976 - 0.5282 = 0.4694$

$B_{cum}(5; 0.60; 2...4) = B_{cum}(5; 0.60; 4) - B_{cum}(5; 0.60; 1) =$
$= - B_{cum}(5; 0.40; 0) + B_{cum}(5; 0.40; 3) =$
$= - 0.0778 + 0.9130 = 0.8352$

Tabelle zur Binomialverteilung : kumulativ
$F(n; p; k) := \Sigma\, B(n; p; i)$ über $i := 0 \ldots k$

Programm TURBO 6.0 Copyright 1992 H. Mittelbach FHM

Nicht ausgedruckte F-Werte sind ≈ Null/Eins

n	k	p	0.01	0.02	0.03	0.04	0.05	0.10	0.15	0.20	0.25	0.30	0.35	0.40	0.45	0.50	
2	0		0.9801	0.9604	0.9409	0.9216	0.9025	0.8100	0.7225	0.6400	0.5625	0.4900	0.4225	0.3600	0.3025	0.2500	1
	1		0.9999	0.9996	0.9991	0.9984	0.9975	0.9900	0.9775	0.9600	0.9375	0.9100	0.8775	0.8400	0.7975	0.7500	0
3	0		0.9703	0.9412	0.9127	0.8847	0.8574	0.7290	0.6141	0.5120	0.4219	0.3430	0.2746	0.2160	0.1664	0.1250	2
	1		0.9997	0.9988	0.9974	0.9953	0.9927	0.9720	0.9393	0.8960	0.8438	0.7840	0.7183	0.6480	0.5747	0.5000	1
	2		1.0000	1.0000	1.0000	0.9999	0.9999	0.9990	0.9966	0.9920	0.9844	0.9730	0.9571	0.9360	0.9089	0.8750	0
4	0		0.9606	0.9224	0.8853	0.8493	0.8145	0.6561	0.5220	0.4096	0.3164	0.2401	0.1785	0.1296	0.0915	0.0625	3
	1		0.9994	0.9977	0.9948	0.9909	0.9860	0.9477	0.8905	0.8192	0.7383	0.6517	0.5630	0.4752	0.3910	0.3125	2
	2		1.0000	1.0000	0.9999	0.9998	0.9995	0.9963	0.9880	0.9728	0.9492	0.9163	0.8735	0.8208	0.7585	0.6875	1
	3		....	1.0000	1.0000	1.0000	1.0000	0.9999	0.9995	0.9984	0.9961	0.9919	0.9850	0.9744	0.9590	0.9375	0
5	0		0.9510	0.9039	0.8587	0.8154	0.7738	0.5905	0.4437	0.3277	0.2373	0.1681	0.1160	0.0778	0.0503	0.0312	4
	1		0.9990	0.9962	0.9915	0.9852	0.9774	0.9185	0.8352	0.7373	0.6328	0.5282	0.4284	0.3370	0.2562	0.1875	3
	2		1.0000	0.9999	0.9997	0.9994	0.9988	0.9914	0.9734	0.9421	0.8965	0.8369	0.7648	0.6826	0.5931	0.5000	2
	3		....	1.0000	1.0000	1.0000	1.0000	0.9995	0.9978	0.9933	0.9844	0.9692	0.9460	0.9130	0.8688	0.8125	1
	4		....	....	....	....	....	1.0000	0.9999	0.9997	0.9990	0.9976	0.9947	0.9898	0.9815	0.9688	0
6	0		0.9415	0.8858	0.8330	0.7828	0.7351	0.5314	0.3771	0.2621	0.1780	0.1176	0.0754	0.0467	0.0277	0.0156	5
	1		0.9985	0.9943	0.9875	0.9784	0.9672	0.8857	0.7765	0.6554	0.5339	0.4202	0.3191	0.2333	0.1636	0.1094	4

Abb.: Anfang der Tabelle Binomialverteilung kumulativ

```
FOR n := 1 TO 126 DO write (lst, '=');
writeln (lst); writeln (lst);
write   (lst, ' n       p ');
FOR n := 1 TO  4 DO write (lst, '0.', 100 -   n, '    ');
FOR n := 1 TO 10 DO write (lst, '0.', 100 - 5*n, '    ');
writeln (lst, 'k'); writeln (lst);
FOR n := 1 TO 126 DO write (lst, '=');
writeln (lst); writeln (lst); writeln (lst);
writeln(lst, '1 - F(k) = Σ B(n; p; i) über i := k+1...n');
END. (* ---------------------------------------------- *)
```

Die Tabellierung der hypergeometrischen Verteilung für Druck-
zwecke ist wegen der Vielzahl der Parameter sehr aufwendig und
erfordert eine umfangreiche Struktur. Da man sie aber nicht so
oft braucht, reicht uns ein "Sparprogramm": Nach Eingabe des
Urneninhalts N und des Anteils K der schwarzen Kugeln sowie
der Stichprobengröße n wird einfach die H(N; K, n)-Liste für
alle k ausgegeben, mit Warten nach jeweils zehn Zeilen. – Die
interessante Teilliste kann man dann als Hardcopy ausdrucken:

```
Hypergeometrische Verteilung ...

Bitte eingeben ... Urneninhalt insg. N : 100
            davon K : 0 < K ≤ N schwarz : 40
            Ziehungslänge n : 0 < n ≤ N : 30
            davon k : 0 ≤ k ≤ n schwarz :
```

k	H(100, 40, 30, k) ... cum	
0	0.00000	0.00000
1	0.00000	0.00000
2	0.00000	0.00000
3	0.00003	0.00003
4	0.00022	0.00025
5	0.00116	0.00141
6	0.00471	0.00612
7	0.01484	0.02097
8	0.03706	0.05803
9	0.07433	0.13236
10	0.12097	0.25333
11	0.16094	0.41427
12	0.17595	0.59022
13	0.15864	0.74886
14	0.11820	0.86706
15	0.07285	0.93991
16	0.03712	0.97703
17	0.01561	0.99264

Abb.: Auszug aus einer hypergeometrischen Verteilung

```
PROGRAM hypergeometrische_verteilung;
USES crt, printer;
VAR  u, s, n, k, treffer, wie, z : integer;
             pro, wert, sum, p, q : real;
                              c : char;
BEGIN (* ---------------------------------------------------- *)
clrscr;
writeln ('Hypergeometrische Verteilung ... ');
writeln;
write ('Bitte eingeben ... Urneninhalt insg. N : ');
readln (u);
write ('            davon K : 0 < K ≤ N schwarz : ');
readln (s);
write ('            Ziehungslänge n : 0 < n ≤ N : ');
readln (n);
writeln ('            davon k : 0 ≤ k ≤ n schwarz : ');
writeln;
write ('  k          H(', u, ', ', s, ', ', n, ', k)');
writeln (' ... cum');
window (1, 10, 80, 25);
writeln;
k := 0; p := s/u; q := 1 - s/u; sum := 0;
REPEAT
    pro := 1; z := 0;
    WHILE z < k DO BEGIN              (* Rechne a*b/c*d ... ! *)
        pro := pro * (n - z);
        pro := pro / (z + 1);
        pro := pro * (p - z/u);
        IF z < n - k  THEN pro := pro * (q - z/u);
        pro := pro / (1 - z/u);
        z := z + 1
                END;
    WHILE z < n DO BEGIN
    IF z < n - k THEN pro := pro * (q - z/u);
    pro := pro /(1 - z/u);
    z := z + 1
                END;
    sum := sum + pro;
    writeln (k : 3, pro : 15 : 5,  sum : 15 : 5);
    k := k + 1;
    IF k MOD 10 = 0 THEN c := readkey
UNTIL k > n;
c := readkey
END. (* ---------------------------------------------------- *)
```

Das Programm beruht auf der Umformung H(N; K; n; k) =

$$\binom{n}{k} * \frac{p*(p-1/N)*...*(p-(k-1)/N) * q*(q-1/n)* ...*(q-(n-k-1)/N)}{1 * (1 - 1/N) * ... (1 - (n-1)/N)}$$

mit

$$p = \frac{K}{N} \quad \text{und} \quad q = 1 - p = \frac{N - K}{N}.$$

Für die <u>POISSON-Verteilung</u> haben wir das Programm

```
PROGRAM poisson_verteilung;
USES crt, printer;
VAR m, sum, wert, fak : real;
                   k : integer;
                   w : char;
BEGIN (* ------------------------------------------------- *)
clrscr;
writeln ('POISSON-Verteilung : Einzelwerte u. kumulativ');
writeln ('------------------------------------------------');
writeln;
write ('Mittelwert µ eingeben ... '); readln (m);
writeln;
k := 0; wert := 1; sum := 1;
writeln (' k          P(µ; k)        Pkum(µ; 0...k)');
writeln ('------------------------------------------');
window (1, 8, 80, 25); fak := exp (- m);
REPEAT
   write (k : 3);
   write (fak * wert : 15 : 5);
   writeln (fak * sum : 15 : 5);
   k := k + 1; wert := wert * m / k; sum := sum + wert;
   IF k MOD 10 = 0 THEN w := readkey
UNTIL fak * sum > 0.99999;
writeln; writeln ('Ende ...');
w := readkey; window (1, 1, 80, 25)
END. (* ------------------------------------------------- *)
```

POISSON - Verteilung ... Einzelwerte und kumulativ

Mittelwert µ eingeben ... 4

k	P(µ; k)	Pkum(µ; 0...k)
0	0.01832	0.01832
1	0.07326	0.09158
2	0.14653	0.23810
3	0.19537	0.43347
4	0.19537	0.62884
5	0.15629	0.78513
6	0.10420	0.88933

Abb.: Auszug aus einer POISSON-Verteilung

Die Tabelle zur <u>standardisierten Normalverteilung</u> läßt sich bequem auf einer Seite DIN A4 (siehe S. 241) ausdrucken; sie beruht auf einer einfachen Integration durch Aufsummieren von Rechtecken:

```
PROGRAM normalverteilung;
USES printer;
VAR x, delta, sum, nenner : real;
                    k, n : integer;
BEGIN (* ------------------------------------------------ *)
sum := 0.5;
delta := 0.001;
nenner := sqrt (2 * pi);
x := 0;
write (1st, 'Standardnormalverteilung Φ (u) mit μ = 0');
writeln (1st, ' und σ = 1.');
writeln (1st);
writeln (1st, '>>>>>  Φ (-u) = 1 - Φ (u) ');
writeln (1st);
write (1st, '  u  ');
FOR k := 0 TO 9 DO write (1st, '      ', k);
writeln (1st);
FOR k := 1 TO 75 DO write (1st, chr(205));
n := 0;
REPEAT
   IF n MOD 10 = 0  THEN writeln (1st);
   IF n MOD 100 = 0 THEN writeln (1st);
   IF n MOD 10 = 0
      THEN write (1st, x : 3 : 1, ' ', chr (186));
   write (1st, round (100000 * sum) : 7);
   FOR k := 1 TO 10 DO BEGIN
   x := x + delta/2;
   sum := sum + delta * exp (-x*x/2) / nenner;
   x := x + delta/2
                    END;
   n := n + 1;
UNTIL n > 399;
(* readln *)
END. (* ------------------------------------------------ *)
```

Auf Rechnern ist meist ein Zufallsgenerator mit Zufallszahlen r ε (0, 1) installiert. Näherungsweise kann man daraus (μ, σ)-normalverteilte Zufallszahlen s über folgende Formel erhalten:

$$s = σ * \ln (r/(1-r))/1.68 + μ \; .$$

Seltener braucht man die <u>Dichte</u> der Normalverteilung: Beim nachfolgenden Listing ist die Ausgabe führender Nullen bei den großen u-Werten ab u = 1.67 (zunächst eine Null, später sogar zwei, ein wenig kompliziert) ...

```
PROGRAM normalverteilungsdichte;
USES printer;
VAR x, delta, wert, nenner : real;
            k, n : integer;
BEGIN (* ------------------------------------------------- *)
delta := 0.01; nenner := sqrt (2 * pi); x := 0;
write (lst,'Standardnormalverteilung mit μ = 0 und σ = 1');
writeln (lst, ' : Dichtefunktion'); writeln (lst);
writeln (lst, '>>>>> f (-u) = f (u) '); writeln(lst);
write (lst, '  u ');
FOR k := 0 TO 9 DO write (lst, '      ', k); writeln (lst);
FOR k := 1 TO 75 DO write (lst, chr(205));
n := 0;
REPEAT
   IF n MOD 10 = 0  THEN writeln (lst);
   IF n MOD 100 = 0 THEN writeln (lst);
   IF n MOD 10 = 0
       THEN write (lst, x : 3 : 1, ' ', chr (186));
   wert := exp (-x*x/2) / nenner;
   IF round (100000 * wert) < 10000
       THEN BEGIN
            write (lst, '  0');
            IF round (100000 * wert) < 1000
               THEN write (lst, '0');
            write (lst, round (100000*wert))
            END
       ELSE write (lst, round (100000 * wert) : 7);
   x := x + delta; n := n + 1;
UNTIL n > 299
END. (* ------------------------------------------------- *)
```

Standardnormalverteilung mit μ = 0 und σ = 1 : Dichtefunktion

>>>>> f (-u) = f (u)

u	0	1	2	3	4	5	6	7	8	9
0.0	39894	39892	39886	39876	39862	39844	39822	39797	39767	39733
0.1	39695	39654	39608	39559	39505	39448	39387	39322	39253	39181
0.2	39104	39024	38940	38853	38762	38667	38568	38466	38361	38251
0.3	38139	38023	37903	37780	37654	37524	37391	37255	37115	36973
0.4	36827	36678	36526	36371	36213	36053	35889	35723	35553	35381
0.5	35207	35029	34849	34667	34482	34294	34105	33912	33718	33521
0.6	33322	33121	32918	32713	32506	32297	32086	31874	31659	31443
0.7	31225	31006	30785	30563	30339	30114	29887	29659	29431	29200
0.8	28969	28737	28504	28269	28034	27798	27562	27324	27086	26848
0.9	26609	26369	26129	25888	25647	25406	25164	24923	24681	24439

Abb.: Anfang der Tabelle Normalverteilungsdichte

Standardnormalverteilung Φ (u) mit $\mu = 0$ und $\sigma = 1$.

〉〉〉〉〉 Φ (−u) $= 1 - \Phi$ (u)

u	0	1	2	3	4	5	6	7	8	9
0.0	50000	50399	50798	51197	51595	51994	52392	52790	53188	53586
0.1	53983	54380	54776	55172	55567	55962	56356	56749	57142	57535
0.2	57926	58317	58706	59095	59483	59871	60257	60642	61026	61409
0.3	61791	62172	62552	62930	63307	63683	64058	64431	64803	65173
0.4	65542	65910	66276	66640	67003	67364	67724	68082	68439	68793
0.5	69146	69497	69847	70194	70540	70884	71226	71566	71904	72240
0.6	72575	72907	73237	73565	73891	74215	74537	74857	75175	75490
0.7	75804	76115	76424	76730	77035	77337	77637	77935	78230	78524
0.8	78814	79103	79389	79673	79955	80234	80511	80785	81057	81327
0.9	81594	81859	82121	82381	82639	82894	83147	83398	83646	83891
1.0	84134	84375	84614	84850	85083	85314	85543	85769	85993	86214
1.1	86433	86650	86864	87076	87286	87493	87698	87900	88100	88298
1.2	88493	88686	88877	89065	89251	89435	89617	89796	89973	90147
1.3	90320	90490	90658	90824	90988	91149	91309	91466	91621	91774
1.4	91924	92073	92220	92364	92507	92647	92785	92922	93056	93189
1.5	93319	93448	93574	93699	93822	93943	94062	94179	94295	94408
1.6	94520	94630	94738	94845	94950	95053	95154	95254	95352	95449
1.7	95543	95637	95728	95818	95907	95994	96080	96164	96246	96327
1.8	96407	96485	96562	96638	96712	96784	96856	96926	96995	97062
1.9	97128	97193	97257	97320	97381	97441	97500	97558	97615	97670
2.0	97725	97778	97831	97882	97932	97982	98030	98077	98124	98169
2.1	98214	98257	98300	98341	98382	98422	98461	98500	98537	98574
2.2	98610	98645	98679	98713	98745	98778	98809	98840	98870	98899
2.3	98928	98956	98983	99010	99036	99061	99086	99111	99134	99158
2.4	99180	99202	99224	99245	99266	99286	99305	99324	99343	99361
2.5	99379	99396	99413	99430	99446	99461	99477	99492	99506	99520
2.6	99534	99547	99560	99573	99585	99598	99609	99621	99632	99643
2.7	99653	99664	99674	99683	99693	99702	99711	99720	99728	99736
2.8	99744	99752	99760	99767	99774	99781	99788	99795	99801	99807
2.9	99813	99819	99825	99831	99836	99841	99846	99851	99856	99861
3.0	99865	99869	99874	99878	99882	99886	99889	99893	99896	99900
3.1	99903	99906	99910	99913	99916	99918	99921	99924	99926	99929
3.2	99931	99934	99936	99938	99940	99942	99944	99946	99948	99950
3.3	99952	99953	99955	99957	99958	99960	99961	99962	99964	99965
3.4	99966	99968	99969	99970	99971	99972	99973	99974	99975	99976
3.5	99977	99978	99978	99979	99980	99981	99981	99982	99983	99983
3.6	99984	99985	99985	99986	99986	99987	99987	99988	99988	99989
3.7	99989	99990	99990	99990	99991	99991	99992	99992	99992	99992
3.8	99993	99993	99993	99994	99994	99994	99994	99995	99995	99995

Abb.: Tafel der Standardnormalverteilung

Mit dem folgenden Listing kann ein <u>Wahrscheinlichkeitspapier</u>
zur Normalverteilung auf dem Bildschirm erstellt und dann mit
<Print Screen> als Hardcopy ausgegeben werden; vor dem Start
des Programms ist unter DOS zum Ausdrucken das Hilfsprogramm
GRAPHICS resident zu laden.

Das Grafikprogramm selber benötigt den BORLAND-Grafiktreiber
EGAVGA.BGI des TURBO-Pakets.

```
PROGRAM wahrscheinlichkeitspapier;
                         (* Druckt Wahrscheinlichkeitspapier *)
     (* Vor dem Starten GRAPHICS unter DOS resident laden! *)
USES graph;
VAR treiber, mode, x, y, i, k, a : integer;
                         pos : ARRAY [1..27] OF real;
BEGIN (* ---------------------------------------------- *)
treiber := detect;
initgraph (treiber, mode, ' ');
setcolor (15);                                      (* weiß *)
x := getmaxx; y := getmaxy;
line (25, y, 25, 0); line (27, y, 27, 0);

pos [27] := 2.326; pos [1] := - pos [27];
pos [26] := 2.055; pos [2] := - pos [26];
pos [25] := 1.881; pos [3] := - pos [25];
pos [24] := 1.751; pos [4] := - pos [24];
pos [23] := 1.645; pos [5] := - pos [23];
pos [22] := 1.555; pos [6] := - pos [22];
pos [21] := 1.477; pos [7] := - pos [21];
pos [20] := 1.405; pos [8] := - pos [20];
pos [19] := 1.342; pos [9] := - pos [19];
pos [18] := 1.283; pos [10] := - pos [18];
pos [17] := 0.842; pos [11] := - pos [17];
pos [16] := 0.525; pos [12] := - pos [16];
pos [15] := 0.253; pos [13] := - pos [15];
pos [14] := 0.0;

FOR i := 0 TO round(y/20) DO line (0, 20 * i, x, 20 * i);
i := 1;
REPEAT
   a := round (y/1.05 + y/3 * pos[i]);
   line (a, 0, a, y);
   i := i + 1
UNTIL i = 28; write (chr(7));     (* Hier <Print Screen> *)
readln; closegraph
END. (* ---------------------------------------------- *)
```

Die Benutzung dieses Papiers wird im Kapitel 17, Seite 135 ff
näher erläutert. Es entspricht etwa der Abbildung S. 137, aber
ohne jegliche Beschriftung.

Schließlich noch die <u>Exponentialverteilung</u>:

```
PROGRAM exponentialverteilung;
USES crt, printer;
VAR x, m, argu : real;
            n : integer;
            w : char;
BEGIN (* --------------------------------------------------- *)
clrscr;
writeln('Exponentialverteilung F(x) = 1 - exp (-x/µ) ...');
writeln;
write ('Mittelwert µ = '); readln (m);
write ('           x = '); readln (x);
argu := x - 1; n := 1;
writeln;
writeln ('   x           F(x)');
writeln ('--------------------');
window (1, 8, 80, 25);
REPEAT
   writeln (argu : 6:3, '    ', 1 - exp (-argu/m) : 10 : 6);
   argu := argu + 0.1;
   n := n + 1;
   IF n MOD 10 = 0 THEN w := readkey
UNTIL argu > x + 1;
writeln;
readln
END. (* --------------------------------------------------- *)
```

Das Programm arbeitet mit Haltepausen auf dem Bildschirm; die Ergebnisse können dann mit <Print Screen> ausgedruckt werden:

Exponentialverteilung F(x) = 1 - exp (-x/µ) ...

Mittelwert µ = 4
            x = 2

x	F(x)
1.500	0.312711
1.600	0.329680
1.700	0.346230
1.800	0.362372
1.900	0.378115
2.000	0.393469
2.100	0.408445
2.200	0.423050
2.300	0.437295
2.400	0.451188
2.500	0.464739

Abb.: Ausschnitt aus einer Exponentialverteilung

```
PROGRAM oc_kurven;(* zeichnet Operationscharakteristiken *)
USES crt, graph;
VAR    driver, mode : integer;
               p, sum : real;
i, a, k, n, s, color : integer;
    mx , my, mu, mv : integer;
               zahl : string [5];

FUNCTION B (n, k : integer; p : real) : real;
VAR oft, mal : integer;
          A : real;
BEGIN
A := 1; mal := n;
IF k = 0 THEN FOR oft := 1 TO n DO A := A * (1 - p);
IF k = n THEN FOR oft := 1 TO n DO A := A * p;
IF NOT (k IN [0,n]) THEN
   BEGIN
   FOR oft := 1 TO k DO BEGIN
      A := A * n / oft * p; n := n - 1
                       END;
   FOR oft := 1 TO mal - k DO A := A * (1 - p)
   END;
B := A
END;

BEGIN (* ----------------------------------------------- *)
clrscr;
writeln ('Operationscharakteristik ... ');
write   ('Stichprobengröße ......  '); readln (n);
write   ('Annahmebereich a ....   '); readln (a);
write   ('                      k  '); readln (k);
driver := detect;
initgraph (driver, mode, ' ');
setcolor (white);
FOR i := 0 TO 10 DO line (100, 20 + 25*i, 420, 20 + 25*i);
FOR i := 0 TO 10 DO line (100 + 32*i , 20, 100 +32*i, 270);
s := a - 1;
REPEAT
   s := s + 1;
   IF s = k THEN setcolor (red) ELSE setcolor (white);
   p := 0; mx := 0; my := 1;
   REPEAT
      sum := 0; i := a - 1;
      REPEAT
        i := i + 1; sum := sum + B(n, i, p)
      UNTIL i = s;
      mu := round (320 * p); mv := round (250 * sum);
      line (100 + mx, 270 - my, 100 + mu, 270 - mv);
      mx := mu; my := mv; p := p + 0.04
   UNTIL p > 1
UNTIL s = n;
```

```
moveto (90, 280);
outtext ('0   .1   .2   .3   .4   .5   .6   .7   .8   .9   1.0');
str (n, zahl); moveto (90, 300);
outtext ('OC-Kurven für n = '); outtext (zahl);
readln
END. (* ------------------------------------------------ *)
```

Auch zu diesem Listing braucht man den Treiber EGAVGA.BGI. Einzugeben sind die Stichprobengröße n, die Untergrenze a und die Obergrenze des Annahmebereichs A_n:

$$A_n = \{a \leq Z \leq k\}.$$

Stets ist $a \leq k$ einzugeben. Im einfachsten Fall ist $a = 0$. Mit z.B. $n = 5$, $a = 0$ und $k = 1$ ergibt sich die unten abgebildete Schar von Charakteristiken zu $A_5 = \{Z \leq 1\}$: Gezeichnet werden in diesem Fall alle Kurven hinauf bis $k = n-1$; die mit Eingabe von k spezifizierte wird speziell rot angelegt. – Alle diese Kurven sind monoton fallend.

Mit $a > 0$, $k \geq a$ ergeben sich weitere OC-Kurven, deren Maximum bei einem gewissen p-Wert abhängig von k angenommen wird. Sie probieren das am besten einfach selber aus ...

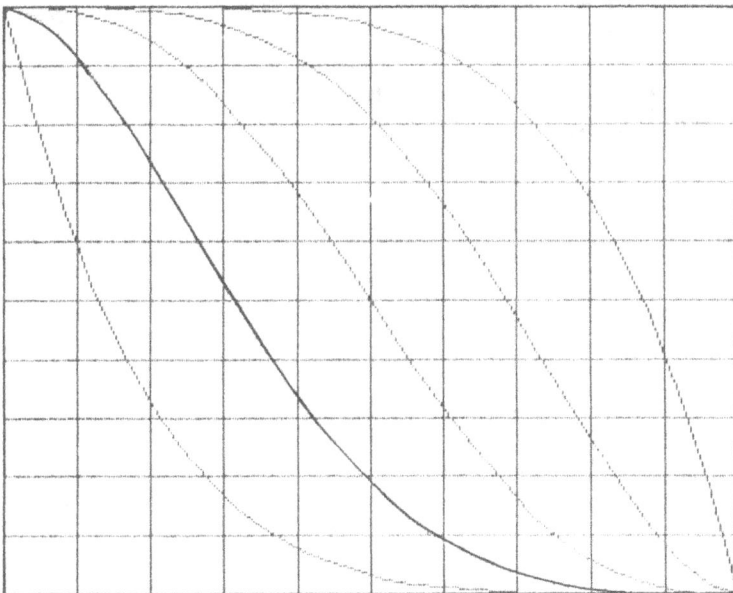

0   .1   .2   .3   .4   .5   .6   .7   .8   .9   1.0

OC-Kurven für n = 5

Abb.: OC-Kurven zu $A_5 := \{0 \leq k\}$, $k = 0 \ldots 4$

Hier ist noch ein Simulationsprogramm zur Geburtstagswette von
Seite 79/80:

```
PROGRAM geburtstagswette;
USES crt;
VAR versuch, i, g, sum,
    nochmal, auswahl : integer;
                tagar : ARRAY[1..365] OF integer;
BEGIN (* ------------------------------------------------- *)
clrscr; randomize;
write ('Gruppengröße ... '); readln (g);
sum := 0;
FOR versuch := 1 TO 100 DO BEGIN
    FOR i := 1 TO 365 DO tagar[i] := 0;
    nochmal := 0;
    REPEAT
        nochmal := nochmal + 1;
        auswahl := random(365) + 1;
        tagar [auswahl] := tagar [auswahl] + 1
    UNTIL (tagar [auswahl] > 1) OR (nochmal = g);
IF tagar [auswahl] > 1 THEN sum := sum + 1
                                END;
writeln;
writeln ('Von 100 Wetten waren ', sum, ' erfolgreich.');
readln
END. (* ------------------------------------------------- *)
```

Das folgende Programm simuliert die Bestimmung der Urnengröße
N durch Ziehen einiger numerierter Kugeln (Seite 188):

```
PROGRAM urneninhalt;
USES crt;
VAR          urne : ARRAY [1..1000] OF boolean;
     i, k, z, oft : integer;
                sum : integer;
BEGIN (* ---------------------------------------- *)
clrscr; randomize;
FOR k := 1 TO 10 DO BEGIN
    FOR i := 1 TO 1000 DO urne [i] := true;
oft := 0; sum := 0;
REPEAT
   REPEAT
      z := 1 + random (1000)
   UNTIL urne [z] = true;
   urne [z] := false; sum := sum + z; oft := oft + 1;
UNTIL oft = 10;
writeln (2 * sum /oft : 5 : 2);
                    END; readln
END. (* ---------------------------------------- *)
```

29   LITERATUR

[1] Statistisches Jahrbuch 19.. für die Bundesrepublik
Deutschland (Kohlhammer, Stuttgart und Mainz)

[2] Statistisches Jahrbuch 19.. für Bayern (Bayerisches
Landesamt für Statistik und Datenverarbeitung, München)

[3] Statistisches Jahrbuch der Deutschen Demokratischen
Republik 1989 (Staatsverlag der DDR, Berlin 1989)

Die beiden erstgenannten Titel erscheinen regelmäßig, auch auf
der Ebene der anderen Bundesländer wie [2]. [3] ist die aller-
letzte Ausgabe; im Vorwort vom Juni 1989 heißt es eingangs:

"Das Statistische Jahrbuch der DDR 1989 weist im 40. Jahr der
Gründung der Deutschen Demokratischen Republik eine erfolgreiche Bilanz auf. Zum Jubiläum präsentiert sich die DDR als
politisch stabiler und ökonomisch leistungsfähiger sozialistischer Staat. [...] Unter Führung der SED gestalten die Bürger
aller Klassen und Schichten die entwickelte Gesellschaft in
den Farben der DDR als einen Prozeß von Kontinuität und Er-
neuerung. Mitarbeiten, mitplanen und mitregieren ist in der
DDR lebendiger Ausdruck sozialistischer Demokratie ..."

...

[4] Bamberg Günter u. Baur Franz, Statistik
(Oldenbourg, München 1991)

[5] Bandemer Hans u. Bellmann Andreas, Statistische
Versuchsplanung (Harri Deutsch, Frankfurt/Main 1979)

[6] Barth Friedrich u. Haller Rudolf, Stochastik
(Ehrenwirth, München 1983 ff)

[7] Bosch Karl, Statistik-Taschenbuch
(Oldenbourg, München 1992)

[8] Härtter Erich, Wahrscheinlichkeitsrechnung, Statistik u.
math. Grundlagen (Vandenhoeck & Ruprecht, Göttingen 1987)

[9] Hartung Joachim u.a., Statistik, Lehr- und Handbuch der
angewandten Statistik (Oldenbourg, München 1991)

[10] Haseloff Otto W. u. Hoffmann Hans.-J., Kleines Lehrbuch
der Statistik (De Gruyter, Berlin 1970)

[11] Herrmann Dietmar, Wahrscheinlichkeitsrechnung und Statistik, 30 Programme (Vieweg & Sohn, Braunschweig 1983)

[12] Hengst Martin, Einf. in die Mathematische Statistik ...
(Bibliogr. Institut, Mannheim 1967 ff)

[13] Hoffmann Helmut, Bildstatistik
(Verlag Vögel, München 1973)

[14] Hochstädter Dieter, Einführung in die statistische
Methodenlehre (Harri Deutsch, Frankfurt/Main 1989)

[15] Johnson Norman L. u. Kotz Samuel, Discrete distributions
(John Wiley & Sons, New York 1969)

[16] dieselben, Continuous univariate distributions
(derselbe, 1970)

[17] Klotz Günter (Hrsg.), Statistik
(Vieweg & Sohn, Braunschweig 1977)

[18] Meschkowsi Herbert, Wahrscheinlichkeitsrechnung
(Bibliogr. Institut, Mannheim 1968 ff)

[19] Müller Peter u.a., Tafeln der mathematischen Statistik
(Hanser Verlag, München Wien 1977)

[20] Precht Manfred, Bio-Statistik
(Oldenbourg, München 1979)

[21] Puhani Josef, Statistik
(Bayerische Verlagsanstalt, Bamberg 1986)

[22] Rinne Horst und Hans-Joachim Mittag, Stat. Methoden
der Qualitätssicherung (Hanser, München Wien 1989)

[23] Scharnbacher Kurt, Statistik im Betrieb
(Gabler, Wiesbaden 1979 ff)

[24] Schneider Ivo (Hrsg.), Die Entwicklung der Wahrschein-
lichkeitstheorie von den Anfängen bis 1933
(Wiss. Buchgesellschaft, Darmstadt 1988)

[25] Siegel Sidney, Nichtparametrische statistische Methoden
(Fachbuchhandlung für Psychologie, Frankfurt/Main 1976)

[26] Wallis W. Allen/Roberts Harry V., Methoden der Statistik
(rororo-Taschenbuch, 1960 ff)

[27] Weber Hubert, Einf. in die Wahrscheinlichkeitsrechnung
und Statistik für Ingenieure (Teubner, Stuttgart 1992)

[28] Wolfsburg Kurt, Versicherungsmathematik (zwei Bände)
(Teubner, Stuttgart 1986 bzw. 1988)

30 Stichwortverzeichnis

Biographische Fußnoten:

Auf den folgenden Seiten finden sich kurze Biographien
weiterer im Text erwähnter Persönlichkeiten.

Die "Dynastie" der BERNOULLIs stammt ursprünglich aus Antwerpen; wegen religiöser Verfolgung fliehen Vorfahren um 1583 von dort nach Frankreich, später ein gewisser Jakob B. nach Basel und werden erfolgreiche Kaufleute. Dessen Sohn, der Ratsherr Nikolaus B. (1623 - 1708) hat drei Söhne, von denen Jakob I und Johann I bedeutende Mathematiker werden. (Der dritte Sohn Nikolaus wird Maler.) - Die BERNOULLIs zählen zu den wenigen Familien der Geschichte, die über Generationen bedeutende Persönlichkeiten hervorgebracht haben, acht Professoren, etliche Astronomen, Künstler ... Der Lehrstuhl für Mathematik an der Universität Basel ist 105 Jahre lang ohne Unterbrechung von einem BERNOULLI besetzt! Alle "naturwissenschaftlichen" BERNOULLIs waren Mitglieder aller wichtigen Akademien der Wissenschaften des damaligen Europa ...

BERNOULLI, Jakob I (1655 - 1705), Studium der Philosophie und Theologie. Reisen in Frankreich, Holland, England, lebt dann in Basel. Beschäftigt sich mit Kometenbahnen, Integralrechnung (Differentialgleichungen) u.a. Sein bedeutendstes Werk *Ars conjectandi* (nach dem Tode herausgegeben von Daniel, s.u.) begründet die moderne Statistik. Nach ihm benannt ist die sog. BERNOULLI-Ungleichung $(1 + x)^n \geq 1 + nx$ für $x > - 1$. Er beschäftigt sich intensiv mit Spiralen aller Art und läßt auf seinen Grabstein die Inschrift *Eadem mutata resurgo* meißeln, d.h. "Verwandelt kehr' ich als dieselbe wieder" ...

BERNOULLI, Johann I (1667 - 1748), zehntes Kind des Nikolaus, ursprünglich Kaufmann, dann Studium der Medizin und später Mathematik unter Anleitung seines älteren Bruders Jakob I. Professor in Groningen (bei HUYGENS) und später in Basel nach dem Tode seines Bruders. Beschäftigt sich v.a. mit Infinitesimalrechnung (Briefwechsel mit LEIBNIZ), Hydrodynamik und auch Mechanik. Lehrer von l'HOSPITAL und Leonhard EULER. - Johann lebt in ständigem Streit mit seinem Bruder Jakob I, dokumentiert durch Kraftausdrücke im gegenseitigen Briefwechsel über wissenschaftliche Probleme, an denen sie heftig konkurrierend arbeiten.

BERNOULLI, Daniel (1700 - 1782), Sohn von Johann I, geboren in Groningen. Medizinstudium und zunächst Arzt in Venedig, wendet sich dann der Mathematik zu. Er beschäftigt sich mit Differentialgleichungen, erhält in der Folge einen Lehrstuhl für Mechanik in Petersburg. Dort entdeckt er das sog. Petersburger Paradoxon, ein wahrscheinlichkeitstheoretisches Problem, das erst in diesem Jahrhundert gelöst werden kann. - Später kehrt Daniel nach Basel (Prof. für Anatomie, dann für Physik) zurück und arbeitet über Hydrodynamik (Meeresströmungen, Gezeiten, erste Ansätze der Teilchentheorie), Wahrscheinlichkeitsrechnung u.a. Er gilt als einer der Begründer der Theoretischen Physik.

BERNOULLI, Nikolaus I (1687 – 1759), Sohn des Malers Nikolaus, Professor für Mathematik in Padua, später für Logik in Basel. Neffe von Jakob B.

EULER, Leonhard (1707 – 1783), geboren in Basel als Sohn eines Pastors (Paul, studierte u.a. bei Jakob BERNOULLI), soll zunächst Geistlicher werden. Privatschüler von Johann BERNOULLI, befreundet mit Nikolaus und Daniel B. EULER wird schon mit 13 Jahren an der Uni Basel immatrikuliert, dort Magister mit 17 Jahren. – Seine Dissertation und eine Bewerbung auf eine Professorenstelle mit 19 Jahren werden wegen seiner Jugend abgelehnt ... Darauf geht er 1727 nach St. Petersburg, dort 1730 Professor für Physik, dann Mathematik zur Zeit der Kaiserin Katharina I. Ab 1741 für 26 Jahre in Berlin an der Akademie von Friedrich dem Großen. Dort arbeitet er hauptsächlich über Astronomie und Analysis und veröffentlicht eine Fülle von Lehrbüchern und Abhandlungen. Er kommt mit dem "alten Fritz" nicht zurecht: Nach Rückkehr nach St. Petersburg erblindet er 1767 völlig. – Sein Diener (ein Schneidergeselle aus Berlin) und später sein ältester Sohn schreiben alle seine folgenden Werke nach Diktat: Algebra, Mechanik, Zahlentheorie u.a. EULER ist in St. Petersburg begraben; das Grab dieses bedeutenden Mathematikers wird noch heute gepflegt. Wie nachträglich zu erkennen ist, übernimmt EULER seine Führungsposition in der Mathematik des 18. Jahrhunderts direkt aus der Tradition der BERNOULLIs ...

FERMAT, Pierre de (1601 – 1655), Sohn eines reichen Lederhändlers aus der Gascogne, unbestechlicher Jurist am Gericht in Toulouse, ein gebildeter Humanist, spricht die wichtigsten Sprachen des damaligen Europa. Als Mathematiker Autodidakt, der in regem Briefwechsel mit den Mathematikern seiner Zeit steht. Über sein sonstiges Privtaleben ist wenig bekannt, da er sehr zurückgezogen lebt. Einer der Urväter der heutigen analytischen Geometrie (mit DESCARTES). Nach ihm benannt die große FERMATsche Vermutung, wonach $a^n + b^n = c^n$ in ganzen Zahlen a, b c für $n > 2$ nicht lösbar ist (bis heute noch unbewiesen): Seit 1905 sind 100 000 Mark für die Lösung des Problems ausgesetzt ... An etlichen Hochschulen laufen seither pausenlos "Beweise" ein, die "behandelt" werden müssen. Gilt als Wegbereiter der modernen Analysis und Vordenker für viele zahlentheoretische Probleme, die nach und nach bewiesen worden sind, u.a. seine Behauptung, daß $a^{p-1} - 1$ durch p teilbar ist, wenn a nicht den Primfaktor p enthält ("kleiner FERMAT").

FISHER, Ronald Aylmer (1890 – 1962), Mathematiker. Einer der bedeutendsten Statistiker, Nachfolger von K. PEARSON auf dem Lehrstuhl für Eugenik (!) in London. Er wird trotz seiner hervorragenden Leistungen nie Professor für Statistik. Bis 1957 Genetiker in Cambridge; seine Forschungen sind Grundlage der modernen Agrarproduktion.

GAUSS, Carl Friedrich (1777 – 1855), geboren in Braunschweig
als einziges Kind armer Leute (Vater Gärtner, Mutter Magd),
fällt schon in der Rechenklasse der Volksschule durch seine
Fertigkeit auf und kommt auf Anraten seiner Lehrer frühzeitig
auf ein Gymnasium. – Dieses wiederum stellt ihn dem Herzog
Carl Wilhelm Ferdinand von Hannover vor, der ihn von da ab
tatkräftig fördert. Gauss wird nach und nach der größte Mathematiker seiner Zeit: Als 17jähriger entwickelt er die Methode
der kleinsten Quadrate. Mit 21 Jahren ist sein erstes Werk
Disquisitiones Arithmeticae fertig, eine bahnbrechende Abhandlung zur Zahlentheorie. Das Buch erscheint 1801 im Druck
und macht ihn mit einem Schlag weltweit unter Fachleuten bekannt: Die Petersburger Akademie wählt ihn zum korrespon-
dierenden Mitglied. Schon 1799 Dissertation an der Universität
Helmstedt über den bekannten "Fundamentalsatz der Algebra". In
der Neujahrsnacht des 1. Januar 1801 beobachtet der italien.
Astronom PIAZZI den Planetoiden Ceres, kann aber nur drei
Meßdaten mitteilen. Gauss wird nun auch außerhalb der Mathematik berühmt durch seine Bahnberechnung, mit deren Hilfe die
Ceres ein Jahr später wieder gefunden wird. G. schreibt *das
Lehrbuch der Astronomie Theoria motus corporum coelestium ...*,
noch heute Standardwerk der Astronomen. So wird er 1807 Professor der Astronomie in Göttingen und Direktor der dortigen
Sternwarte. Er lebt in der Dienstwohnung der Sternwarte und
verläßt den Raum Göttingen bis zu seinem Tod nicht mehr. Gauss
ist ein "Wunderkind"; er sagt von sich selbst, daß er früher
rechnen als sprechen konnte. Als er die Konstruktion des regu-
lären Siebzehnecks entdeckt, entschließt er sich zum Studium
der Mathematik; seine Arbeitsgebiete und Werke sind im wahr-
sten Sinne des Wortes unübersehbar: Zahlentheorie, Landvermessung, Theorie gekrümmter Flächen (Gestalt der Erde!), Geometrie und so weiter ... Er ist auch als erfolgreicher Börsen-
makler und Versicherungsberater der Göttinger Witwen-Kasse
tätig. Durch Vermittlung von HUMBOLDT lernt er den Physiker
WEBER kennen, mit dem er einen ersten Telegrafen entwickelt
und für den Nachrichtentransfer zwischen Sternwarte und Physi-
kalischem Institut ausnutzt. In der Folgezeit entwickelt er
Theorien zum Erdmagnetismus, verbessert die Berechnung von
Linsensystemen usw. Gauss hält nur widerwillig Vorlesungen, er
hat keine direkten Schüler. Wesentlich sind ihm seine Publika-
tionen, er führt wenig Schriftverkehr mit Kollegen. Ehrungen
schätzt er kaum, die Ehrenbürgerwürde von Göttingen 1850 aus-
genommen. – Als Gauss stirbt, wird eine Gedenkmedaille mit der
Aufschrift *Mathematicorum principi* zum Andenken an diesen
Fürsten der Mathematiker geprägt. – Viele seiner Arbeiten
werden erst nach seinem Tode gefunden, so in dem 1898 ent-
deckten Tagebuch. Sein Lebensprinzip ist *Pauca sed matura*
(Wenig, aber reifes); es steht für seine Bescheidenheit vor
dem Hintergrund einer schier unerschöpflichen Leistungskraft.
Eine Biografie über GAUSS, den größten deutschen Mathematiker,
gehört zu den Büchern, die man gelesen haben muß ...

KOLMOGOROW, Andrei Nikolajewitsch (1903 – 1980), Studium in
Moskau, dort ab 1931 Professor für Mathematik. Träger ver-
schiedenster Ehrenpreise und Titel der Sowjetunion, arbeitet
hauptsächlich über die Theorie reeller Funktionen, über Zu-
fallsprozesse und verschiedene statistische Kontrollmethoden
bei der Massenproduktion.

LAPLACE, Pierre Simon (1749 – 1827), aus der Normandie (angeb-
lich Sohn eines Cidre-Händlers), soll Geistlicher werden. Als
Schüler am Jesuitenkolleg zu Caen wird seine Begabung erkannt,
und man schickt ihn nach Paris, wo er Mathematiklehrer an der
Ecole militaire wird. – Einer seiner dortigen Schüler ist der
Korse NAPOLEON BONAPARTE. Ab 1794 Professor an der Ecole Poly-
technique in Paris und Vorsitzender der Kommission für Maße
und Gewichte. 1799 kurzzeitig Innenminister unter Napoleon
Bonaparte, dann Mitglied des Senats. Viele seiner damaligen
Arbeiten widmet er Napoleon: Politisch ist LAPLACE "wendig"
und paßt sich in der Folgezeit den jeweiligen politischen Ver-
hältnissen schnell an: LUDWIG XVIII. ernennt ihn zum Pair von
Frankreich; LAPLACE entfernt aus alten Büchern die Widmungen
für Napoleon B. ... LAPLACE ist ein wichtiger Wegbereiter der
Wahrscheinlichkeitsrechnung, 1812 *Théorie analytique des
probabilités*. Vergeblich versucht er, Ergebnisse auf Zeugen-
aussagen und Gerichtsurteile anzuwenden vor dem Hintergrund
von "Freiheit, Gleichheit, Brüderlichkeit". – Sein bedeutendstes Werk ist die *Mécanique céleste*, eine Himmelsmechanik in
fünf Bänden, in denen das Wort Gott nicht vorkommt: *Je n'avais
pas besoin de cette hypothèse ...*, antwortet er auf eine dies-
bezügliche Frage Napoleons. – Alexander von HUMBOLDT berichtet
als Augenzeuge des Begräbnisses von LAPLACE auf dem Friedhof
Père Lachaise, daß unter den anwesenden Trauergästen ganz un-
verhohlen Geringschätzung erkennbar gewesen sei.

MOIVRE, Abraham de (1667 – 1754). Geboren in Frankreich, emi-
griert als Protestant nach London. Er ist zeitlebens Privat-
lehrer, Berater von Versicherungen sowie Glücksspielern, und
hat wirtschaftlich stets zu kämpfen, ist aber aber auch Mitglied der wissenschaftlichen Gesellschaft Royal Society. – Er
befaßt sich mit Wahrscheinlichkeitsrechnung, französischer und
griechisch-römischer Literatur und stirbt fast blind und taub
unter tragischen Umständen an Schlafsucht. – Bekannt sind die
sog. MOIVREschen Formeln zu den komplexen Zahlen.

PASCAL, Blaise (1623 – 1662), Sohn des Finanzdirektors und Mathematikers Etiènne Pascal aus der Gegend um Clermont. Seine
Mutter stirbt früh, die Familie lebt aber in guten Verhält-
nissen und übersiedelt 1631 nach Paris. Dort gerät er in einem
Gelehrtenkreis um seinen Vater in den Bannkreis der Mathematik
und schreibt mit 16 Jahren seine erste Abhandlung über Kegel-
schnitte. Als sein Vater in Rouen die Stelle eines Steuerbe-
amten übernimmt, entwirft Blaise eine funktionsfähige Rechen-

maschine, die allerdings zu seiner Zeit wegen der mangelhaften Mechanik noch nicht zuverlässig gebaut werden kann. In dieser Zeit wird er Jansenit und wendet sich philosophischen Fragen zu. – Pascal beschäftigt sich aber z.B. auch mit Fragen des Luftdrucks (wie TORICELLI) und gilt als Entdecker des Prinzips der vollständigen Induktion im Zusammenhang mit Binomialkoeffizienten (PASCALsches Dreieck). Gegen Ende seines Lebens widmet er sich ausschließlich der Philosophie und Theologie und schreibt sein berühmtestes Werk *Pensées*, das erst nach seinem Tode als Verteidigungsschrift für das Christentum veröffentlicht wird. Seiner Zeit entsprechend (es gibt noch kein Studienfach Mathematik) ist Pascal eher als Philosoph denn als Naturwissenschaftler anzusehen.

PEARSON, Egon Sharpe (1895 – 1980), folgt seinem Vater Karl auf den Lehrstuhl Statistik in London ab 1933.

PEARSON, Karl (1857 – 1936), studiert Mathematik, zeitweise auch Philosophie und Recht u.a. in Berlin und Heidelberg. Ab 1884 Professor in London. Neben Statistik beschäftigt er sich mit Frauenemanzipation, Naturphilosophie u.a. Begründer der Biometrie und Wiederentdecker der Chi-Quadrat-Verteilung.

POISSON, Siméon-Denis (1781 – 1840), soll eigentlich Chirurg werden, ist dazu aber zu ungeschickt. Schüler von LAGRANGE und LAPLACE, ab 1806 Professor für Physik auf dem Lehrstuhl von FOURIER. Er arbeitet über FOURIER-Reihen und Differentialgleichungen, Wärmelehre u.a. Sein Hauptwerk *Recherches sur la probabilité des jugements, en matière criminelle et en matière civile* enthält das Gesetz der Großen Zahlen. Er findet den Grenzübergang von der Binomialverteilung zur POISSON-Verteilung, befaßt sich mit Ballistik u.a.

TSCHEBYSCHOW, Pafnuti Lwowitsch (1821 – 1894), studiert in Moskau Mathematik und Physik. Er arbeitet über Primzahlen, Mechanik, untersucht die nach ihm benannten Näherungspolynome sowie andere Approximationsprobleme, und tritt auch mit Arbeiten zur Statistik auf. – Bedeutender Lehrer und Gründer der sog. "St. Petersburger Schule", einem Kreis von Studenten um seinen dortigen Lehrstuhl.